高等职业教育"十三五"规划教材

建筑工程计量与计价

主　编　谭　进　高恺烜

副主编　蒋　旭

参　编　王　辉　王　芮　刘婷婷

主　审　官　萍　肖志红

U0309581

武汉理工大学出版社

·武　汉·

内 容 提 要

本书按照高职高专院校土建大类相关专业的人才培养目标、教学计划及课程标准,结合"建筑工程计量与计价"课程的教学要求,以《建设工程工程量清单计价规范》(GB 50500—2013)、《房屋建筑与装饰工程工程量计算规范》(GB 50854—2013)、《建筑工程建筑面积计算规范》(GB/T 50353—2013)、《贵州省建筑与装饰工程计价定额》为主要依据编写。本书主要包括工程造价基础知识、建筑与装饰工程量计算、措施项目工程量计算、工程量清单编制和工程量清单计价等内容,结构合理、内容丰富,具有实用性、系统性和先进性等特点,以强化学生对计算规则的理解,从而提高学生解决实际问题的能力。

图书在版编目(CIP)数据

建筑工程计量与计价/谭进,高恺烜主编. —武汉:武汉理工大学出版社,2020.1
ISBN 978-7-5629-6160-4

Ⅰ. ①建… Ⅱ. ①谭… ②高… Ⅲ. ①建筑工程-计量-高等职业教育-教材 ②建筑造价-高等职业教育-教材 Ⅳ. ①TU723.32

中国版本图书馆 CIP 数据核字(2019)第 275957 号

项目负责:戴皓华 责任编辑:张莉娟
责任校对:张　晨 排　版:芳华时代
出版发行:武汉理工大学出版社
地　　址:武汉市洪山区珞狮路 122 号
邮　　编:430070
网　　址:http://www.wutp.com.cn
E－mail:1029102381@qq.com
印 刷 者:武汉市籍缘印刷厂
经 销 商:各地新华书店
开　　本:787×1092　1/16
印　　张:19
字　　数:483 千字
版　　次:2020 年 1 月第 1 版
印　　次:2020 年 1 月第 1 次印刷
印　　数:2000 册
定　　价:49.00 元

高等职业教育"十三五"规划教材
编审委员会

前　言　Preface

本书按照高职高专院校土建大类相关专业的人才培养目标、教学计划及课程标准,结合"建筑工程计量与计价"课程的教学要求,以《建设工程工程量清单计价规范》(GB 50500—2013)、《房屋建筑与装饰工程工程量计算规范》(GB 50854—2013)、《建筑工程建筑面积计算规范》(GB/T 50353—2013)、《贵州省建筑与装饰工程计价定额》为主要依据编写。

全书在内容上采用情境教学模式,将理论知识与实践案例相结合,详细介绍了建筑及装饰装修工程工程量清单的编制以及工程量清单计价文件的编制过程。本书结构合理、内容丰富,力求学以致用,重点突出案例教学,具有实用性、系统性和先进性等特点,贯彻新规范,图文并茂,以强化学生对计算规则的理解,从而提高学生解决实际问题的能力。

本书内置一个框架结构工程综合案例,以完整的工作过程指导工程量清单的编制和计价工作,可操作性较强。

本书由谭进、高恺烜、蒋旭、王辉、王芮、刘婷婷编写,其中谭进、高恺烜担任主编,蒋旭担任副主编,全书由官萍和肖志红审定。

本书在编写过程中参考了国内外同类教材和相关文献资料,在此对相关作者深表感谢!

由于编者水平有限,书中难免会出现错误和不足之处,敬请广大读者提出宝贵意见。

编　者
2019.6

目 录 **Contents**

 **学习情境 1** **工程造价基础知识**

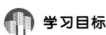 **学习目标**

工程造价的概念、特点、作用等;基本建设的概念、阶段;工程造价文件的类型;项目划分的方法;建筑工程消耗量定额的概念、特性,编制原则、分类;建设工程总费用构成;建筑安装工程费用构成及计算方法。

 学习任务

能够陈述工程造价的概念及作用;能够陈述基本建设的内容;熟悉并掌握工程造价文件的种类及区别;能够陈述定额的性质、作用、分类;能够陈述工程造价的组成及其计算方法。

学习单元1.1 工程造价

1.1.1 工程造价与工程造价管理的概念

(1)工程造价的概念

工程造价就是工程的建造价格,是给基本建设项目这种特殊的产品定价,具体来讲有以下两种含义:

①第一种含义(站在业主立场)。工程造价是指建设项目的建设成本,是指建设项目从筹建到竣工验收与交付使用全过程所需的全部费用,包括建筑工程费、安装工程费、设备(包括机电设备和金属结构设备)购置费、其他项目费以及银行贷款利息等必需的费用。对于上述几类费用,可以分别称为建筑工程造价、安装工程造价、设备及工器具购置费、其他项目费、利息等必需的费用,这种定义对应的是广义的工程造价。

②第二种含义(站在承建单位立场)。工程造价是指建设项目的工程承发包价格(建筑安装工程费),换句话说,就是为建成一项工程,预计或实际在土地市场、设备市场、技术劳务市场以及承包市场等交易活动中所形成的建筑安装工程的价格和建设工程总价格。它是在社会主义市场经济条件下,以工程这种特定的商品形式作为交易对象,通过招投标、承发包或其他交易方式,被需求主体(投资者)和供给主体(建筑商)共同认可的价格。工程的范围和内涵既可以是涵盖范围很大的一个建设项目,也可以是一个单项工程,甚至可以是整个建设工程中的某个阶段。鉴于建筑安装工程价格在项目固定资产中占有 $50\%\sim60\%$ 的份额,又是工程建设中最活跃的部分,因此把工程的承发包价格界定为工程价格有着现实意义,这种定义对应的是狭义的工程造价。

(2)工程造价管理的概念

工程造价管理是指在工程建设的全过程中,全方位、多层次地运用经济、技术、法律等手段,对投资行为、工程价格进行预测、分析、计算、监督、管理、控制,以尽可能少的人力、物力和财力投入获取最大效益的一系列行为。

工程造价管理可分为宏观造价管理和微观造价管理。

①宏观造价管理是指国家利用法律、经济、行政等手段对建设项目的建设成本和工程承发包价格进行的管理;国家从国民经济的整体利益和需要出发,通过利率、税收、汇率、价格等经济参数和强制性的标准、法规等控制、影响着建设成本的高低走向,通过这些政策的引导和监督,达到对建设项目建设成本进行宏观造价管理的目的。国家对承发包价格的宏观造价管理,主要是规范市场行为和对市场定价的管理;国家通过行政、法律等手段对市场经济进行引导和监控,以保证市场有序竞争,避免各种类型的不正当行为(包括不合理涨价、压价在内的不正当竞争行为的发生、发展);加强对市场定价的管理,维护承发包各方的正当权益。

②微观造价管理是指业主对某一建设项目的建设成本的管理和承发包双方对工程承发包价格的管理。以较低的投入获取较高的产出,降低建设成本,是业主追求的目标。建设成本的微观造价管理是指业主对建设成本从前期开始的全过程控制和管理,即工程造价预控、预测和工程实施阶段的工程造价控制、管理以及工程实际造价的计算。工程承发包价格是发包方和承包方通过承发包合同确定的价格,它是承发包合同的重要组成部分。承发包双方为了维护各自的利益,保证价格的兑现和风险的补偿,都要对工程承发包价格进行管理,如工程价款的支付、结算、变更、索赔等,这就是工程承发包价格的微观管理。

1.1.2　工程造价的特点

工程造价由工程建设项目的特点所决定,它有以下特点:

(1)大额性。能够发挥投资效益的任何一项工程,不仅实物体形庞大,而且造价高昂,动辄数百万、数千万元,甚至上亿元,特大型工程项目的造价可达百亿、千亿元。工程造价的大额性使其关系到有关各方面的重大经济利益,同时也会对宏观经济产生重大影响。

(2)单件性。建筑产品的个体差异性决定了每个工程项目都必须单独计算造价。每个工程项目都有其特定的功能、用途,因而也就有不同的结构、造型和装饰,不同的体积和面积,建筑设计时要采用不同的工艺设备和建筑材料。同时,工程项目的技术指标还要适应当地的风俗习惯,再加上不同地区构成投资费用的各种价值要素的差异,导致建设项目不能像工业产品那样按品种、规格、质量成批地定价,只能以单件计价。也就是说,一般不能由国家或企业规定统一的价格,只能就单个项目通过特殊的程序(编制估算、概算、预算、结算及最后确定竣工决算等)来计价。

(3)组合性。造价的层次性取决于工程的层次性。一个建设项目往往含有多个能够独立发挥设计效能的单项工程。一个单项工程又由能够各自发挥专业效能的多个单位工程组成。与此相适应,工程造价有三个层次:建设项目总造价、单项工程造价和单位工程造价。如果专业分工更细,单位工程(如土建工程)的组成部分——分部、分项工程也可以成为交换对象,如大型土方工程、基础工程、装饰装修工程等,这样,工程造价的层次就因增加分部工程和分项工程而成为五个层次。即使从造价的计算和工程管理的角度看,工程造价的层次性也是非常突出的。

（4）多次性。建设工程周期长、规模大、造价高，因此要按建设程序分阶段进行，相应地也要在不同阶段多次计价，以保证工程造价确定与控制的科学性。多次性计价是一个逐步深化、逐步细化和逐步接近实际造价的过程。从投资估算、设计概算、施工图预算到招标承包合同价，再到各项工程的结算价和最后在结算价基础上编制的竣工决算，整个计价过程是一个由粗到细、由浅到深、多层次的计价过程。计价过程各环节之间相互衔接，前者控制后者，后者补充前者。

（5）计价方法的多样性。在计算工程造价的过程中，计价方法呈现出多样性，以工程量清单计价方法为例，综合单价确定的方法有综合单价法和工料单价法，其计算的内容不尽相同。

（6）计价依据的复杂性。准确地计算工程造价，需要的计价依据非常多，常见的有工程图纸、标准图集、计价规范、消耗量定额、价目表、取费标准等。

1.1.3　工程造价的作用

在我国大规模工程建设中，通过对工程造价进行管理，可以达到合理地使用建设资金、提高投资效益的目的。在工程建设的全过程中，从工程立项决策到竣工投产，围绕工程造价进行优化、控制、管理，能使有限的资源得到最有效的利用，确保建设项目的效益，保障参与建设的各方获取其合法收益，其主要作用如下：

（1）工程造价是项目决策的依据。建设工程投资大、生产和使用周期长等特点决定了项目决策的重要性。工程造价决定着项目的每一次投资费用。投资者是否有足够的财务能力支付这笔费用、是否应该支付这笔费用，是项目决策中要考虑的主要问题。

（2）工程造价是制订计划和控制投资的依据。工程造价是通过多次预估，最终通过竣工决算确定下来的。每一次预估的过程就是对造价的控制过程，因为每一次估算都不能超过前一次估算的一定幅度。

（3）工程造价是筹集建设资金的依据。工程造价基本决定了建设资金的需求量，从而为筹集资金提供了比较准确的依据。

（4）工程造价是评价投资效果的重要指标。工程造价是一个包含着多层次工程造价的体系，就一个工程项目来说，它既是建设项目的总造价，又包含单项工程的造价和单位工程的造价，同时也包含单位生产能力的造价。所有这些，使工程造价自身形成了一个指标体系，它能够为投资效果提供多种评价指标，并能够形成新的价格信息，为今后类似项目的投资提供参考依据。

（5）工程造价为推行工程招投标制提供了必要条件。招投标制是工程建设管理制度改革的重要内容，合理的工程标底和投标报价是推行招投标制的关键环节。合理的标底为选择最优的承包商提供了重要依据，可以有效地避免盲目要价和竞相压价等不正当竞争行为，也为工程建设的顺利进行打下良好的基础。

1.1.4　工程造价的职能

建筑产品也属于商品，所以，建筑产品价格也具有一般商品价格的职能，此外，由于建筑产品的特殊性，它还有一些特殊的职能。

（1）预测职能。无论是投资者还是建筑商，都要对拟建工程进行预先测算。投资者预先测算工程造价不仅可作为项目决策依据，同时也是筹集资金、控制造价的依据。承包商对工程造价的测算,既为投标决策提供了依据,也为投标报价和成本管理提供了依据。

(2)控制职能。工程造价的控制职能表现在两方面:一方面,是对投资的控制,即在投资的各个阶段,根据对工程造价的多次预估,从而对工程造价进行全过程、多层次的控制;另一方面,是对以承包商为代表的商品和劳务供应企业进行成本控制。在价格一定的条件下,企业实际成本开支决定了企业的营利水平。成本越高,利润越少,成本高于价格就危及企业的生存。所以,企业要以工程承包造价来控制成本,利用工程承包造价提供的信息资料作为控制成本的依据。

(3)评价职能。工程造价是评价总投资和分项投资合理性及投资效益的主要依据之一。评价土地价格、建筑安装产品和设备价格的合理性时,就必须利用工程造价资料;在评价建设项目偿贷能力、获利能力和宏观效益时,也可依据工程造价。工程造价也是评价建筑安装企业管理水平和经营成果的重要依据。

(4)调控职能。工程建设直接关系到经济增长,也直接关系到国家重要资源分配和资金流向,对国计民生都产生重大影响。所以,国家对建设规模、结构进行宏观调控是在任何条件下都不可缺少的,对政府投资项目进行直接调控和管理也是非常必要的。这些都要用工程造价作为经济杠杆,对工程建设中的物质消耗水平、建设规模、投资方向等进行调控和管理。

学习单元 1.2 基本建设

1.2.1 基本建设的概念

基本建设是形成固定资产的活动,它是指国民经济各部门利用国家预算拨款、自筹资金、国内外基本建设贷款以及其他专项资金进行的以扩大生产能力(或增加工程效益)为主要目的的新建、扩建、改建、迁建、恢复项目等工作。换而言之,基本建设就是固定资产的建设,即建筑、安装和购置固定资产的活动及其与之相关的工作。

基本建设是发展社会生产、增强国民经济实力的物质技术基础,是改善和提高人民群众生活水平和文化水平的重要手段,是实现社会扩大再生产的必要条件。

基本建设既包括固定资产的扩大再生产,又包括固定资产的简单再生产,所以,基本建设投资就是通常所说的固定资产投资(工程造价的第一种含义)。

固定资产是指在社会再生产过程中,可供生产或生活较长时间使用,在使用过程中基本不改变其实物形态的劳动资料和其他物质资料,它是人类生产和生活的必要物质条件。固定资产应同时具备两个条件,即(1)使用年限在一年以上;(2)单项价值在规定限额以上。从生产和使用过程中所处的地位和作用来看,固定资产可分为生产性固定资产和非生产性固定资产两大类。前者是指在生产过程中发挥作用的劳动资料,例如工厂、矿山、油田、电站、铁路、水库、海港、码头、路桥工程等。后者是指在较长时间内直接为居民的物质文化生活服务的物质资料,如住宅、学校、医院、体育活动中心和其他生活福利设施等。

1.2.2 基本建设的工作内容

基本建设的工作内容有以下几个方面:

(1)建筑安装工程(简称建安工程)。包括各种土木工程建筑、矿井开凿、水利工程建筑和生产、动力、运输、试验等各种需要安装的机械设备的装配,以及与设备相连的工作台等装设工程。

(2)设备购置。即购置设备、工具和器具等。

(3)其他。例如勘察、设计、监理、科学研究实验、征地、拆迁、试运转、生产职工培训和建设单位管理工作以及政府宏观管理等。

1.2.3　基本建设项目的种类

(1)按建设的性质不同分类

新建项目:从无到有、平地起家的建设项目,或者在原有固定资产的基础上扩大三倍以上规模的建设项目。

扩建项目:在原有固定资产的基础上扩大三倍以内规模的建设项目。其建设的目的是为了扩大原有生产能力或使用效益,例如城市道路的扩宽等。

改建项目:对原有设备和工程进行全面技术改造的项目,以提高生产效率和使用效益。

迁建项目:是原有企业、事业单位由于各种原因,经有关部门批准搬迁到另地建设的项目。

恢复项目:是指对由于自然灾害、战争或其他人为灾害等而遭到毁坏的固定资产进行重建的项目。

(2)按建设的用途不同划分

生产性基本建设:用于物质生产和直接为物质生产服务的项目的建设,包括工业建设、建筑业和地质资源勘探事业建设、农林水利建设、运输邮电建设及商业和物资供应建设等。

非生产性基本建设:用于人民物质和文化生活项目的建设,包括住宅、学校、医院、托儿所、影剧院以及国家行政机关和金融保险业的建设等。

(3)按建设规模和总投资的大小可以分为大型、中型、小型建设项目。

(4)按建设阶段可以分为预备项目、筹建项目、施工项目、建成投资项目、收尾项目。

(5)按隶属关系可以分为国务院各部门直属项目、地方投资国家补助项目、地方项目和企事业单位自筹建设项目。

1.2.4　基本建设程序

(1)基本建设程序的概念

基本建设程序是指基本建设项目从决策、设计、施工到竣工验收整个工作过程中各个阶段所必须遵循的先后次序与步骤。

基本建设的特点是投资多、建设周期长,涉及的专业和部门多,工作环节错综复杂。为了保证工程建设项目的顺利进行并达到预期目的,在基本建设的实践中,必须遵循一定的工作顺序,这就是基本建设程序。

基本建设程序是客观存在的规律性反映,不按基本建设程序办事,就会受到客观规律的惩罚,对国民经济造成严重损失。严格遵守基本建设程序是进行基本建设工作的一项重要原则。

我国的基本建设程序,最初是于1952年由政务院颁布实施的。随着各项建设的不断发展,特别是近二十多年来建设管理所进行的一系列改革,使基本建设程序也得到了进一步完善。

(2)基本建设程序的内容

基本建设程序大致可以分为三个时期,即前期工作时期、工程实施时期、竣工投产时期。

从国内外的基本建设经验看,前期工作最重要,一般占整个过程的50%～60%。前期工作做好了,其后各阶段的工作就容易顺利完成。

现行的基本建设程序可分为八个主要阶段,即项目建议书阶段、可行性研究阶段、设计阶段、施工准备阶段、建设实施阶段、生产准备阶段、竣工验收阶段和后评价阶段。

学习单元1.3 造价文件的类型

工程造价工作,是根据不同建设阶段的具体内容和有关定额、指标分阶段进行。根据基本建设程序的规定,在工程建设项目的不同阶段,由于工作深度不同、要求不同,各阶段要分别编制相应的造价文件,一般有以下几种(图1-1):

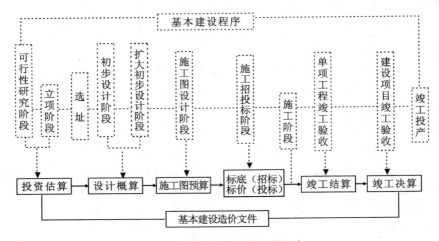

图1-1 基本建设造价文件分类

1.3.1 投资估算

投资估算是指在项目建议书阶段、可行性研究阶段对建设工程造价的预测,应充分考虑各种可能的需要、风险、价格上涨等因素,要打足投资,不留缺口,适当留有余地。

投资估算是造价文件的重要组成部分,是编制基本建设计划,实行基本建设投资,控制建设拨款、贷款的依据;它是可行性研究报告的重要组成部分,是业主为选定近期开发项目而作出科学决策和进行初步设计的重要依据。

投资估算是工程造价全过程管理的"龙头",抓好这个"龙头"有十分重要的意义。

投资估算是建设单位向国家或建设主管部门申请基本建设投资时,为确定建设项目投资总额而编制的技术经济文件,它是国家或建设主管部门确定基本建设投资计划的重要文件。

1.3.2 设计概算

设计概算是指在初步设计阶段,设计单位为确定拟建基本建设项目所需的投资额或费用而编制的工程造价文件,它包括一个建设项目从筹建到竣工验收过程中发生的全部费用。设计概算不得突破投资估算。设计概算是编制基本建设计划,控制建设拨款、贷款的依据,也是考核设计方案和建设成本是否合理的依据。设计单位在报批设计文件的同时,要报批设计概算。设计概算经过审批后,就成为国家控制该建设项目总投资的主要依据,不得随意更改。

工程开工时间与设计概算所采用的价格水平不在同一年份时,按规定由设计单位根据开工当年的价格水平和有关政策重新编制设计概算,这时编制的概算一般称为调整概算。调整概算仅在价格水平和有关政策方面做调整,工程规模及工程量与初步设计均保持不变。

1.3.3 修正概算

对于某些大型工程或特殊工程,当采用三阶段设计时,技术设计阶段随着设计内容的深化,可能会出现建设规模、结构造型、设备类型和数量等内容与初步设计相比有所变化的情况,设计单位应对投资额进行具体核算。对初步设计总概算进行修改,即编制修改设计概算,是技术文件的组成部分。修正概算是在"量"(指工程规模或设计标准)和"价"(指价格水平)都有变化的情况下,对设计概算的修改。

1.3.4 施工图预算

施工图预算也称为设计预算,是在施工图设计阶段,根据施工图纸、施工组织设计、国家颁布的预算定额和工程量计算规则、地区材料预算价格、施工管理费标准、企业利润率、税率等,计算每项工程所需人力、物力和投资额的文件。它应在已批准的设计概算控制下进行编制。它是施工前组织物资、机具、劳动力,编制施工计划,统计完成工作量,办理工程价款结算,实行经济核算,考核工程成本的依据。它是施工图设计的组成部分,主要作用是确定单位工程项目造价,是考核施工图设计经济合理性的依据。一般建筑工程以施工图预算作为编制施工招标标底的依据。

1.3.5 招标控制价与报价

招标控制价是指招标人根据国家或省级、行业建设主管部门颁发的有关计价依据和办法,按设计施工图纸计算的,对招标工程限定的最高工程造价。它是由业主委托具有相应资质的设计单位、社会咨询单位编制完成的,包括发包造价、与造价相适应的质量保证措施及主要施工方案、为了缩短工期所需的措施费等。招标控制价应在编制完成后报送招投标管理部门审定。招标控制价的主要作用是招标单位在一定浮动范围内合理控制工程造价,明确自己在发包工程中应承担的财务责任,这也是投资单位考核发包工程造价的主要依据。

投标报价即报价,是施工企业(或厂家)对建筑工程施工产品(或机电、金属结构设备)的自主定价。它反映的是市场价格,体现了企业的经营管理、技术和装备水平。中标者的报价即决标价,是基本建设产品的成交价格。

1.3.6 施工预算

施工预算是指在施工阶段,施工单位为了加强企业内部经济核算,节约人工和材料,合理使用机械,在施工图预算的控制下,通过工料分析,计算拟建工程的人工、材料和机具等需要量,并直接用于生产的技术经济文件。它是根据施工图的工程量、施工组织设计或施工方案和施工定额等资料进行编制的。

1.3.7　竣工结算

竣工结算是施工单位与建设单位对承建工程项目价款的最终清算(施工过程中的结算属于中间结算)。

1.3.8　竣工决算

竣工决算是竣工验收报告的重要组成部分,它是指建设项目全部完工后,在工程竣工验收阶段,由建设单位编制的从项目筹建到建成投产全部费用的技术经济文件。它是建设投资管理的重要环节,是工程竣工验收、交付使用的重要依据,也是进行建设项目财务总结的必要手段。

学习单元1.4　基本建设工程项目的划分

一个基本建设工程项目,往往规模大、建设周期长、影响因素复杂。因此,为了便于编制基本建设计划、编制工程的概预算文件、组织材料供应、组织招投标、安排施工、控制投资、进行质量控制、拨付工程款项、进行经济核算等,通常将其系统地、逐级地划分为若干个各级项目,这项工作就称为基本建设工程项目划分。

实践中,通常按基本建设工程项目的内部组成,将其划分为建设项目、单项工程、单位工程、分部工程和分项工程。

1.4.1　建设项目

建设项目又称为基本建设项目,通常是指在一个场地或几个场地上按照一个总体设计进行施工、经济上独立核算、行政上实行统一管理的各个工程项目的总和。在工业建设中,是以一座玩具厂、一座钢铁厂、一座汽车厂等为一个建设项目;在民用建设中,是以一所学校、一所医院为一个建设项目;在农业建设中,是以一个农场、一座拖拉机站等为一个建设项目。

1.4.2　单项工程

单项工程是建设项目的组成部分。单项工程具有独立的设计文件,建成后可以独立发挥生产能力或效益。例如一个拦河坝、电站厂房、引水渠等都是单项工程;一个工厂的生产车间,一所学校的教学楼、办公楼、实验楼、学生公寓等也都是单项工程。一个建设项目可以是一个单项工程,也可以包括几个单项工程。

单项工程是具有独立存在意义的完整的工程项目,是一个复杂的综合体,它由多个单位工程组成。

1.4.3　单位工程

单位工程是单项工程的组成部分,是指不能独立发挥生产能力,但能独立组织施工的工程,一般按照建筑物的建筑及安装来划分。如生产车间是一个单项工程,它又可以划分为建筑工程和设备及安装工程两大类单位工程。其中,建筑工程包括一般土建工程、电气照明工程、暖气通风工程、水卫工程、工业管道工程、特殊构筑物工程等单位工程;设备及安装工程包括机械设备及安装工程、电气设备及安装工程等。

1.4.4　分部工程

分部工程是单位工程的组成部分,一般按照建筑物的主要部位或工种来划分。例如房屋建筑工程可以划分为土(石)方工程,桩基与地基基础工程,砌筑工程,混凝土及钢筋混凝土工程,厂库房大门和特种门及木结构工程,金属结构工程,屋面及防水工程,防腐、隔热及保温工程等多个分部工程。

分部工程是编制工程造价、组织施工、质量评定、分包工程结算及成本核算的基本单位。但在分部工程中,影响工料消耗的因素仍然很多,如钢筋混凝土工程中的构件类型(板、梁、柱)不同,则每一个单位工程量的混凝土所消耗的人工、材料差别很大。因此,对于分部工程,仍需按照不同的施工方法、不同的材料、不同的构筑物规格等进行进一步的划分。

1.4.5　分项工程

分项工程是分部工程的组成部分,是可以用适当的计量单位计算工料消耗的最基本的组成单元,能够反映最简单的施工过程。一般将人力、物力消耗定额标准基本相近的结构部位划归为同一个分项工程。例如混凝土及钢筋混凝土分部工程,根据施工方法、材料种类及规格等因素的不同,可进一步划分为带形基础、独立基础、满堂基础、设备基础、矩形柱、异形柱等分项工程。

建设项目分解如图1-2所示。

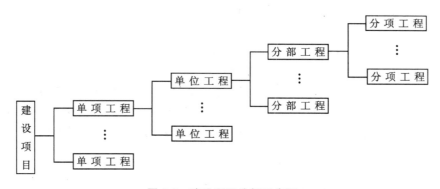

图1-2　建设项目分解示意图

学习单元1.5　工程量清单计价

1.5.1　工程量清单计价概述

工程量清单计价,是建设工程招投标中,招标人根据国家统一的工程量清单计价规则提供工程量清单,投标人根据工程量清单和综合单价进行自主报价,通过市场竞争确定合理计价中标的计价模式。

为适应社会主义市场经济发展的需要,随着招投标制度的逐步推行,我国工程造价管理做出了重要改革,确定了"国家宏观调控、市场竞争形成价格"的现行工程造价的确定原则。

根据《中华人民共和国招标投标法》《建筑工程施工发包与承包计价管理办法》〔建设部令107号〕,2003年2月17日中华人民共和国建设部、中华人民共和国国家质量监督检验检疫总局联合发布了《建设工程工程量清单计价规范》(GB 50500—2003),自2003年7月1日开始实施。该规范的出台是我国工程造价改革的里程碑,使我国工程造价发生了根本性的变化。随后,在此计价规范的基础上,我国相关部门于2008年和2013年又分别进行了修订,截至目前,最新的计价规范为《建设工程工程量清单计价规范》(GB 50500—2013),本书就以2013版的计价规范作为主要依据。

1.5.2　实行工程量清单的意义

(1)是工程造价改革的产物

我国工程造价长期以来执行的是以预算定额为主要依据,人、材、机消耗量,人、材、机单价,费用的"量、价、费"相对固定的静态计价模式。1992年针对这一做法中存在的问题,提出了"控制量、指导价、竞争费"的动态计价模式,这一改革措施在我国实行社会主义市场经济计价初期起到了积极的作用,但仍难以改变预算定额中国家指令性状态,难以满足招投标和评标的要求,因为控制的量实际上是社会平均水平,无法充分体现各施工企业的实际消耗量,不利于施工企业管理水平和劳动生产率的提高。

(2)是规范建设市场秩序,适应社会主义市场经济发展的需要

随着社会主义市场经济的逐步深入,实行工程量清单计价才能够真正体现客观、公正、公平,有利于规范业主在招标中的行为,避免投标单位在招标中盲目压价的不正当行为,有利于保证承发包双方的经济利益。

(3)有利于工程造价的政府管理职能的转变

按照政府部门真正履行"经济调节、市场监督、社会管理和公平服务"的职能要求,对工程造价实行政府管理的模式必须做出相应的改变,建设工程造价实行政府宏观调控、企业自主报价、市场竞争形成价格、社会全面监督的管理办法,由过去的政府直接干预变成仅对工程造价依法监督。

(4)有利于促进建设市场有序竞争和企业健康发展

由于工程量清单是公开的,采用工程量清单计价可避免招标中的暗箱操作、弄虚作假等不规范行为。对于发包方,由于工程量清单是招标文件的组成部分,招标单位必须编制出准确的工程量清单,并承担相应的风险,促进招标单位提高管理水平。对于承包方,由于在投标中要以低价中标,必须认真分析工程成本和利润,精心选择施工方案,严格控制人、材、机费用,有利于促进建设市场有序竞争和企业健康发展。

1.5.3　建筑安装工程费用项目组成与计算

1.5.3.1　按费用构成要素划分的建筑安装工程费用项目组成

建筑安装工程费按照费用构成要素划分,由人工费、材料(包含工程设备,下同)费、施工机具使用费、企业管理费、利润、规费和税金组成。其中人工费、材料费、施工机具使用费、企业管理费和利润包含在分部分项工程费、措施项目费、其他项目费中(图1-3)。

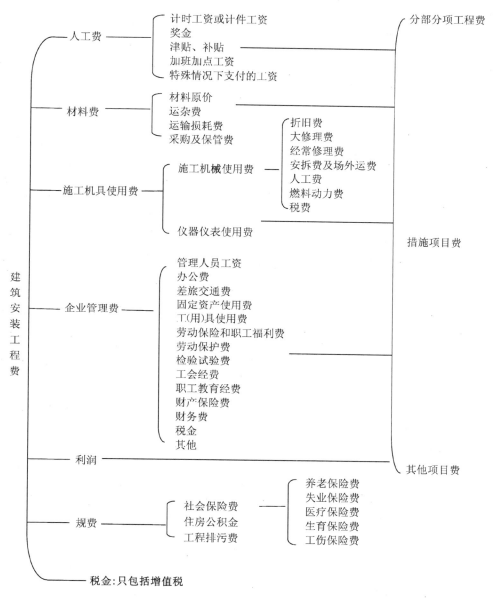

图 1-3　建筑安装工程费用项目组成(按费用构成要素划分)

(1)人工费

人工费是指按工资总额构成规定,支付给从事建筑安装工程施工的生产工人和附属生产单位工人的各项费用,内容包括:

①计时工资或计件工资:是指按计时工资标准和工作时间或对已做工作按计件单价支付给个人的劳动报酬。

②奖金:是指对超额劳动和增收节支支付给个人的劳动报酬,如节约奖、劳动竞赛奖等。

③津贴、补贴:是指为了补偿职工特殊或额外的劳动消耗和因其他特殊原因支付给个人的津贴,以及为了保证职工工资水平不受物价影响而支付给个人的物价补贴,如流动施工津贴、

特殊地区施工津贴、高（低）温作业临时津贴、高空津贴等。

④加班加点工资：是指按规定支付的在法定节假日工作的加班工资和在法定工作日工作时间外延时工作的加点工资。

⑤特殊情况下支付的工资：是指根据国家法律、法规和政策规定，因疾病、工伤、产假、计划生育假、婚丧假、事假、探亲假、定期休假、停工学习、履行国家或社会义务等原因按计时工资标准或计时工资标准的一定比例支付的工资。

（2）材料费

材料费是指施工过程中耗费的原材料、辅助材料、构配件、零件、半成品或成品、工程设备的费用。内容包括：

①材料原价：是指材料、工程设备的出厂价格或商家供应价格。

②运杂费：是指材料、工程设备从来源地运至工地仓库或指定堆放地点所发生的全部费用。

③运输损耗费：是指材料在运输装卸过程中不可避免的损耗。

④采购及保管费：是指在组织采购、供应和保管材料、工程设备的过程中所需要的各项费用，包括采购费、仓储费、工地保管费、仓储损耗费。

工程设备是指构成或计划构成永久工程一部分的机电设备、金属结构设备、仪器装置及其他类似的设备和装置。

（3）施工机具使用费

施工机械使用费是指施工作业所发生的施工机械、仪器仪表使用费或其租赁费。

①施工机具使用费：以施工机械台班耗用量乘以施工机械台班单价表示，施工机械台班单价应由下列七项费用组成：

a. 折旧费：指施工机械在规定的使用年限内，陆续收回其原值及购置资金的时间价值。

b. 大修理费：指施工机械按规定的大修理间隔台班进行必要的大修理，以恢复其正常功能所需的费用。

c. 经常修理费：指施工机械除大修理以外的各级保养和临时故障排除所需的费用。包括为保障机械正常运转所需替换的设备与随机配备工具附具的摊销和维护费用，机械运转中日常保养所需润滑与擦拭的材料费用及机械停滞期间的维护和保养费用等。

d. 安拆费及场外运费：安拆费指施工机械（大型机械除外）在现场进行安装与拆卸所需的人工、材料、机械和试运转费用以及机械辅助设施的折旧、搭设、拆除等费用；场外运费指施工机械整体或分体自停放地点运至施工现场，或由某一施工地点运至另一施工地点的运输、装卸、辅助材料及架线等费用。

e. 人工费：指机上司机（司炉）和其他操作人员的人工费。

f. 燃料动力费：指施工机械在运转作业中所消耗的各种燃料及水、电等。

g. 税费：指施工机械按照国家规定应缴纳的车船使用税、保险费及年检费等。

②仪器仪表使用费：指工程施工所需使用的仪器仪表的摊销及维修费用。

（4）企业管理费

企业管理费是指建筑安装企业组织施工生产和经营管理所需的费用。内容包括：

①管理人员工资：是指按规定支付给管理人员的计时工资、奖金、津贴补贴、加班加点工资及特殊情况下支付的工资等。

②办公费：是指企业管理办公用的文具、纸张、账表、印刷、邮电、书报、办公软件、现场监

控、会议、水电和集体取暖降温(包括现场临时宿舍取暖降温)等费用。

③差旅交通费:是指职工因公出差或调动工作的差旅费、驻勤补助费,市内交通费和误餐补助费,职工探亲路费,劳动力招募费,职工退休、退职一次性路费,工伤人员就医路费,工地转移费以及管理部门使用的交通工具的油料、燃料等费用。

④固定资产使用费:是指管理和试验部门及附属生产单位使用的属于固定资产的房屋、设备、仪器等的折旧、大修、维修或租赁费。

⑤工(用)具使用费:是指企业施工生产和管理使用的不属于固定资产的工具、器具、家具、交通工具和检验、试验、测绘、消防用具等的购置、维修和摊销费。

⑥劳动保险和职工福利费:是指由企业支付的职工退职金、按规定支付给离休干部的经费、集体福利费、夏季防暑降温费、冬季取暖补贴、上下班交通补贴等。

⑦劳动保护费:是企业按规定发放的劳动保护用品的支出,如工作服、手套、防暑降温饮料,以及在有碍身体健康的环境中施工的保健费用等。

⑧检验试验费:是指施工企业按照有关标准规定,对建筑以及材料、构件和建筑安装物进行一般鉴定、检查所发生的费用,包括自设实验室进行试验所耗用的材料等费用;不包括新结构、新材料的试验费,对构件做破坏性试验及其他特殊要求检验试验的费用和建设单位委托检测机构进行检测的费用。对此类检测发生的费用,由建设单位在工程建设其他费用中列支。但对施工企业提供的具有合格证明的材料进行检测后发现不合格的,该检测费用由施工企业支付。

⑨工会经费:是指企业按《中华人民共和国工会法》规定的全部职工工资总额比例计提的工会经费。

⑩职工教育经费:是指按职工工资总额的规定比例计提,企业为职工进行专业技术和职业技能培训,专业技术人员继续教育、职工职业技能鉴定、职业资格认定以及根据需要对职工进行各类文化教育所发生的费用。

⑪财产保险费:是指施工管理用财产、车辆等的保险费用。

⑫财务费:是指企业为施工生产筹集资金或提供预付款担保、履约担保、职工工资支付担保等所发生的各种费用。

⑬税金:是指企业按规定缴纳的房产税、车船使用税、土地使用税、印花税等。

⑭其他:包括技术转让费、技术开发费、投标费、业务招待费、绿化费、广告费、公证费、法律顾问费、审计费、咨询费、保险费等。

(5)利润

利润是指施工企业完成所承包工程获得的盈利。

(6)规费

规费是指按国家法律、法规规定,由省级政府和省级有关行政部门规定必须缴纳或计取的费用。包括:

①社会保险费

a.养老保险费:是指企业按照规定标准为职工缴纳的基本养老保险费。

b.失业保险费:是指企业按照规定标准为职工缴纳的失业保险费。

c.医疗保险费:是指企业按照规定标准为职工缴纳的基本医疗保险费。

d.生育保险费:是指企业按照规定标准为职工缴纳的生育保险费。

e.工伤保险费:是指企业按照规定标准为职工缴纳的工伤保险费。

②住房公积金:是指企业按照规定标准为职工缴纳的住房公积金。

③工程排污费:是指企业按规定缴纳的施工现场工程排污费。

其他应列而未列入的规费,按实际发生计取。

(7)税金

税金是指国家税法规定的应计入建筑安装工程造价内的增值税。

1.5.3.2 各费用构成要素参考计算方法

(1)人工费

$$人工费=\sum(工日消耗量 \times 日工资单价)$$

日工资单价=

$$\frac{生产工人平均月工资(计时、计件)+平均月(资金+津贴补贴+特殊情况下支付的工资)}{年平均每月法定工作日} \quad (1\text{-}1)$$

注意:式(1-1)主要适用于施工企业投标报价时自主确定人工费,是工程造价管理机构编制计价定额、确定定额人工单价或发布人工成本信息的参考依据。

$$人工费=\sum(工程工日消耗量 \times 日工资单价) \quad (1\text{-}2)$$

日工资单价是指施工企业技术熟练程度平均的生产工人在每个工作日(国家法定工作时间内)按规定从事施工作业应得的日工资总额。

工程造价管理机构确定日工资单价应通过市场调查,根据工程项目的技术要求,参考实物工程量人工单价综合分析确定,最低日工资单价不得低于工程所在地人力资源和社会保障部门所发布的最低工资标准:普工1.3倍、一般技工2倍、高级技工3倍。

工程计价定额不可只列一个综合工日单价,应根据工程项目技术要求和工种差别适当划分多种日人工单价,确保各分部工程人工费的合理构成。

注意:式(1-2)适用于工程造价管理机构编制计价定额时确定定额人工费,是施工企业投标报价的参考依据。

(2)材料费

①材料费

$$材料费=\sum(材料消耗量 \times 材料单价)$$

材料单价={(材料原价+运杂费)×[1+运输损耗率(%)]}×[1+采购保管费率(%)]

②工程设备费

$$工程设备费=\sum(工程设备量 \times 工程设备单价)$$

$$工程设备单价=(设备原价+运杂费)\times[1+采购保管费率(\%)]$$

(3)施工机具使用费

①施工机械使用费

$$施工机械使用费=\sum(施工机械台班消耗量 \times 机械台班单价)$$

机械台班单价=台班折旧费+台班大修理费+台班经常修理费+台班安拆费及场外运费+
台班人工费+台班燃料动力费+台班车船税费

注意:工程造价管理机构在确定计价定额中的施工机械使用费时,应根据《建筑施工机械台班费用计算规则》结合市场调查编制施工机械台班单价。施工企业可以参考工程造价管理

机构发布的台班单价,自主确定施工机械使用费的报价,如租赁施工机械,公式为

$$施工机械使用费=\sum(施工机械台班消耗量\times机械台班租赁单价)$$

②仪器仪表使用费

$$仪器仪表使用费=工程使用的仪器仪表摊销费+维修费$$

（4）企业管理费率

①以分部分项工程费为计算基础

$$企业管理费率（\%）=\frac{生产工人年平均管理费}{年有效施工天数\times人工单价}\times人工费占分部分项工程费比例（\%）$$

②以人工费和机械费合计为计算基础

$$企业管理费率（\%）=\frac{生产工人年平均管理费}{年有效施工天数\times（人工单价+第一工日机械使用率）}\times100\%$$

③以人工费为计算基础

$$企业管理费率（\%）=\frac{生产工人年平均管理费}{年有效施工天数\times人工单价}\times100\%$$

注意:上述公式适用于施工企业投标报价时自主确定管理费,是工程造价管理机构编制计价定额、确定企业管理费的参考依据。

工程造价管理机构在确定计价定额中的企业管理费时,应以定额人工费（或定额人工费+定额机械费）作为计算基数,其费率根据历年工程造价积累的资料辅以调查数据确定,列入分部分项工程和措施项目中。

（5）利润

①施工企业根据企业自身需求并结合建筑市场实际自主确定,列入报价中。

②工程造价管理机构在确定计价定额中的利润时,应以定额人工费（或定额人工费+定额机械费）作为计算基数,其费率根据历年工程造价积累的资料,并结合建筑市场实际确定,以单位（单项）工程测算,利润在税前建筑安装工程费的比重可按不低于5%且不高于7%的费率计算。利润应列入分部分项工程和措施项目中。

（6）规费

①社会保险费和住房公积金

社会保险费和住房公积金应以定额人工费为计算基础,根据工程所在省、自治区、直辖市或行业建设主管部门的规定费率计算。

$$社会保险费和住房公积金=\sum(工程定额人工费\times社会保险费和住房公积金费率)$$

式中:社会保险费和住房公积金费率可以每万元发承包价的生产工人人工费和管理人员工资含量与工程所在地规定的缴纳标准综合分析取定。

②工程排污费

工程排污费等其他应列而未列入的规费应按工程所在地环境保护等部门规定的标准缴纳,按实计取列入。

（7）税金

依据国家相关文件规定,建筑工程增值税为9%,有:

$$工程造价=税前工程造价\times(1+9\%)$$

其中,税前工程造价是人工费、材料费、机具使用费、企业管理费、利润和规费之和,各费用

项目均以不包含增值税可抵扣进项税额的价格计算。

1.5.3.3 按造价形成划分的建筑安装工程费用项目组成(图1-4)

(1)分部分项工程费

分部分项工程费是指各专业工程的分部分项工程应予以列支的各项费用。

①专业工程:是指按现行国家计量规范划分的房屋建筑与装饰工程、仿古建筑工程、通用安装工程、市政工程、园林绿化工程、矿山工程、构筑物工程、城市轨道交通工程、爆破工程等各类工程。

②分部分项工程:是指按现行国家计量规范对各专业工程进行划分的项目,如房屋建筑与装饰工程划分的土石方工程、地基处理与桩基工程、砌筑工程、钢筋及钢筋混凝土工程等。

各类专业工程的分部分项工程划分参见现行国家或行业计量规范。

(2)措施项目费

措施项目费是指为完成建设工程施工,发生于该工程施工前和施工过程中的技术、生活、安全、环境保护等方面的费用。内容包括:

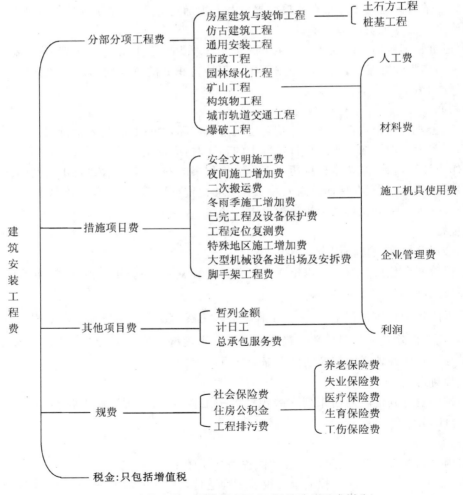

图1-4 建筑安装工程费用项目组成(按造价形成划分)

①安全文明施工费

a. 环境保护费:是指施工现场为达到环保部门要求所需要的各项费用。

b. 文明施工费:是指施工现场文明施工所需要的各项费用。

c. 安全施工费:是指施工现场安全施工所需要的各项费用。

d. 临时设施费:是指施工企业为进行建设工程施工所必须搭设的生活和生产用的临时建筑物、构筑物和其他临时设施费用,包括临时设施的搭设、维修、拆除、清理或摊销等费用。

②夜间施工增加费:是指因夜间施工所发生的夜班补助费、夜间施工降效、夜间施工照明设备摊销及照明用电等费用。

③二次搬运费:是指因施工场地条件限制而发生的材料、构配件、半成品等一次运输不能到达堆放地点,必须进行二次或多次搬运所发生的费用。

④冬雨季施工增加费:是指在冬雨季施工需增加的临时设施、防滑、排除雨雪,人工及施工机械效率降低等增加的费用。

⑤已完工程及设备保护费:是指竣工验收前,对已完工程及设备采取的必要保护措施所发生的费用。

⑥工程定位复测费:是指工程施工过程中进行全部施工测量放线和复测工作的费用。

⑦特殊地区施工增加费:是指工程在沙漠或其边缘地区、高海拔、高寒、原始森林等特殊地区施工增加的费用。

⑧大型机械设备进出场及安拆费:是指机械整体或分体自停放场地运至施工现场或由一个施工地点运至另一个施工地点,所发生的机械进出场运输及转移费用,机械在施工现场进行安装、拆卸所需的人工费、材料费、机械费、试运转费和安装所需的辅助设施的费用。

⑨脚手架工程费:是指施工需要的各种脚手架搭、拆、运输费用,以及脚手架购置费的摊销(或租赁)费用。

措施项目及其包含的内容详见各类专业工程的现行国家或行业计量规范。

(3)其他项目费

①暂列金额:是指建设单位在工程量清单中暂定并包括在工程合同价款中的一笔款项。用于施工合同签订时尚未确定或者不可预见的所需材料、工程设备、服务的采购,施工中可能发生的工程变更、合同约定调整因素出现时的工程价款调整以及发生的索赔、现场签证确认等的费用。

②计日工:是指在施工过程中,施工企业完成建设单位提出的施工图纸以外的零星项目或工作所需的费用。

③总承包服务费:是指总承包人为配合、协调建设单位进行的专业工程发包,对建设单位自行采购的材料、工程设备等进行保管以及施工现场管理、竣工资料汇总整理等服务所需的费用。

(4)规费

规费是指按国家法律、法规规定,由省级政府和省级有关行政部门规定必须缴纳或计取的费用。包括:

①社会保险费

a. 养老保险费:是指企业按照规定标准为职工缴纳的基本养老保险费。

b. 失业保险费:是指企业按照规定标准为职工缴纳的失业保险费。

c. 医疗保险费:是指企业按照规定标准为职工缴纳的基本医疗保险费。

d. 生育保险费:是指企业按照规定标准为职工缴纳的生育保险费。

e. 工伤保险费:是指企业按照规定标准为职工缴纳的工伤保险费。

②住房公积金:是指企业按照规定标准为职工缴纳的住房公积金。

③工程排污费:是指企业按照规定缴纳的施工现场工程排污费。

其他应列而未列入的规费,按实际发生计取。

(5)税金

税金是指按国家税法规定的应计入建筑安装工程造价内的增值税。

1.5.3.4 建筑安装工程计价参考公式

(1)分部分项工程费

$$分部分项工程费 = \sum (分部分项工程量 \times 综合单价)$$

式中,综合单价包括人工费、材料费、施工机具使用费、企业管理费和利润以及一定范围的风险费用(下同)。

(2)措施项目费

①国家计量规范规定应予以计量的措施项目,其计算公式为

$$措施项目费 = \sum (措施项目工程量 \times 综合单价)$$

②国家计量规范规定不宜计量的措施项目计算方法如下:

a. 安全文明施工费

$$安全文明施工费 = 计算基数 \times 安全文明施工费率(\%)$$

计算基数应为定额基价(定额分部分项工程费+定额中可以计量的措施项目费)、定额人工费(或定额人工费+定额机械费),其费率由工程造价管理机构根据各专业工程的特点综合确定。

b. 夜间施工增加费

$$夜间施工增加费 = 计算基数 \times 夜间施工增加费率(\%)$$

c. 二次搬运费

$$二次搬运费 = 计算基数 \times 二次搬运费率(\%)$$

d. 冬雨季施工增加费

$$冬雨季施工增加费 = 计算基数 \times 冬雨季施工增加费率(\%)$$

e. 已完工程及设备保护费

$$已完工程及设备保护费 = 计算基数 \times 已完工程及设备保护费率(\%)$$

上述 b 至 e 项措施项目的计费基数应为定额人工费(或定额人工费+定额机械费),其费率由工程造价管理机构根据各专业工程特点和调查资料综合分析后确定。

(3)其他项目费

①暂列金额由建设单位根据工程特点,按有关计价规定估算,在施工过程中由建设单位掌握使用,扣除合同价款调整后如有余额,归建设单位所有。

②计日工由建设单位和施工企业按施工过程中的签证计价。

③总承包服务费由建设单位在招标控制价中根据总包服务范围和有关计价规定编制,施工企业投标时自主报价,施工过程中按签约合同价执行。

(4)规费和税金

建设单位和施工企业均应按照省、自治区、直辖市或行业建设主管部门发布的标准计算规

费和税金,不得作为竞争性费用。

1.5.3.5　建筑安装工程计价程序

发包人编制招标控制价、承包人编制投标报价、发承包双方办理竣工结算,计价程序如表1-1～表1-3所示。

表 1-1　建设单位工程招标控制价计价程序

工程名称:　　　　　　　　标段:

序号	内　容	计算方法	金额(元)
1	分部分项工程费	按计价规定计算	
1.1			
1.2			
1.3			
1.4			
1.5			
⋮			
2	措施项目费	按计价规定计算	
2.1	其中:安全文明施工费	按规定标准计算	
3	其他项目费		
3.1	其中:暂列金额	按计价规定估算	
3.2	其中:专业工程暂估价	按计价规定估算	
3.3	其中:计日工	按计价规定估算	
3.4	其中:总承包服务费	按计价规定估算	
4	规费	按规定标准计算	
5	税金(扣除不列入计税范围的工程设备金额)	(1+2+3+4)×规定税率	

招标控制价合计=1+2+3+4+5

表 1-2　施工企业工程投标报价计价程序

工程名称:　　　　　　　　标段:

序号	内　容	计算方法	金额(元)
1	分部分项工程费	自主报价	
1.1			
1.2			
1.3			
1.4			
1.5			
⋮			

续表 1-2

序号	内容	计算方法	金额(元)
2	措施项目费	自主报价	
2.1	其中:安全文明施工费	按规定标准计算	
3	其他项目费		
3.1	暂列金额	按招标文件提供金额计列	
3.2	专业工程暂估价	按招标文件提供金额计列	
3.3	计日工	自主报价	
3.4	总承包服务费	自主报价	
4	规费	按规定标准计算	
5	税金(扣除不列入计税范围的工程设备金额)	(1+2+3+4)×规定税率	

投标报价合计=1+2+3+4+5

表 1-3 竣工结算计价程序

工程名称: 　　　　　　　　标段:

序号	汇总内容	计算方法	金额(元)
1	分部分项工程费	按合同约定计算	
1.1			
1.2			
1.3			
1.4			
1.5			
⋮			
2	措施项目	按合同约定计算	
2.1	其中:安全文明施工费	按规定标准计算	
3	其他项目费		
3.1	专业工程结算价	按合同约定计算	
3.2	计日工	按计日工签证计算	
3.3	总承包服务费	按合同约定计算	
3.4	索赔与现场签证	按发承包双方确认的数额计算	
4	规费	按规定标准计算	
5	税金(扣除不列入计税范围的工程设备金额)	(1+2+3+4)×规定税率	

竣工结算总价合计=1+2+3+4+5

学习单元1.6 建筑工程定额

1.6.1 定额概述

(1)定额的概念

建筑工程定额,是指在正常的施工条件下,为了完成质量合格的单位建筑工程产品所必须消耗的人工、材料(或构配件)、机械台班的数量标准。

(2)定额的作用

建筑工程定额,在我国工程建设中具有十分重要的地位和作用,主要表现在以下几个方面:

①是总结先进生产方法的手段

建筑工程定额比较科学地反映出生产技术和劳动组织的合理程度。我们可以建筑工程消耗量定额的标定方法为手段,对同一工程产品在同一施工操作条件下的不同生产方式进行观察、分析和总结,从而得出一套比较完整的先进生产方法。

②是确定工程造价的依据和评价设计方案经济合理性的尺度

根据设计文件的工程规模、工程数量,结合施工方法,采用相应消耗量定额规定的人工、材料、施工机械台班消耗标准,以及人工、材料、机械单价和各种费用标准,可以确定分项工程的综合单价。同时,建设项目投资的大小又反映出各种不同设计方案技术经济水平的高低。

③是施工企业编制工程计划,组织和管理施工的重要依据

为了更好地组织和管理建设工程施工生产,必须编制施工进度计划。在编制计划和组织管理施工生产中,要以各种定额作为计算人工、材料和机械需用量的依据。

④是施工企业和项目部实行经济责任制的重要依据

工程建设改革的突破口是承包责任制。施工企业根据定额编制投标报价,对外投标承揽工程任务;工程施工项目部进行进度计划的编制和进度控制,进行成本计划的编制和成本控制,均以建筑工程消耗量定额为依据。

此外,建筑工程定额还有利于建筑市场公平竞争,有利于完善市场的信息系统,它既是投资决策依据,又是价格决策依据,具有节约社会劳动力和提高生产效率的作用。

1.6.2 建筑工程定额分类

建筑工程定额按照不同标准可以进行不同的分类。

(1)按生产要素分类

生产活动包括劳动者、劳动手段、劳动对象三个不可缺少的要素。劳动者是指生产活动中各专业工种的工人,劳动手段是指劳动者使用的生产工具和机械设备,劳动对象是指原材料、半成品和构配件。按照这三个要素可分为劳动定额、材料消耗定额、机械使用定额。

①劳动定额。劳动定额又称人工定额或工时定额。它反映了建筑安装工人劳动生产率的平均先进水平,其表示形式有时间定额和产量定额两种。时间定额是指在合理的劳动组织和施工条件下,生产质量合格的单位产品所需要的劳动量。劳动量的单位以"工日"或"工时"表示。产量定额是指同样条件下,在单位时间内所生产的质量合格的产品数量。时间定额与产量定额互为倒数。

②材料消耗定额。材料消耗定额是指在一定的施工条件和合理使用材料的情况下,生产单位质量合格的产品所需的一定规格材料的数量标准。

③机械使用定额。机械使用定额也称机械台班或台时定额。它反映了在先进合理的劳动组织和施工条件下,由技术熟练的工人操作的机械生产率水平。其表示方法有机械时间定额和机械产量定额,两者互为倒数。机械时间定额是指施工机械在正常的施工组织条件下,完成单位合格产品所需的机械工作时间;机械产量定额是指施工机械在单位时间内完成合格产品的数量。

(2)按专业分类

①建筑工程消耗量定额

建筑工程消耗量定额是指建筑工程人工、材料及机械的消耗量标准。

②装饰工程消耗量定额

装饰工程是指房屋建筑的装饰装修工程。装饰工程消耗量定额是指建筑装饰装修工程人工、材料及机械台班的消耗量标准。

③安装工程消耗量定额

安装工程是指各种管线、设备等的安装工程。安装工程消耗量定额是指安装工程人工、材料及机械台班的消耗量标准。

④市政工程消耗量定额

市政工程是指城市的道路、桥梁等公共设施及公用设施的建设工程。市政工程消耗量定额是指市政工程人工、材料及机械台班的消耗量标准。

⑤园林绿化工程消耗量定额

园林绿化工程消耗量定额是指园林绿化工程人工、材料及机械的消耗量标准。

(3)按编制单位及使用范围分类

建筑工程消耗量定额按编制单位及使用范围分类,有全国统一定额、地区统一定额及企业定额。

①全国统一定额

全国统一定额是指由国家建设行政主管部门编制,作为各地区编制地区消耗量定额依据的消耗量定额,如《全国统一建筑工程预算工程量计算规则》(GJDGZ 101—1995)、《全国统一建筑装饰装修工程消耗量定额》(GYD 901—2002)。

②地区统一定额

地区统一定额是指由本地区建设行政主管部门根据合理的施工组织设计,按照正常施工条件下制定的,生产分项工程合格的单位产品所需的人工、材料、机械台班的社会平均消耗量定额。它是编制投标控制价或标底的依据,在施工企业没有本企业定额的情况下也可作为投标的参考依据。

③企业定额

企业定额是指施工企业根据本企业的施工技术和管理水平,以及有关工程造价资料制定的,供本企业使用的人工、材料和机械台班消耗量定额。

1.6.3 建设工程定额编制原则

(1)定额水平

企业量定额应体现本企业平均先进水平的原则;地区统一定额应体现本地区平均水平的

原则。

所谓平均先进水平,就是在正常施工条件下,多数施工班组和多数工人经过努力才能够达到和超过的水平。它高于一般水平,低于先进水平。

(2)定额形式简明适用

消耗量定额编制必须便于使用,既要满足施工组织生产的需要,又要简明实用;要能反映现行的施工技术、材料的现状,而且定额项目应当覆盖完全,使步距恰当,方便使用。

(3)定额编制坚持"以专为主、专群结合"

定额编制具有很强的技术性、实践性和法规性,不但要有专门的机构和专业人员组织把握方针政策,经常性地积累定额资料,还要"专群结合",及时了解定额在执行过程中的情况和存在的问题,以便及时将新工艺、新技术、新材料反映在定额中。

1.6.4　建设工程定额的编制依据

(1)现行的劳动定额、材料消耗定额和机械使用定额;

(2)现行的设计规范、建筑产品标准、技术操作规程、施工及验收规范、工程质量检查评定标准和安全操作规程;

(3)通用的标准设计和定型设计图集,以及具有代表性的设计资料;

(4)有关的科学实验、技术测定、统计资料;

(5)有关的建筑工程历史资料及定额测定资料;

(6)介绍新技术、新结构、新材料、新工艺和先进施工经验的资料。

1.6.5　建筑工程定额解释[以贵州省计价定额(2016 版)作为解释参考]

(1)总说明

①《贵州省建筑与装饰工程计价定额》(2016 版)(以下简称"本定额")是在《房屋建筑与装饰工程消耗量定额》(TY01—31—2015)、《建设工程工程量清单计价规范》(GB 50500—2013)、《房屋建筑与装饰工程工程量清单计算规范》(GB 50854—2013)、《建筑工程建筑面积计算规范》(GB /T 50353—2013)的基础上,参考《贵州省建筑工程计价定额》(2004 版)、《贵州省装饰装修工程计价定额》(2004 版),并结合我省设计、施工、招投标实际情况编制。

②本定额适用于贵州省行政区域内工业与民用建筑的新建、扩建和改建工程,不适用于修缮、加固及整体拆除工程。

③本定额按照增值税原理编制,适用于一般计税方法,各项费用均不含可抵扣增值税进项税额。

④本定额是按照正常的施工条件,施工企业通常采用施工技术、施工方法、施工机械装备水平、合理的施工工期、合理的劳动组织编制;是完成规定计量单位合格产品所需的人工、材料、机械台班和施工措施费用的社会平均标准。

⑤本定额是使用国有资金投资的工程编制投资估算、设计概算、施工图预算、最高投标限价的依据;是衡量投标报价合理性的基础;是编制企业定额、投标报价、调解处理工程造价纠纷、鉴定的参考。

⑥本定额按现行有关国家产品标准,设计、施工及验收规范,技术操作规程,质量评定标准和安全操作规程进行编制,并参考行业、地方标准以及有代表性的工程设计、施工资料和其他

资料。

⑦定额项目的工作内容,除已注明的外,还包括施工准备、配合质量检验、工种间交叉配合等施工工序。

⑧定额项目按综合单价表现,包括人工费、材料费(含工程设备)、施工机具使用费、企业管理费和利润。

⑨消耗量和价格的确定。

⑩本定额所指的施工组织设计是指经建设单位批准的施工组织设计。

⑪本定额除脚手架及垂直运输定额项目中已注明其适用檐口高度外,其他定额项目均按建筑物檐口高度≤20m(6层)编制,檐口高度>20m(6层)时,施工降效增加的人工、机械台班按本定额超高施工增加的规定计算。

⑫本定额中的弧形构件,均指半径≤9m的圆弧构件。

⑬本定额缺项借用其他专业定额项目时,取费仍执行本定额。

⑭本定额中使用到两个或两个以上系数时,按连乘法计算。

⑮执行本定额涉及人工调整系数的定额项目时,其综合单价中的管理费、利润应作相应调整。

(2)人工

人工消耗量包括基本用工、辅助用工、超运距用工和人工幅度差,每工日按8小时工作计算,不分普工、技工和高级技工,以综合工日表现。工日单价包括计时工资或计价工资、奖金、津贴补贴和特殊情况下支付的工资。本定额中一类综合用工单价为80元/工日,主要为土石方工程用工;二类综合用工单价为120元/工日,主要为建筑工程用工;三类综合用工单价为135元/工日,主要为装饰装修工程用工。

(3)材料

材料包括施工中消耗的主要材料、辅助材料、周转材料和其他材料。材料消耗量包括净用量和损耗量,损耗量是指从工地仓库、现场集中堆放地点(或现场加工地点)至操作(或安装)地点的施工场内运输损耗、施工操作损耗和施工现场堆放损耗等。设计文件、规范规定的预留量不在损耗量中考虑。

材料(包括半成品)单价是指从材料来源地(或交货地)至工地仓库或指定堆放地点出库后不含增值税进项税额的价格,包括材料原价(供应价)、材料运杂费、运输损耗费、采购及保管费等。

材料原价(供应价):指材料的出厂价格或供应商的供应价格。

材料运杂费:指材料自来源地运至工地仓库或指定堆放地点所发生的全部费用。

运输损耗费:指材料在运输装卸过程中不可避免的损耗产生的费用。

采购及保管费:指为组织采购、供应和保管材料所需的各项费用,包括采购费、仓储费、工地保管费、仓储损耗等费用。定额采购保管费率按材料供应价和材料运杂费之和扣减包装回收值后的2%计算,其中,采购费率为0.7%,保管费率为1.3%。

未计价材是指定额项目中未注明单价且消耗量带有括弧的材料,应根据括弧内所列消耗量乘以相应的材料(包括半成品)单价计算,列入综合单价。

(4)施工机械

施工机械的类型、规格是按常用机械、合理机械配备和施工企业机械化装备程度综合取定的,其中台班消耗量包括机械幅度差。

施工机械台班单价按照《建设工程施工机械台班费用编制规则》(2015年)规定,在大量收集、统计、分析施工企业常用价格及费用基础上,并参考有关资料综合编制。施工机械台班单价包括折旧费、检修费、维护费、安拆费及场外运费、人工费、燃料动力费和其他费用。

(5)企业管理费

企业管理费是指建筑安装企业组织施工生产和经营管理所需的费用,包括管理人员工资、办公费、差旅交通费、固定资产使用费、工(用)具使用费、劳动保险、职工福利费、劳动保护费、检验试验费、工会经费、职工教育经费、财产保险费、财务费、税金(城市维护建设税、教育费附加、地方教育附加、房产税、车船使用税、土地使用税、印花税等)、其他费用(技术转让费、技术开发费、投标费、绿化费、广告费、公证费、法律顾问费、审计费、咨询费、保险费等)。

本定额按照正常、合理的配备施工组织管理机构、人员和管理设备,并在大量收集、统计、分析各施工企业管理费用的基础上综合取定。

(6)利润

利润是指施工企业完成所承包工程获得的盈利。

1.6.6 建筑与装饰工程费用说明

1.6.6.1 费用组成

建筑安装工程费由分部分项工程费、措施项目费、其他项目费、规费和税金组成,其中分部分项工程费、单价措施项目费、其他项目费包含人工费、材料费、施工机具使用费、企业管理费和利润。

1.6.6.2 费用说明

(1)分部分项工程费

分部分项工程费是指各专业工程的分部分项工程应以列支的各项费用。

(2)措施项目费

措施项目费是指为完成建设工程施工,发生于该工程施工前和施工过程中的技术、生活、安全、文明、环境保护等方面的费用,内容包括:

①单价措施项目费

单价措施项目包括脚手架工程,垂直运输,建筑物超高增加费,大型机械设备进出场及安拆,施工排水、降水等。

②总价措施项目费

a.安全文明施工费:是指在工程施工期间,按照国家、地方现行的建筑施工安全、施工现场环境保护、施工现场环境与卫生标准的有关规定,购置搭设和更新施工安全防护用具及设施、改善安全生产条件和作业环境所需要的费用,包括环境保护费、文明施工费、安全施工费、临时设施费。

ⓐ环境保护费:是指施工现场为达到环保部门要求所需要的各项费用,包括现场施工机械设备降低噪声、防扰民措施费用;水泥和其他易飞扬细颗粒建筑材料密闭存放或采取覆盖措施等费用;工程防扬尘洒水费用;施工现场裸露的场地和堆放的土石方采取覆盖的费用;土石方、建筑渣土外运车辆冲洗、防洒漏等费用;现场污染源的控制、生活垃圾清理外运、场地排水排污措施的费用等。

费用：（分部分项工程人工费＋单价措施项目人工费）×0.75％

ⓑ文明施工费：是指施工现场文明施工所需要的各项费用，包括"五牌一图"的费用；现场围挡的墙面美化及压顶装饰等费用；土石方、建筑垃圾采取覆盖、洒水等控制扬尘费用；工地出口设置冲洗车辆、泥浆沉淀池等费用；现场厕所便槽刷白、贴面砖，水泥砂浆地面或地砖费用，建筑物内临时便溺设施费用；其他施工现场临时设施的装饰装修、美化措施费用；现场生活卫生设施费用；符合卫生要求的饮水设备、淋浴、消毒等设施费用；生活用洁净燃料费用；防煤气中毒、防蚊虫叮咬等措施费用；施工现场操作场地的硬化费用；现场绿化费用、治安综合治理费用；现场配备医药保健器材、物品费用和急救人员培训费用；其他文明施工措施费用。

费用：（分部分项工程人工费＋单价措施项目人工费）×3.35％

ⓒ安全施工费：是指施工现场安全施工所需要的各项费用，包括安全资料、特殊作业专项方案的编制，安全施工标志的购置及安全宣传的费用；远程监控设施费用；电气保护、安全照明设施费用，施工安全用电的费用，包括配电箱三级配电、两级保护装置要求、外电防护措施；起重机、塔吊等起重设备（含井架、门架）及外用电梯的安全防护措施（含警示标志）及卸料平台的临边防护、层间安全门、防护棚等设施费用；建筑工地起重机械的检验检测费用；施工机具防护棚及其围栏的安全保护设施费用；施工安全防护通道的费用；消防设施与消防器材的配置费用；其他安全防护措施费用。

费用：（分部分项工程人工费＋单价措施项目人工费）×5.8％

ⓓ临时设施费：是指施工企业为进行建设工程施工所必须设置的生活和生产用的临时建筑物、构筑物的搭设、维修、拆除、清理或摊销等费用。包括施工现场采用彩色、定型钢板、砖、混凝土砌块等按照标准设置围墙、围挡等费用；临时宿舍、办公室、食堂、厨房、厕所、诊疗所、临时文化福利用房、农民工夜校、临时仓库、加工场、搅拌台、临时简易水塔、水池等费用；临时供水管道、临时供电管线、小型临时设施等费用；施工现场规定范围内临时简易道路铺设、临时排水沟、临时排水设施等费用；其他临时设施费用。

费用：（分部分项工程人工费＋单价措施项目人工费）×4.46％

b.夜间和非夜间施工增加费：夜间施工增加费是指因夜间施工所发生的夜班补助费、夜间施工降效、夜间施工照明设备摊销及照明用电等费用。非夜间施工增加费是指在地下室等特殊施工部位施工时所采用的照明设备的安拆、维护及照明用电等费用，包括施工时固定照明灯具和临时照明灯具的设置、拆除；施工现场交通标志、安全标牌、警示灯等的设置、移动、拆除。

费用：（分部分项工程人工费＋单价措施项目人工费）×0.77％

c.二次搬运费：是指正常的施工现场不可避免的材料、构配件、半成品二次搬运费用。特殊情况下，不能用汽车直接运达施工现场内的材料，必须进行二次或多次搬运所发生的费用，应另行计算。

费用：（分部分项工程人工费＋单价措施项目人工费）×0.95％

d.冬雨季施工增加费：是指在冬季或雨季施工需增加的临时设施、防滑、排除雨雪，人工及施工机械降效等费用，包括防寒保温、防雨、防风等临时设施的搭设、拆除；对砌体、混凝土等采用的特殊加温、保温和养护措施。

费用：（分部分项工程人工费＋单价措施项目人工费）×0.47％

e.工程及设备保护费：是指在施工过程中或对已完工程及设备采取的遮盖、包裹、封闭、隔离等必要的保护措施费用。

　　　　费用:(分部分项工程人工费＋单价措施项目人工费)×0.43％

　　工程定位复测费:是指工程施工过程中进行全部施工测量放线和复测工作的费用。

　　　　费用:(分部分项工程人工费＋单价措施项目人工费)×0.19％

　　f.赶工费。发包人压缩的合同工期在国家定额工期20％以内,原则上不计算赶工费。在国家定额工期20％以外,宜组织专家论证,在编制最高投标限价、施工图预算时,赶工费按(分部分项工程人工费＋单价措施项目人工费)×6.4％计算;工程结算时,赶工费按合同约定计算。

　　总价措施费计算的几种情形:

　　a.大型土石方工程:总价措施费按(分部分项工程人工费＋单价措施项目人工费)×6.66％计算。

　　b.单独发包的地基处理、边坡支护工程:总价措施费按(分部分项工程人工费＋单价措施项目人工费)×8.93％计算。

　　c.单独发包装饰工程:总价措施费按(分部分项工程人工费＋单价措施项目人工费)×10.25％计算。

　　(3)其他项目费

　　①暂列金额:是指在招标工程量清单中暂定并包括在工程合同价款中的款项。用于施工合同签订时尚未确定或者不可预见的所需材料、工程设备、服务的采购,施工中可能发生的工程变更、合同约定调整因素出现时的工程价款调整以及发生的索赔、现场签证确认等的费用。

　　暂列金额由发包人根据拟建工程特点确定,一般可以分部分项工程费的10％～15％为参考。施工过程中由发包人掌握使用,扣除合同价款调整后如有余额,归发包人。

　　编制最高投标限价和投标报价时,暂列金额应根据招标工程量清单中列出的金额填写。

　　②暂估价:是指招标人在招标文件中提供的用于支付必然发生但暂时不能确定价格的材料、工程设备的单价以及专业工程的总价,包括材料暂估单价、工程设备暂估单价、专业工程暂估价。

　　暂估价中的材料、工程设备暂估单价可参考工程造价信息或市场价格确定。暂估价中的专业工程金额应区分不同专业,按有关计价规定进行估算。

　　编制最高投标限价、投标报价时,暂估价中的材料、工程设备暂估单价应根据招标工程量清单中列出的单价计入综合单价;暂估价中的专业工程金额应根据招标工程量清单中列出的金额填写。

　　编制竣工结算时,暂估价中的材料单价应按发承包双方最终确认的材料单价替代各暂估材料单价后调整综合单价。暂估价中的专业工程金额应按各专业工程的中标价或发包人、承包人与分包人最终确认的专业工程总价计算。

　　③计日工:是指在施工过程中,承包人完成发包人提出的工程合同范围以外的零星项目或工作所需的费用。

　　编制最高投标限价时,计日工项目和数量应按招标工程量清单中列出的项目和数量,计日工中的人工单价按120元/工日计算。计日工企业管理费和利润,费率合计按20％计算。

　　编制投标报价时,计日工的项目和数量应按招标工程量清单中列出的项目和数量确定,计日工单价由投标人自主确定,自行报价。

编制竣工结算时,计日工的费用按发包人实际签证确认的数量和合同计日工综合单价计算。

④总承包服务费:是指施工总承包人对发包人单独发包的专业工程,提供协调配合以及施工现场管理、竣工资料汇总整理等服务;对发包人自行采购的材料、工程设备等进行保管服务,应向总承包人支付的费用。

a.编制最高投标限价时,总承包服务费应根据招标文件中列出的内容和向总承包人提出的要求,按下列标准计算:

ⓐ招标人仅要求总承包人对其发包的专业工程进行总承包管理和协调时,总承包服务费按相应专业工程估算造价的 1.5% 计算。

ⓑ当招标人要求总承包人对其发包的专业工程进行总承包管理和协调,并同时要求提供配合服务时,总承包服务费根据招标文件中列出的配合服务内容和提出的要求,按相应专业工程估算造价的 3%～5% 计算。

ⓒ招标人自行供应材料、工程设备的,总承包服务费按招标人供应材料、工程设备价值的 1% 计算。

b.编制投标报价时,总承包服务费应依据招标人在招标文件中列出的分包专业工程内容和供应材料、工程设备情况,按照招标人提出的协调、配合与服务要求和施工现场管理需要,由投标人自主确定报价。

c.编制竣工结算时,总承包服务费应依据合同约定的金额计算,如发承包双方依据合同约定对总承包服务费进行调整的,应按调整后的金额计算。

(4)规费

规费是指根据国家法律、法规规定,由政府和有关权力部门规定施工企业必须缴纳的,应计入建筑安装工程造价的费用,主要包括:

①社会保险费

a.养老保险费:是指企业按照规定标准为职工缴纳的基本养老保险费。

费用:(分部分项工程人工费＋单价措施项目人工费)×22.13%

b.失业保险费:是指企业按照规定标准为职工缴纳的失业保险费。

费用:(分部分项工程人工费＋单价措施项目人工费)×1.16%

c.医疗保险费:是指企业按照规定标准为职工缴纳的基本医疗保险费。

费用:(分部分项工程人工费＋单价措施项目人工费)×8.73%

d.工伤保险费:是指企业按照规定标准为职工缴纳的工伤保险费。

费用:(分部分项工程人工费＋单价措施项目人工费)×1.05%

e.生育保险费:是指企业按照规定标准为职工缴纳的生育保险费。

费用:(分部分项工程人工费＋单价措施项目人工费)×0.58%

f.住房公积金:是指企业按照规定标准为职工缴纳的住房公积金。

费用:(分部分项工程人工费＋单价措施项目人工费)×5.82%

②工程排污费

工程排污费是指按规定缴纳的施工现场工程排污费,实际发生时,按规定计算。

(5)税金

税金是指国家税法规定的应计入建筑安装工程造价内的增值税。

1.6.7　工程费用计算顺序表(表1-4)

表1-4　工程费用计算顺序表

序号	费用名称	计 算 式
1	分部分项工程费	$\sum$ 分部分项工程量×综合单价
1.1	人工费	$\sum$ 分部分项工程人工费
1.2	材料费(含未计价材)	$\sum$ 分部分项工程材料费
1.3	机械使用费	$\sum$ 分部分项工程机械使用费
1.4	企业管理费	$\sum$ 分部分项工程企业管理费
1.5	利润	$\sum$ 分部分项工程利润
2	单价措施项目费	$\sum$ 单价措施工程量×综合单价
2.1	人工费	$\sum$ 单价措施项目人工费
2.2	材料费	$\sum$ 单价措施项目材料费
2.3	机械使用费	$\sum$ 单价措施项目机械使用费
2.4	企业管理费	$\sum$ 单价措施项目企业管理费
2.5	利润	$\sum$ 单价措施项目利润
3	总价措施项目费	3.1＋3.2＋3.3＋3.4＋3.5＋3.6＋……
3.1	安全文明施工费	(1.1＋2.1)×14.36%
3.1.1	环境保护费	(1.1＋2.1)×0.75%
3.1.2	文明施工费	(1.1＋2.1)×3.35%
3.1.3	安全施工费	(1.1＋2.1)×5.8%
3.1.4	临时设施费	(1.1＋2.1)×4.46%
3.2	夜间和非夜间施工增加费	(1.1＋2.1)×0.77%
3.3	二次搬运费	(1.1＋2.1)×0.95%
3.4	冬雨季施工增加费	(1.1＋2.1)×0.47%
3.5	工程及设备保护费	(1.1＋2.1)×0.43%
3.6	工程定位复测费	(1.1＋2.1)×0.19%
⋮		
4	其他项目费	
4.1	暂列金额	按招标工程量清单计列
4.2	暂估价	

续表 1-4

序号	费用名称	计 算 式
4.2.1	材料暂估价	最高投标限价、投标报价:按招标工程量清单材料暂估价计入综合单价。 竣工结算:按最终确认的材料单价替代各暂估材料单价,调整综合单价
4.2.2	专业工程暂估价	最高投标限价、投标报价:按招标工程量清单专业工程暂估价金额。 竣工结算:按专业工程中标价或最终确认价计算
4.3	计日工	最高投标限价:计日工数量×120元/工日×120%(20%为企业管理费、利润取费率)。 竣工结算:按确认计日工数量×合同计日工综合单价
4.4	总承包服务费	最高投标限价:招标人自行供应材料,按供应材料总价×1%;专业工程管理、协调,按专业工程估算价×1.5%;专业工程管理、协调、配合服务,按专业工程估算价×(3%~5%)。 竣工结算:按合同约定计算
5	规费	5.1+5.2+5.3
5.1	社会保障费	(1.1+2.1)×33.65%
5.1.1	养老保险费	(1.1+2.1)×22.13%
5.1.2	失业保险费	(1.1+2.1)×1.16%
5.1.3	医疗保险费	(1.1+2.1)×8.73%
5.1.4	工伤保险费	(1.1+2.1)×1.05%
5.1.5	生育保险费	(1.1+2.1)×0.58%
5.2	住房公积金	(1.1+2.1)×5.82%
5.3	工程排污费	实际发生时,按规定计算
6	税前工程造价	1+2+3+4+5
7	增值税	6×9%
8	工程总造价	6+7

注:①大型土石方工程:总价措施费按(分部分项工程人工费+单价措施项目人工费)×6.66%计算。
②单独发包的地基处理、边坡支护工程:总价措施费按(分部分项工程人工费+单价措施项目人工费)×8.93%计算。
③单独发包装饰工程:总价措施费按(分部分项工程人工费+单价措施项目人工费)×10.25%计算。

 **学习情境 2　建筑与装饰工程量计算**

 学习目标

在《房屋建筑与装饰工程工程量计算规范》(GB 50854—2013)的规定中,建筑面积,土石方工程,地基处理与边坡支护工程,桩基工程,砌筑工程,混凝土工程,钢筋工程,门窗工程,屋面及防水工程,保温、隔热、防腐工程的工程量计算规则和计算方法。

 学习任务

学习任务:能够掌握按图计算建筑工程各个分部分项工程量的方法。

学习单元2.1　某学院办公楼实例图纸

一套建筑工程施工图一般包括建筑施工图、结构施工图、设备施工图等部分。各专业施工图一般都包括基本图(全面性内容的图纸)和详图(某构件或详细构造和尺寸等)。

建筑施工图(简称建施)是表达建筑的平面形状、内部布置、外部造型、构造做法及装修做法的图样,一般包括首页、总平面图、建筑平面图、建筑立面图、建筑剖面图及详图等。

结构施工图(简称结施)是表达建筑的结构类型,结构构件的布置、形状、大小、连接及详细做法的图样,一般包括结构设计说明、结构平面布置图和构件详图等。

设备施工图(简称设施)又分为给排水施工图、电气施工图和采暖通风施工图等专业图。各专业图一般包括设计说明、平面布置图、系统图和详图。

各专业施工图的编排顺序一般是按照施工的先后顺序、图纸的主次关系或总体与局部关系而定的,即总体图在前,局部图在后,布置图在前,构件图在后,先施工的在前,后施工的在后。

当拿到一套施工图时,一般应按照"由先到后,由粗到细,由大到小,建筑结构相互对照"的方法来识读,具体可参照下列步骤:

(1)看图纸目录,了解图纸的组成。

(2)看建施图,读完说明后,先识读总平面图和平面图,然后结合立面图和剖面图识读,最后识读详图;了解建筑外形、平面布置、内部构造、构造做法及装修做法等。

(3)看结施图,读完结构设计说明后,先识读结构平面布置图,然后识读构件图,最后识读构件详图或断面图;了解建筑物的基础、柱(墙)、梁、板等承重结构的布置及详细做法。

(4)看水施、电施等设备施工图,了解建筑给排水、电气等设备方面的情况。

(5)对每一张图纸,先看图标、文字,后看图样。

本节提供了一套建筑工程土建部分的施工图纸,本书后面的案例、练习均围绕该套图纸展开。

建筑设计说明

一、本工程为 × × 学院办公楼工程，建筑面积为 1434m²。

二、本工程的设计是依据甲方提供的设计任务书、规划部门的意见、本工程勘察报告及相应现行规范进行的。

三、本单体建筑消防等级为二级。

四、高程系统采用当地规划部门规定的绝对标高系统，±0.000 相当于当地规划部门规定的绝对标高 +26.600m。

五、图中尺寸以毫米为单位，标高以米为单位，除图注另有标高外，其他均为建筑标高。

六、本工程外墙空心砖墙采用 300mm 厚石渣空心砖墙，内填充墙采用 180mm 厚石渣空心砖墙，M5 混合砂浆砌筑，120mm 和 60mm 厚的隔墙采用红砖，M10 水泥砂浆砌筑。地下室外墙采用红色砖，M5 混合砂浆砌筑，±0.000 以下墙采用红砖，M5 水泥砂浆砌筑，低于室内地坪 0.100m 处填用 20mm 厚 1:2 防水砂浆防潮层。

七、建筑构造用料及做法：

1. 室内装饰：

地1：a. 8～10mm 厚防滑地砖铺实抹平，水泥浆擦缝；
b. 25mm 厚 1:4 干硬性水泥砂浆，面上撒素水泥；
c. 素水泥浆结合层一遍；
d. 80mm 厚 C10 混凝土；
e. 素土夯实。

楼1：a. 8～10mm 厚防滑地砖铺实抹平，水泥浆擦缝；
b. 25mm 厚 1:4 干硬性水泥砂浆，面上撒素水泥；
c. 素水泥浆结合层一遍；
d. 钢筋混凝土楼板。

楼2：a. 8～10mm 厚防滑地砖铺实抹平，水泥浆擦缝；
b. 25mm 厚 1:4 干硬性水泥砂浆，面上撒素水泥；
c. 1.5mm 厚聚氨酯防水涂料，四周沿墙上翻 150mm 高；
d. 刷基层处理剂一遍；
e. 15mm 厚 1:2 水泥砂浆找平；
f. 50mm 厚 C20 细石混凝土找坡 0.5%～1% 坡，最薄处不小于 20mm；
g. 钢筋混凝土楼板。

踢1（150 高）：a. 17mm 厚 1:3 水泥砂浆；
b. 3～4mm 厚 1:1 水泥砂浆加水泥重 20% 的107 胶镶贴；
c. 8～10mm 厚面砖，水泥浆擦缝。

裙1：a. 17mm 厚 1:3 水泥砂浆；
b. 3～4mm 厚 1:1 水泥砂浆加水泥重 20% 的107 胶镶贴；
c. 4～5mm 厚面砖，水泥浆擦缝。

墙1：a. 15mm 厚 1:3 水泥砂浆；
b. 5mm 厚 1:2 水泥砂浆。

c. 满刮腻子；
d. 刷或滚乳胶漆两遍。

顶1：a. 钢筋混凝土板底清理干净；
b. 7mm 厚 1:3 水泥砂浆；
c. 5mm 厚 1:2 水泥砂浆；
d. 满刮腻子；
e. 刷或滚乳胶漆两遍。

顶2：a. 轻钢龙骨标准石膏板：主龙骨标准中距 900～1000mm，次龙骨中距 500mm 或中距 605mm，横龙骨中距 605mm。
b. 500mm×500mm 或 600mm×600mm 的 10～13mm 厚石膏装饰板，自攻螺钉钉牢，孔眼用腻子填平。

卫生间：一层吊顶高度为 3000mm，二、三层吊顶高度为 2500mm，厨房吊顶高度为 3400mm；
二、三层走道吊顶高度为 2500mm。

2. 外墙面：

贴墙面砖：a. 20mm 厚 1:2 水泥浆加 5mm 厚墙面砖；
b. 20mm 厚 1:2 水泥砂浆垫层 107 胶。

刷涂料：a. 刷外墙无次沥青面层；
b. 5mm 厚 1:1:3 水泥石灰砂浆面层；
c. 13mm 厚 1:1:5 水泥石灰砂浆打底扫平，其他室外装饰详见立面图。

3. 台阶做法参见 98ZJ901ᵀ，面层同相邻地面做法，散水参见 98ZJ901ᵀ。

4. 屋面做法：

屋1（上人、有保温层）：
（1）30mm 厚 250mm×250mm，C20 预制钢混凝土板，建灰 3～5mm，1:1 水泥砂浆填缝；
（2）刷基层处理剂一遍；
（3）20mm 厚 1:2.5 水泥砂浆找平层；
（4）干铺 150mm 厚加气混凝土砌块；
（5）钢筋混凝土屋面板，板面刷扫干净。

屋2（不上人屋面）：
（1）4mm 厚 APP 改性沥青防水卷材，表面带页岩保护层；
（2）刷基层处理剂一遍；
（3）20mm 厚 1:2.5 水泥砂浆找平层；
（4）钢筋混凝土屋面板，板面清扫干净。

九、楼梯做法：
1. 楼面：同上做法楼面；
2. 楼梯底板：同顶棚；
3. 楼梯扶手：选用图集 98ZJ4010㉕，详见建筑图；
4. 栏杆与地面采用螺栓栓后化学固定。

十、门窗：
1. 预埋在墙或柱中的木（铁）件均应做防腐（防锈）处理。
2. 除特别标注外，所有窗台板应沿墙中线定位。
3. 室内门洋见图集 98ZJ901，木门窗底漆两遍，乳白色调和漆两遍。
4. 窗采用品塑钢窗，选用 70、90 框料。
5. 门窗按设计要求由厂家加工，构造节点做法及安装均由厂家负责提供图纸，经甲方看样认可后方可施工。

十一、防潮层：在 -0.100m 处做 20mm 厚 1:2 水泥砂浆加 5% 防水粉。

十二、其他：
1. 墙每 500mm 高设 2Φ6 拉筋，与相邻钢筋混凝土柱、墙（墙）拉筋的钢筋混凝土柱设在门窗上。
2. 凡要求木天找坡的地方，找坡厚度大于 30mm 时，均用 C20 细石混凝土找坡；找坡厚度小于 30mm 时，用 1:2 水泥砂浆找坡。
3. 所有外露铁件均应刷防锈漆一道，再刷调和漆两遍。
4. 凡人墙木构件均应涂防腐油。
5. 厕所间、淋浴间、厨房内墙面及隔墙面均贴瓷砖顶面。
6. 餐厅内支饮面口采用铝合金制作，镶白色玻璃，形式要求由厂家加工，经甲方认可后方可使用。
7. 一切管穿过墙体时，在施工中预留孔洞，预埋套管均应用砂浆堵严。
8. 本设计按 7 度抗震设防烈度设计，未尽事宜均严格遵守国家各项技术规程和验收规范。

十三、凡图中未注明和本说明不提及者，均按现行国家现行规范执行。

名称 部位	地面	楼面	踢脚	墙裙	墙面	天棚
楼梯间	地1（300×300 红色楼梯砖）	楼1（300×300 红色楼梯砖）	踢1（150×300）		墙1	顶1
教室、办公室、活动室、会议室	地1（500×500 米色地砖）	楼1（500×500 米色地砖）	踢1（150×500）		墙1	顶1
餐厅、走道	地1（500×500 红色地砖）	楼1（500×500 红色地砖）	踢1（150×500）		墙1	顶2
厨房	地1（300×300 红色地砖）			裙1（200×300 白色瓷砖面）1500mm高	墙1	顶2
卫生间	地2（300×300 红色地砖）	楼2（300×300 红色地砖）		裙1（150×200 白色瓷砖面）	墙1	顶2
地下室	地1（500×500 米色地砖）		踢1（150×500）		墙2	顶1

办公楼　建筑设计说明　建施 1

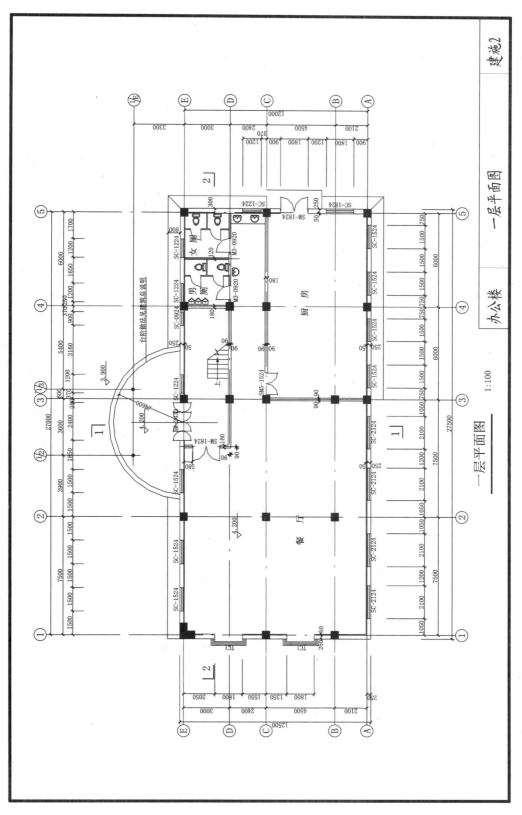

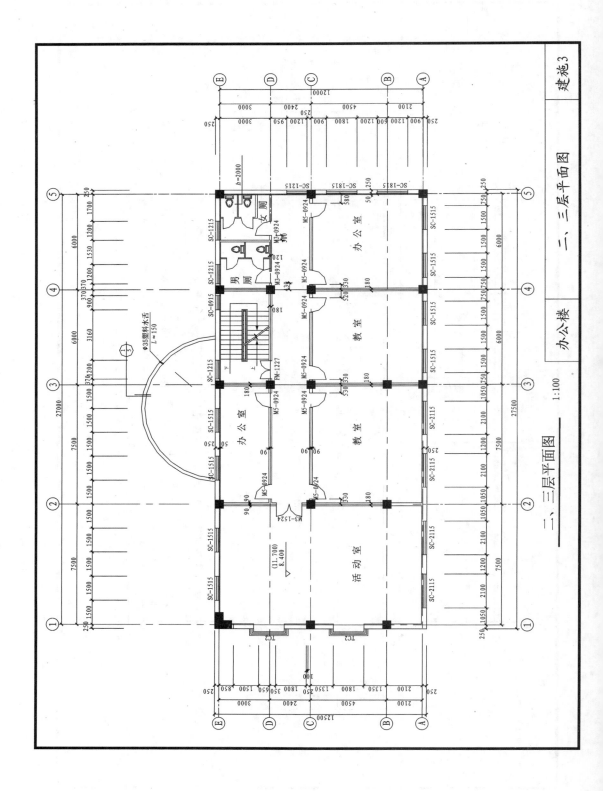

二、三层平面图 1:100

建施3

二、三层平面图

办公楼

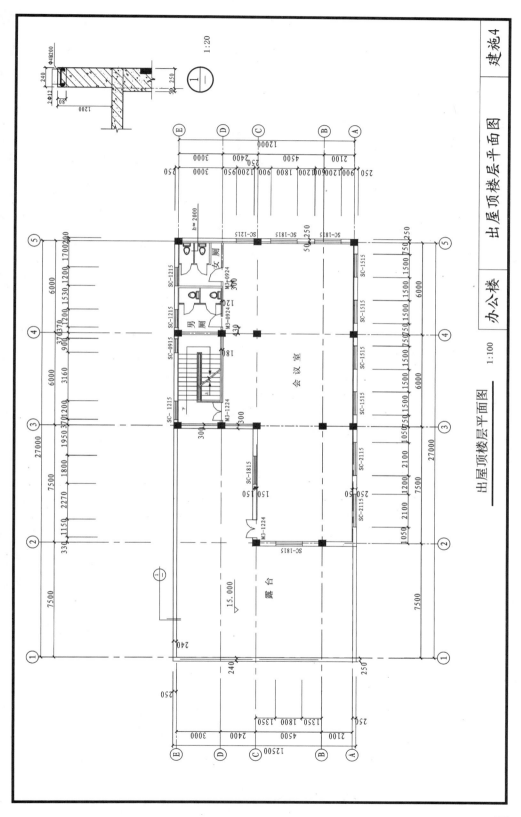

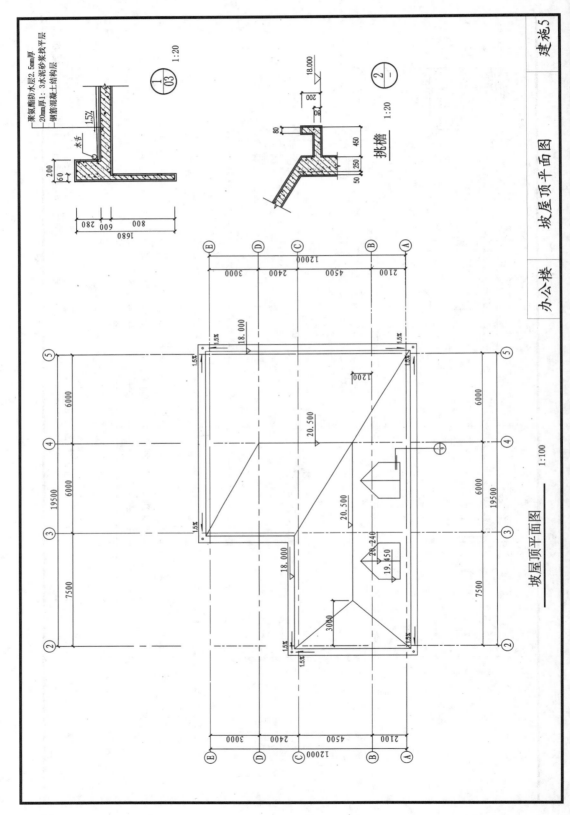

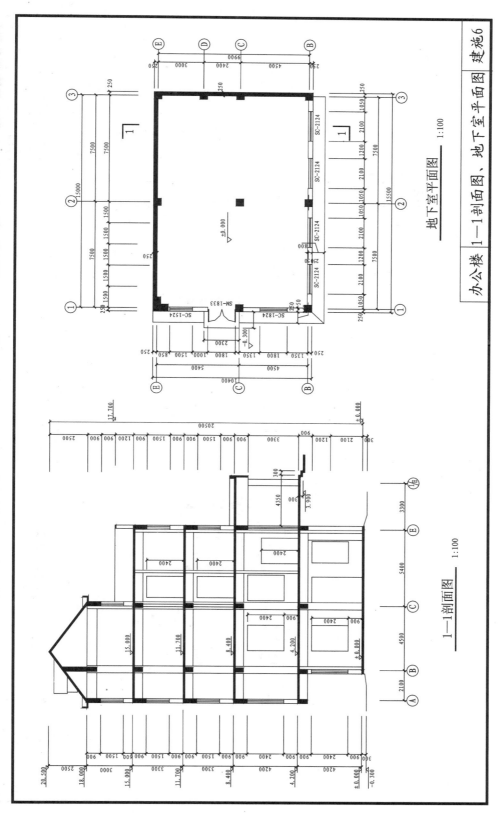

办公楼 1—1剖面图、地下室平面图 建施6

地下室平面图 1:100

1—1剖面图 1:100

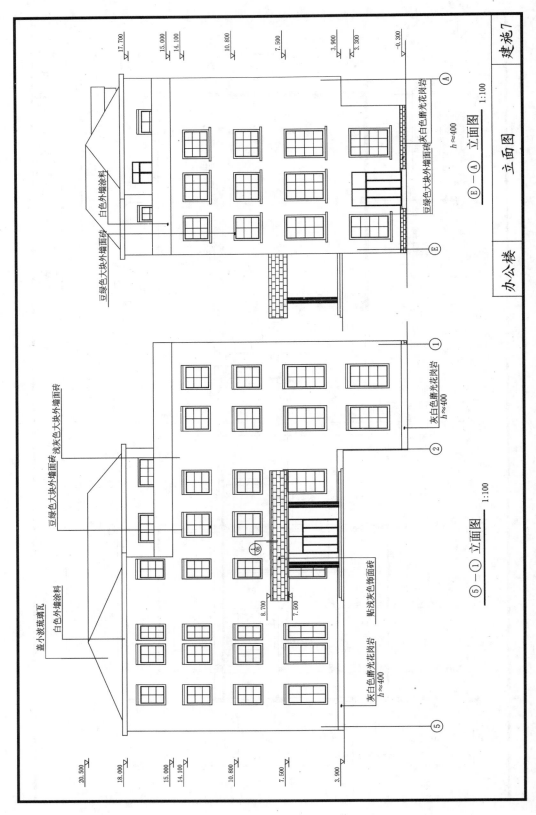

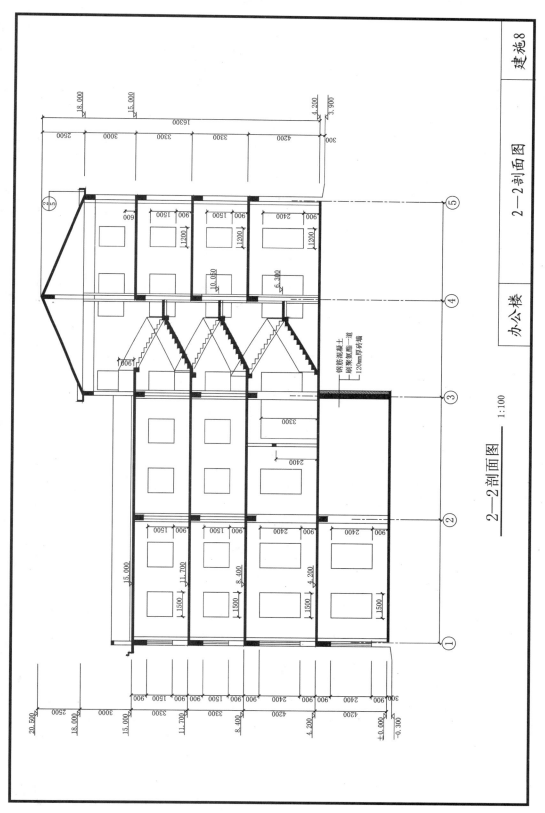

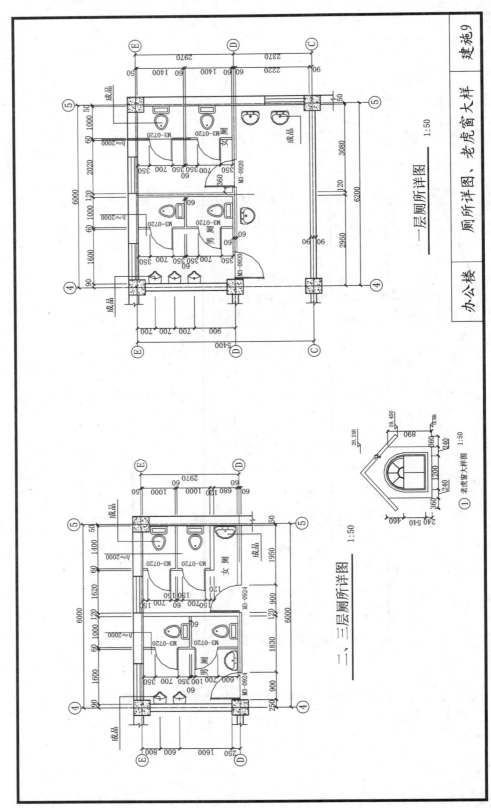

门窗表

序号	编号	洞口尺寸	数量	类型	备注
1	SM-2433	2400×3300	1	铝合金门白色玻璃	
2	SM-1524	1500×2400	1	铝合金门重色玻璃	
3	SM-1824	1800×2400	2	胶合板门	
4	M5-0924	900×2400	19	胶合板门	图集DJ831.1
5	M3-0920	900×2000	2	胶合板门	图集DJ831.1
6	M3-0924	900×2400	4	胶合板门	图集DJ831.1
7	M3-1524	1500×2400	2	胶合板门	图集DJ831.1
8	M3-0720	700×2000	14	胶合板门	图集DJ831.1
9	FM-1227	1200×2700	2	胶合板门	
10	SM-1	1800×3300	1	铝合金窗白色玻璃	
11	SM-1833	1800×3300	1	铝合金窗重色玻璃	
12	SC-0915	900×1500	2	铝合金窗重色玻璃	
13	SC-1215	1200×1500	8	铝合金窗重色玻璃	
14	SC-1224	1200×2400	5	铝合金窗重色玻璃	
15	SC-1512	1500×1200	2	铝合金窗重色玻璃	
16	SC-1515	1500×1500	18	铝合金窗重色玻璃	
17	SC-1524	1500×2400	9	铝合金窗重色玻璃	
18	SC-1815	1800×1500	6	铝合金窗重色玻璃	
19	SC-1824	1800×2400	4	铝合金窗重色玻璃	
20	SC-2115	2100×1500	8	铝合金窗重色玻璃	
21	SC-2124	2100×2400	8	铝合金窗重色玻璃	

注: 1. SM-1玻璃厚度为5mm。
2. 窗套及门套均采用砖挑出墙面60mm。

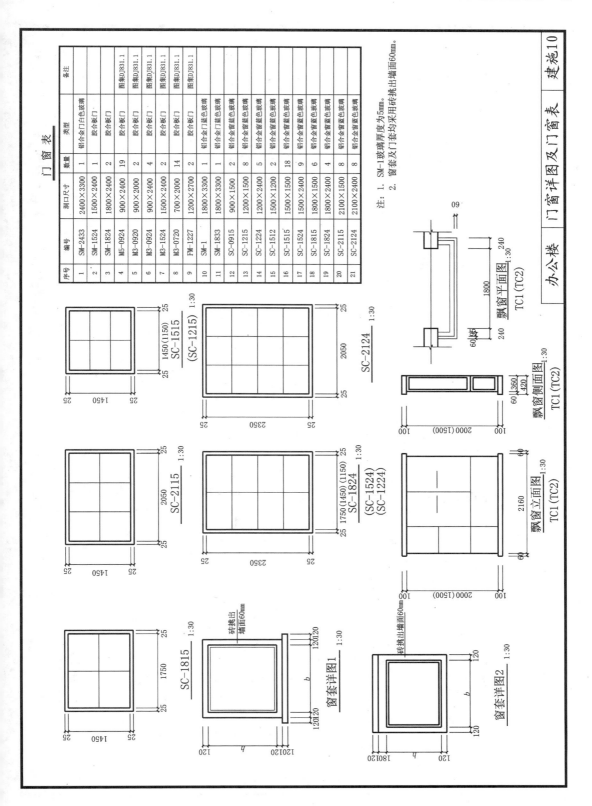

办公楼 | 门窗详图及门窗表 | 建施10

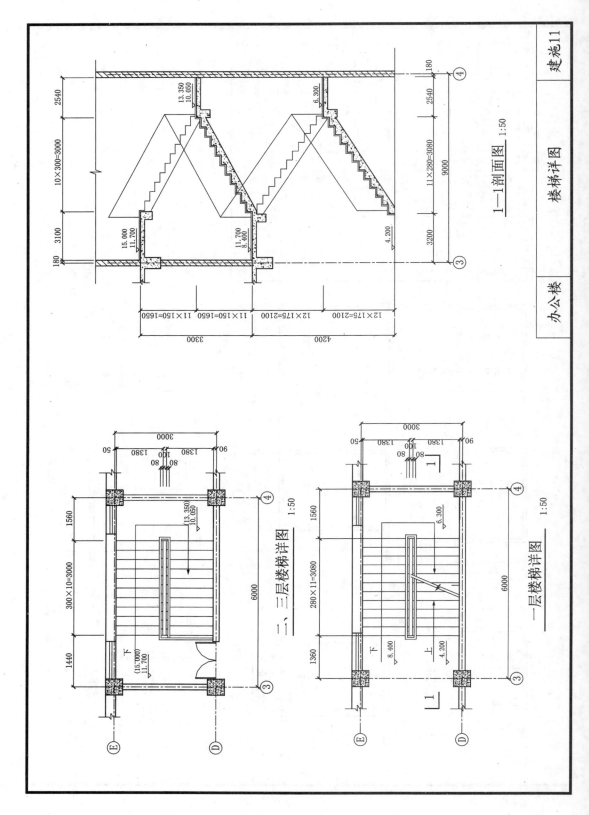

结 构 设 计 说 明

一、一般说明
1. 本设计尺寸以毫米计，标高以米计；
2. 本工程 ±0.000 标高同建筑标高；
3. 本工程抗震设防烈度为 7 度，建筑场地类别为 II 类，抗震等级为四级（框架）。

二、基础与地下部分
1. 独立基础及基础梁采用C20混凝土，钢筋采用HPB300、HRB335；钢筋保护层厚度：基础为35mm，基础梁为25mm，基础梁纵筋搭接时上部钢筋在跨中搭接，下部筋在支座处搭接，搭接长度为500mm。
2. 一层地下室填充墙采用黏土空心砖，M5水泥砂浆砌筑。

三、本工程采用现浇全框架结构体系

四、钢筋混凝土工程
1. 柱和梁钢筋的弯钩角度为135°，弯钩尺寸10d；
2. 柱中纵向钢筋直径大于20mm，均采用电渣压力焊，同一截面的搭接根数少于总根数的1/2，柱子与梁内外墙的连接设设拉结筋，自柱底+0.5m至柱顶预埋2Φ6@500筋，锚入柱内深度≥200mm，深入墙中深度≥1000mm；
3. 梁支座处不得留施工缝，混凝土施工中要架捣密实，确保质量；
4. 钢筋保护层厚度：板15mm，梁25mm，剪力墙25mm；
5. 现浇板中未注明的分布筋为φ6@200；
6. 现浇板及洞预留设备电气图预留，施工时应按所定设备核准尺寸，除注明的楼板预留孔洞边附加钢筋外，小于或等于300mm×300mm的洞口，钢筋绕过不剪断，并足截断的钢筋做法见03G101图集；
7. 楼面主次梁相交处及抗剪吊筋、过梁绕过梁均见梁节点大样图；
8. 框架主梁做法及要求均见地梁；
9. 各楼层门窗洞口需做过梁的，过梁两端宜伸入框架梁内450mm；
10. 楼梯构造柱做法的，楼梯构造柱上下各伸入框架梁内450mm；
11. 预埋件采用Q235b，钢筋采用电弧焊接时，焊条采用E4301，按下表采用：

钢筋种类	搭接焊	帮条焊
I级钢筋	E4301	E4303
II级钢筋	E5001	E5003

五、材料
1. 混凝土：梁板柱及楼梯均采用C30混凝土；
2. 钢筋：HPB300、HRB335；
3. 墙体材料见建筑说明。

六、其他
1. 本工程施工时，所有孔洞及预埋件应预留预埋，不得事后剔凿，具体位置及尺寸见各有关专业图纸，施工时各专业应密切配合，以防遗漏；
2. 设计中采用标准图集的，均应按图集施工要求进行施工；
3. 本工程遵循引下线施工要求详见电气施工说明；
4. 材料替换应征得设计方同意。
5. 本说明未尽事宜均按照国家现行施工及验收规范执行。

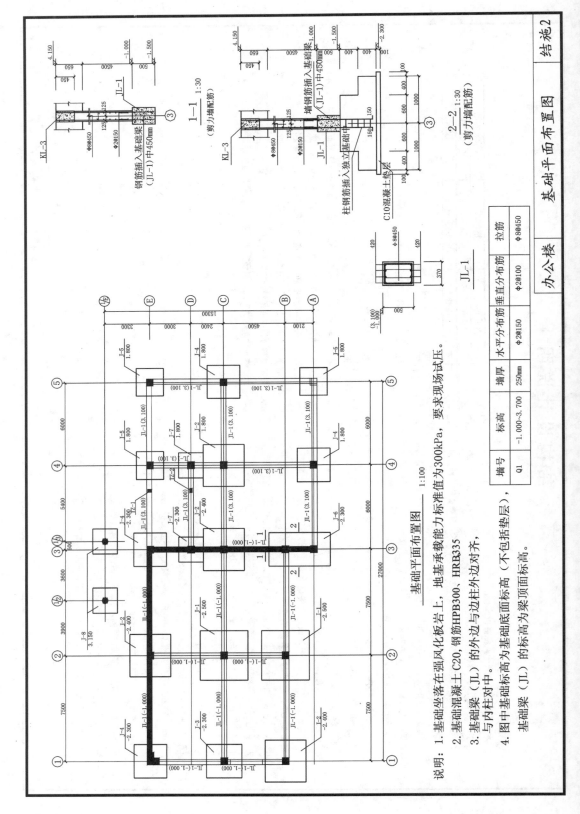

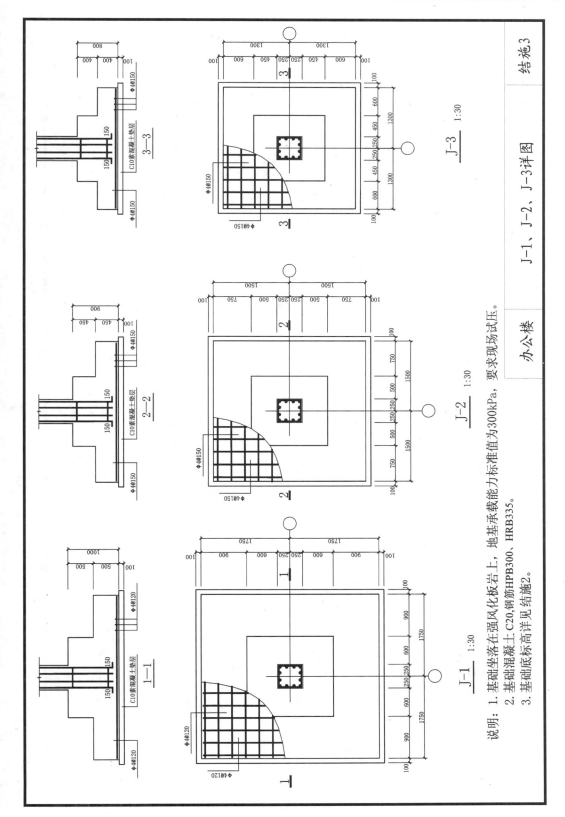

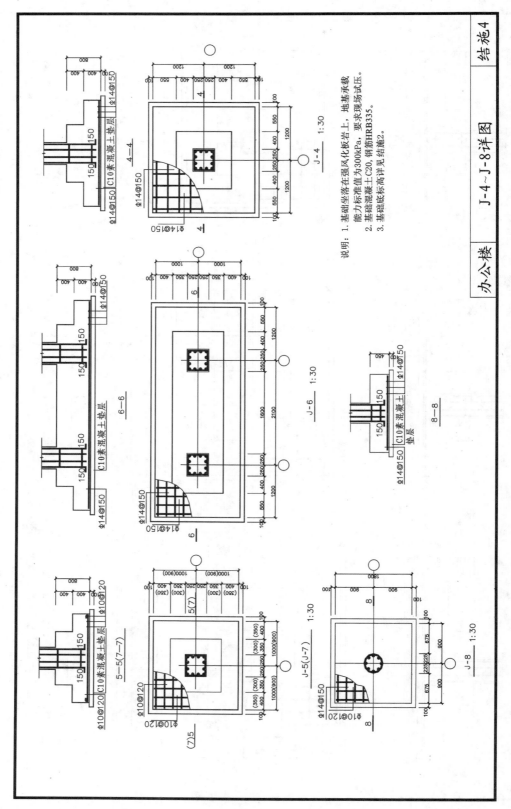

说明：1. 基础坐落在强风化板岩上，地基承载能力标准值为300kPa，要求现场试压。
2. 基础混凝土C20，钢筋HRB335。
3. 基础底标高详见施2，结施2。

办公楼　　J-4～J-8详图　　结施4

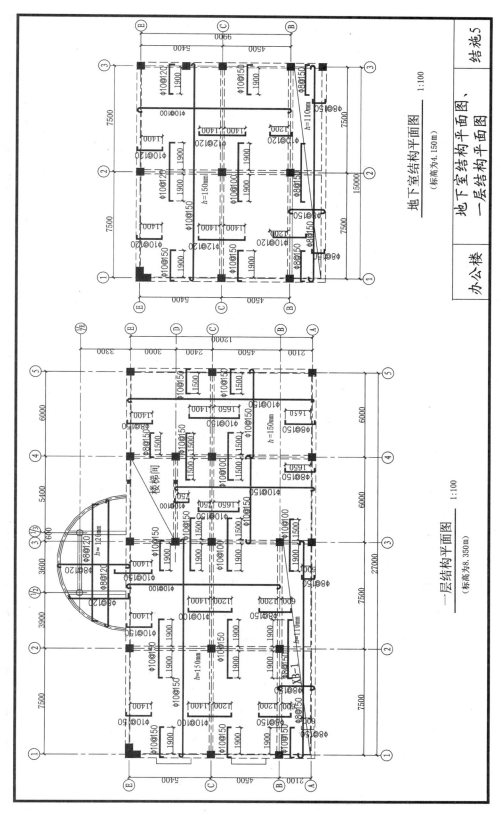

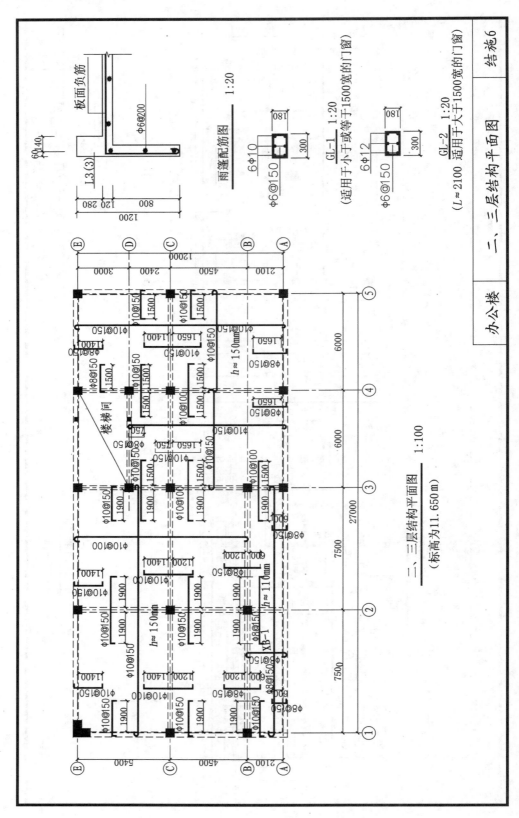

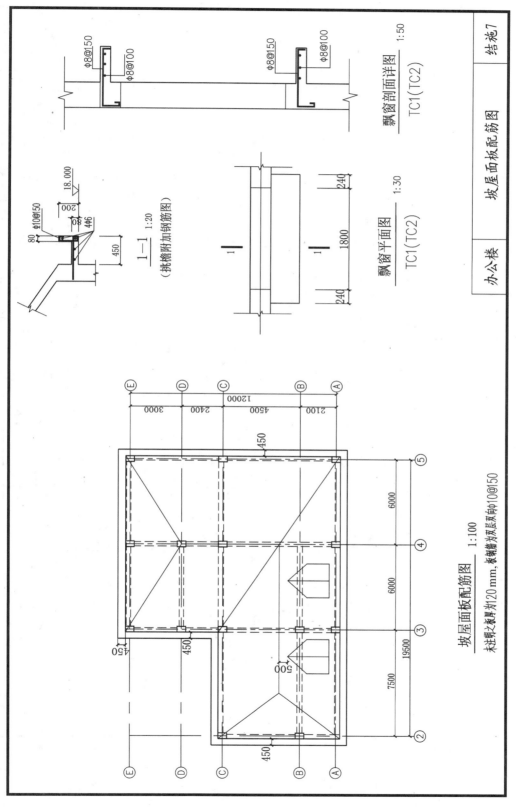

飘窗剖面详图
TC1(TC2)　1:50

1—1　1:20
（挑檐附加钢筋图）

飘窗平面图
TC1(TC2)　1:30

坡屋面板配筋图　1:100

柱进明之板厚为120mm，板钢筋为双层双向φ10@150

| 办公楼 | 坡屋面板配筋图 | 结施7 |

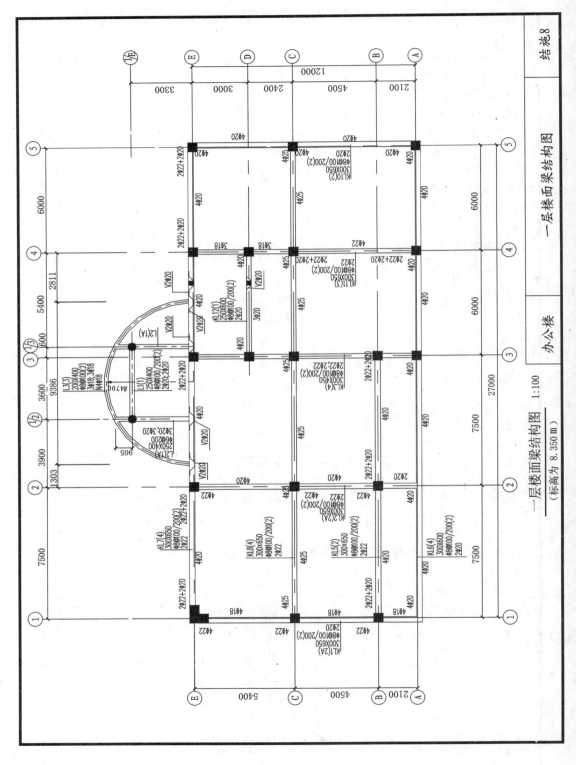

一层楼面梁结构图 1:100
（标高为 8.350 m）

结施8

一层楼面梁结构图

办公楼

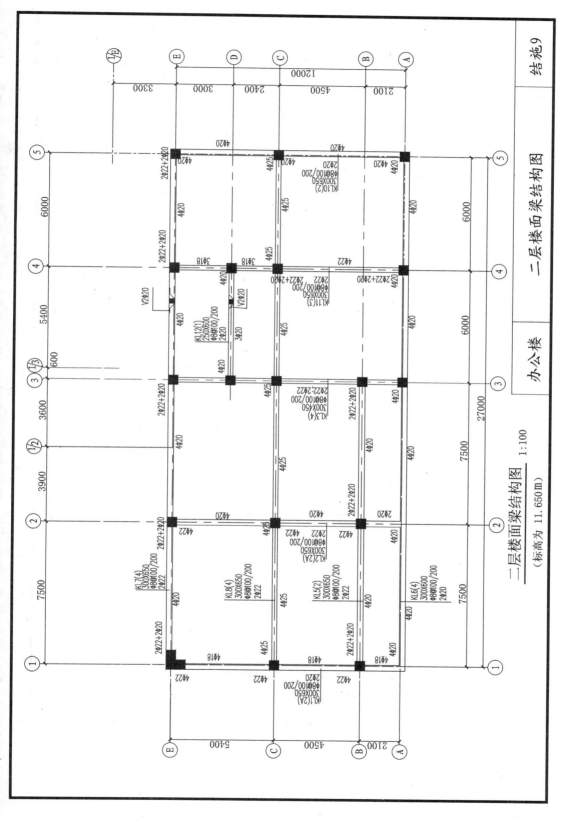

结施9

二层楼面梁结构图

办公楼

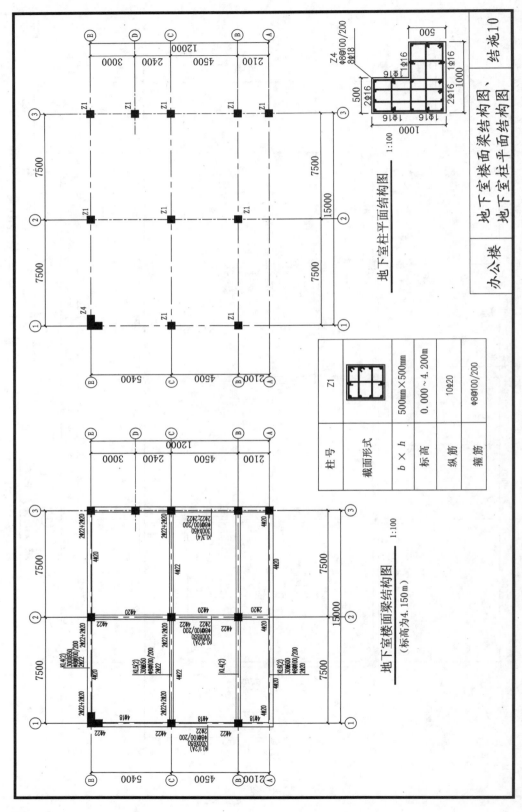

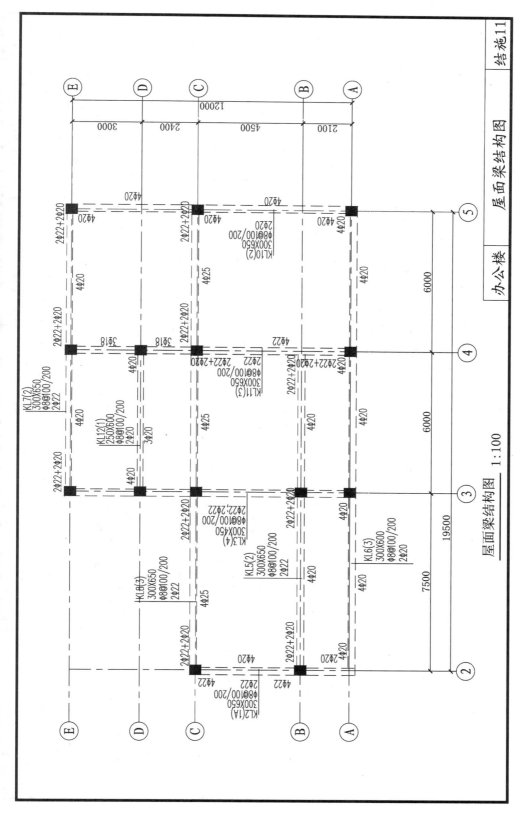

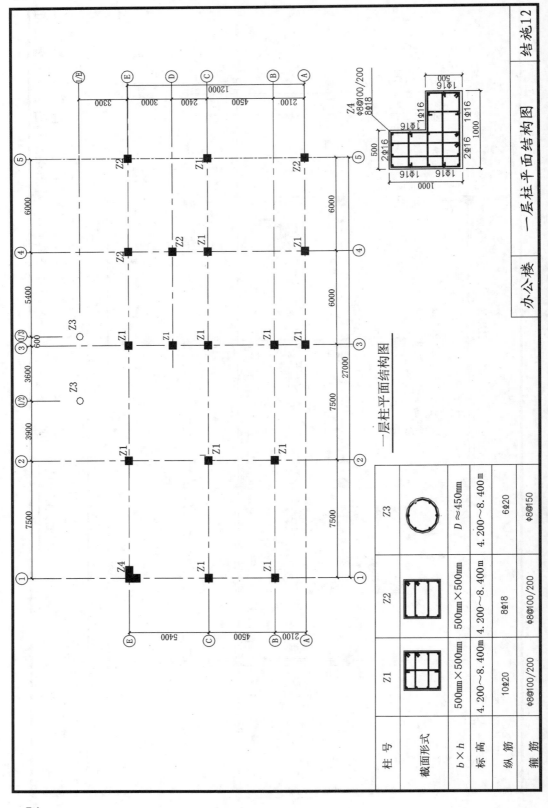

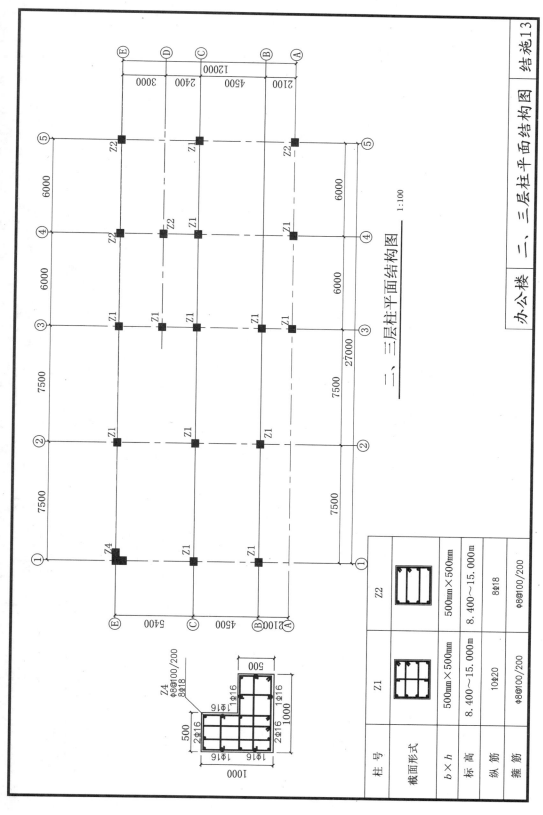

二、三层柱平面结构图 1:100

柱 号	Z1	Z2
截面形式		
b×h	500mm×500mm	500mm×500mm
标 高	8.400～15.000m	8.400～15.000m
纵 筋	10Φ20	8Φ18
箍 筋	Φ8@100/200	Φ8@100/200

办公楼	二、三层柱平面结构图	结施13

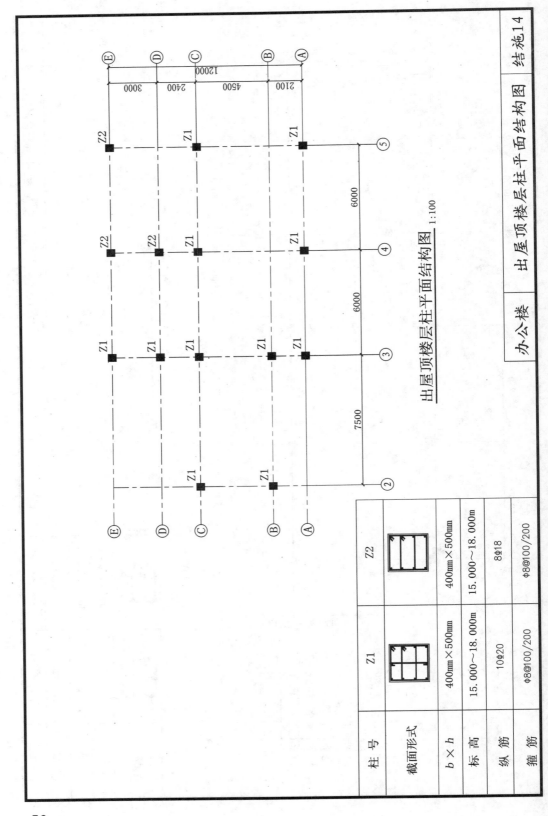

出屋顶楼层柱平面结构图 1:100

柱 号	Z1	Z2
截面形式		
$b \times h$	400mm×500mm	400mm×500mm
标 高	15.000~18.000m	15.000~18.000m
纵 筋	10Φ20	8Φ18
箍 筋	Φ8@100/200	Φ8@100/200

办公楼	出屋顶楼层柱平面结构图	结施14

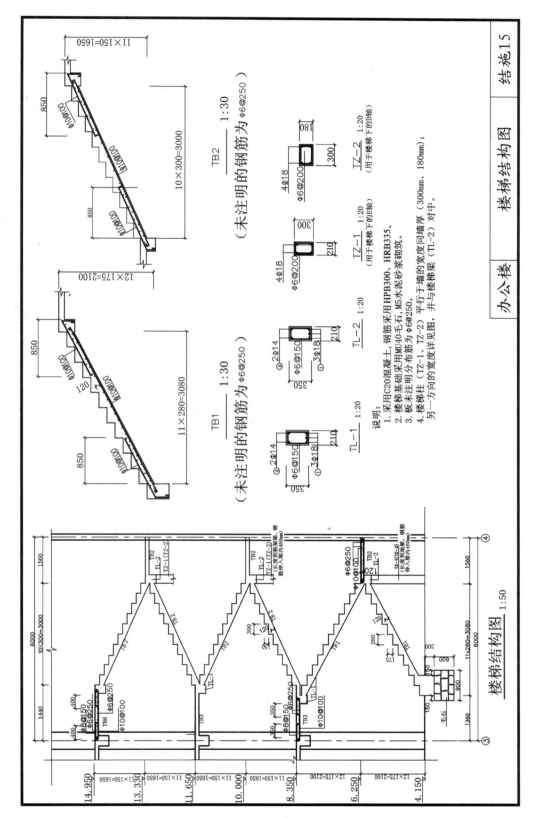

学习单元2.2 建筑面积的计算

国家标准《建筑工程建筑面积计算规范》(GB/T 50353—2013)自2014年7月1日起实施,适用于新建、扩建、改建的工业与民用建筑工程的面积计算,原《建筑工程建筑面积计算规范》(GB/T 50353—2005)同时废止。

2.2.1 建筑面积的概念及作用

建筑面积是指建筑物外墙勒脚以上各层结构外围水平投影面积的总和。建筑面积包括使用面积、辅助面积和结构面积三部分。使用面积是指建筑物各层平面布置中可直接为生产或生活使用的净面积总和。辅助面积是指建筑物各层平面布置中为辅助生产或生活服务所占的净面积的总和,如楼梯间、走廊、电梯井等。结构面积是指建筑物各层平面布置中的墙体、柱、垃圾道、通风道等所占的净面积的总和。建筑面积是衡量建筑工程技术经济效果的重要指标,它的作用主要表现在以下几个方面:

(1)建筑面积是确定建筑规模的重要指标。根据项目立项批准文件所核定的建筑面积,是初步设计的重要指标。而施工图的建筑面积不得超过初步设计的5%,否则必须重新报批。

(2)建筑面积是确定建筑工程经济技术指标的重要依据。如每平方米造价指标,每平方米人工、材料消耗量指标,其确定都以建筑面积为依据。

(3)建筑面积是计算概算指标和编制概算的主要依据。概算指标通常以建筑面积为计量单位。用概算指标编制概算时,要以建筑面积为计算基础。

(4)建筑面积是计算相关工程量的基础,如脚手架工程量、垂直运输机械的台班数量等的基础。

2.2.2 建筑面积计算术语

(1)建筑面积(construction area)

建筑物(包括墙体)所形成的楼地面面积。

(2)自然层(floor)

按楼地面结构分层的楼层。

(3)结构层高(structure story height)

楼面或地面结构层上表面至上部结构层上表面之间的垂直距离。

(4)围护结构(building enclosure)

围合建筑空间的墙体、门、窗。

(5)建筑空间(space)

以建筑界面限定的、供人们生活和活动的场所。

(6)结构净高(structure net height)

楼面或地面结构层上表面至上部结构层下表面之间的垂直距离。

(7)围护设施(enclosure facilities)

为保障安全而设置的栏杆、栏板等围挡。

(8)地下室(basement)

室内地平面低于室外地平面的高度超过室内净高的 1/2 的房间。

（9）半地下室（semi-basement）

室内地平面低于室外地平面的高度超过室内净高的 1/3，且不超过 1/2 的房间。

（10）架空层（stilt floor）

仅有结构支撑而无外围护结构的开敞空间层。

（11）走廊（corridor）

建筑物中的水平交通空间。

（12）架空走廊（elevated corridor）

专门设置在建筑物的二层或二层以上，作为不同建筑物之间的水平交通空间。

（13）结构层（structure layer）

整体结构体系中承重的楼板层。

（14）落地橱窗（french window）

突出外墙面且根基落地的橱窗。

（15）凸窗（飘窗）（bay window）

凸出建筑物外墙面的窗户。

（16）檐廊（eaves gallery）

设置在建筑物底层出檐下的水平交通空间。

（17）挑廊（overhanging corridor）

挑出建筑物外墙的水平交通空间。

（18）门斗（air lock）

建筑物入口处两道门之间的空间，在建筑物出入口可起到分隔、挡风、御寒等作用。

（19）雨篷（canopy）

建筑物出入口上方为遮挡雨水而设置的部件。

（20）门廊（porch）

建筑物入口前有顶棚的半围合空间。

（21）楼梯（stairs）

由连续行走的梯级、休息平台和维护安全的栏杆（或栏板）、扶手以及相应的支托结构组成的作为楼层之间垂直交通使用的建筑部件。

（22）阳台（balcony）

附设于建筑物外墙，设有栏杆或栏板，可供人活动的室外空间。

（23）主体结构（major structure）

接受、承担和传递建设工程所有的上部荷载，维持上部结构整体性、稳定性和安全性的有机联系的构造。

（24）变形缝（deformation joint）

防止建筑物在某些因素作用下发生开裂甚至遭到破坏而预留的构造缝。

（25）骑楼（overhang）

建筑底层沿街面后退且留出公共人行空间的建筑物。

（26）过街楼（overhead building）

跨越道路上空并与两边建筑相连接的建筑物。

（27）建筑物通道（passage）

为穿过建筑物而设置的空间。

（28）露台（terrace）

设置在屋面、首层地面或雨篷上的供人室外活动的有围护设施的平台。

（29）勒脚（plinth）

在房屋外墙接近地面部位设置的饰面保护构造。

（30）台阶（step）

连接室内外地坪或同楼层不同标高而设置的阶梯形踏步。

2.2.3 建筑面积计算规则

（1）建筑物的建筑面积（图 2-1）

建筑物的建筑面积，应按自然层外墙结构外围水平面积之和计算。结构层高在 2.200m 及以上者应计算全面积；结构层高在 2.200m 以下的，应计算 1/2 面积。

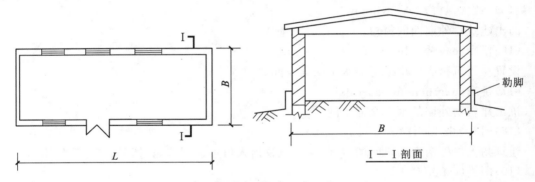

图 2-1　建筑面积计算示意图

（2）局部楼层的建筑面积（图 2-2）

建筑物内设有局部楼层者，对于局部楼层的二层及二层以上楼层，有围护结构的应按其围护结构外围水平面积计算，无围护结构的应按其结构底板水平面积计算，且结构层高在 2.200m 及以上的，应计算全面积；结构层高在 2.200m 以下的，应计算 1/2 面积。

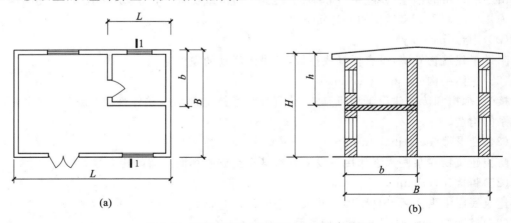

图 2-2　设有局部楼层的单层建筑物示意图

（a）平面示意图；（b）剖面示意图

当 $h \geqslant 2.200\text{m}$ 时,有:

$$S = LB + lb$$

式中　S——局部带楼层的单层建筑物面积;

$\quad\quad L$——两端山墙勒脚以上结构外表面之间的水平距离;

$\quad\quad B$——两端纵墙勒脚以上结构外表面之间的水平距离;

$\quad\quad l、b$——楼层部分结构外表面之间的水平距离。

（3）坡屋顶的建筑面积（图 2-3）

对于形成建筑空间的坡屋顶,结构净高在 2.100m 及以上的部位应计算全面积;结构净高在 1.200～2.100m 的部位应计算 1/2 面积;结构净高在 1.200m 以下的部位不应计算建筑面积。

（4）看台下的建筑空间及悬挑看台

对于场馆看台下的建筑空间,结构净高在 2.100m 及以上的部位应计算全面积;结构净高在 1.200～2.100m 的部位应计算 1/2 面积;结构净高在 1.200m 以下的部位不应计算建筑面积。室内单独设置的有围护设施的悬挑看台,应按看

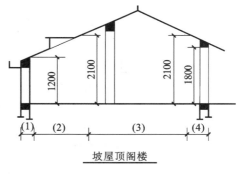

图 2-3　坡屋顶下空间利用

台结构底板水平投影面积计算建筑面积。有顶盖无围护结构的场馆看台,应按其顶盖水平投影面积的 1/2 计算建筑面积。

注意:这里所谓的"场馆",实际上是指"场"（如足球场、篮球场等）,看台上有永久性顶盖部分;"馆"应该是有永久性顶盖和围护结构的,应按单层或多层建筑物相关规定计算面积。

（5）地下室、半地下室及出入口（图 2-4）

地下室、半地下室应按其结构外围水平面积计算。结构层高在 2.200m 及以上的,应计算全面积;结构层高在 2.200m 以下的,应计算 1/2 面积。出入口外墙外侧坡道有顶盖的部位,应按其外墙结构外围水平面积的 1/2 计算面积。

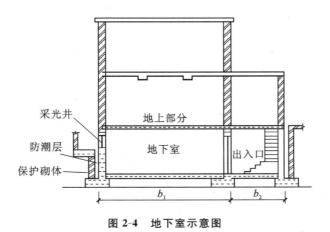

图 2-4　地下室示意图

（6）建筑物架空层及坡地建筑物吊脚架空层（图 2-5）

建筑物架空层及坡地建筑物吊脚架空层,应按其顶板水平投影面积计算建筑面积:结构层

高在 2.200m 及以上的,应计算全面积;结构层高在 2.200m 以下的,应计算 1/2 面积。

(7)建筑物的门厅、大厅及走廊

建筑物的门厅、大厅应按一层计算建筑面积,门厅、大厅内设置的走廊应按走廊结构底板水平投影面积计算建筑面积:结构层高在 2.200m 及以上的,应计算全面积;结构层高在 2.200m 以下的,应计算 1/2 面积。

(8)建筑物间的架空走廊(图 2-6)

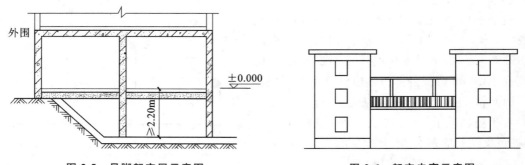

图 2-5　吊脚架空层示意图　　　　图 2-6　架空走廊示意图

对于建筑物间的架空走廊,有顶盖和围护设施的,应按其围护结构外围水平面积计算全面积;无围护结构、有围护设施的,应按其结构底板水平投影面积的 1/2 计算面积。

(9)立体书库、立体仓库、立体车库

对于立体书库、立体仓库、立体车库,有围护结构的,应按其围护结构外围水平面积计算建筑面积;无围护结构、有围护设施的,应按其结构底板水平投影面积计算建筑面积。无结构层的应按一层计算建筑面积,有结构层的应按其结构层面积分别计算:结构层高在 2.200m 及以上的,应计算全面积;结构层高在 2.200m 以下的,应计算 1/2 面积。

(10)舞台灯光控制室

有围护结构的舞台灯光控制室,应按其围护结构外围水平面积计算:结构层高在2.200m及以上的,应计算全面积;结构层高在 2.200m 以下的,应计算 1/2 面积。

(11)落地橱窗

附属在建筑物外墙的落地橱窗,应按其围护结构外围水平面积计算:结构层高在2.200m及以上的,应计算全面积;结构层高在 2.200m 以下的,应计算 1/2 面积。

(12)飘窗

窗台与室内楼地面高差在 0.450m 以下且结构净高在 2.100m 及以上的凸(飘)窗,应按其围护结构外围水平面积的 1/2 计算面积。

2005 版《建筑工程建筑面积计算规范》中,飘窗是不计算建筑面积的情况之一。2013 版《建筑工程建筑面积计算规范》对飘窗的建筑面积计算有了新的规定:当飘窗的结构净高在 2.100m及以上且与室内楼地面高差在 0.450m 以下时,飘窗具有较高的使用价值,因此要按照其围护结构外围水平面积的 1/2 计算面积。

(13)走廊、挑廊、檐廊、建筑面积(图 2-7)

有围护设施的室外走廊(挑廊),应按其结构底板水平投影面积的 1/2 计算面积;有围护设施(或柱)的檐廊,应按其围护设施(或柱)外围水平面积的 1/2 计算面积。

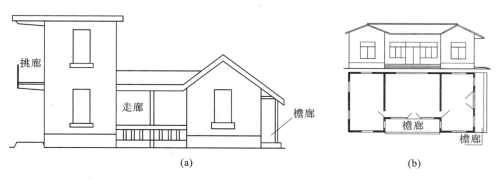

图 2-7 挑廊、走廊、檐廊示意图

(14)门斗建筑面积

门斗应按其围护结构外围水平面积计算建筑面积,结构层高在 2.200m 及以上的,应计算全面积;结构层高在 2.200m 以下的,应计算 1/2 面积。

(15)门廊、雨篷建筑面积

门廊应按其顶板的水平投影面积的 1/2 计算建筑面积;有柱雨篷应按其结构板水平投影面积的 1/2 计算建筑面积;无柱雨篷的结构外边线至外墙结构外边线的宽度在 2.100m 及以上的,应按雨篷结构板的水平投影面积的 1/2 计算建筑面积。

(16)楼梯间、水箱间、电梯机房建筑面积(图 2-8)

设在建筑物顶部的、有围护结构的楼梯间、水箱间、电梯机房等,结构层高在 2.200m 及以上的应计算全面积;结构层高在 2.200m 以下的,应计算 1/2 面积。

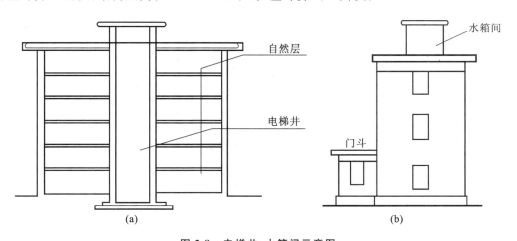

图 2-8 电梯井、水箱间示意图

(a)某建筑物正视图;(b)某建筑物侧视图

(17)围护结构不垂直于水平面楼层的建筑物的建筑面积

围护结构不垂直于水平面楼层,应按其底板面的外墙结构外围水平面积计算建筑面积:结构净高在 2.100m 及以上的部位,应计算全面积;结构净高在 1.200～2.100m 的部位,应计算 1/2 面积;结构净高在 1.200m 以下的部位,不应计算建筑面积。

(18)室内楼梯、电梯井等建筑面积

建筑物的室内楼梯、电梯井、提物井、管道井、通风排气竖井、烟道,应并入建筑物的自然层计算建筑面积。有顶盖的采光井应按一层计算建筑面积,结构净高在 2.10m 及以上的,应计算全面积;结构净高在 2.10m 以下的,应计算 1/2 面积。

自然层是指按楼板、地板结构分层的楼层。如遇跃层建筑,其共用的室内楼梯应按自然层计算建筑面积;上下错层户室共用的室内楼梯,应选上一层的自然层计算建筑面积。

(19)室外楼梯建筑面积

室外楼梯应并入所依附的建筑物自然层,并应按其水平投影面积的 1/2 计算建筑面积。

注意:利用室外楼梯下部的建筑空间不得重复计算建筑面积;利用地势砌筑的为室外踏步,不应计算建筑面积。

(20)阳台建筑面积

在主体结构内的阳台,应按其结构外围水平面积计算全面积;在主体结构外的阳台,应按其结构底板水平投影面积的 1/2 计算面积。

不论是凹阳台、挑阳台,还是封闭阳台、敞开式阳台,均应按照上述规则计算建筑面积。

(21)车棚、货棚、站台、加油站

有顶盖无围护结构的车棚、货棚、站台(图 2-9)、加油站、收费站等,应按其顶盖水平投影面积的 1/2 计算建筑面积。

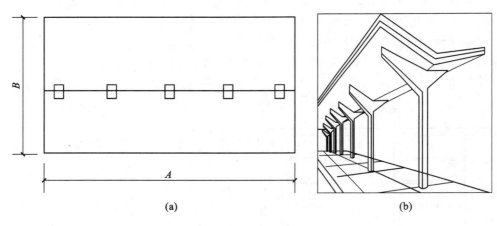

图 2-9 站台示意图

(a)站台平面图;(b)站台立体图

(22)幕墙作为围护结构

以幕墙作为围护结构的建筑物,应按幕墙外边线计算建筑面积。

注意:当幕墙设置在结构墙体外起装饰作用时,不应计算建筑面积。

(23)外墙外保温层建筑面积

建筑物的外墙外保温层,应按其保温材料的水平截面面积计算,并计入自然层建筑面积。

(24)变形缝

与室内相通的变形缝,应按其自然层合并在建筑物的建筑面积内计算。对于高低联跨的建筑物,当高低跨内部连通时,其变形缝应计算在低跨面积内,见图 2-10。

(25)设备层、管道层、避难层

对于建筑物内的设备层、管道层、避难层等有结构层的楼层,结构层高在 2.200m 及以上的,应计算全面积;结构层高在 2.200m 以下的,应计算 1/2 面积。

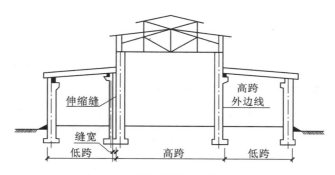

图 2-10 高低联跨的厂房示意图

2.2.4 不计算建筑面积的范围

其他不计算建筑面积的范围(上述已提到的除外):

(1)与建筑物内不连通的建筑部件;

(2)骑楼、过街楼底层的开放公共空间和建筑物通道;

(3)舞台及后台悬挂幕布和布景的天桥、挑台等;

(4)露台、露天游泳池、花架、屋顶的水箱及装饰性结构构件;

(5)建筑物内的操作平台、上料平台、安装箱和罐体的平台;

(6)勒脚、附墙柱(垛)、台阶、墙面抹灰、装饰面、镶贴块料面层、装饰性幕墙,主体结构外的空调室外机搁板(箱)、构件、配件,挑出宽度在 2.100m 以下的无柱雨篷和顶盖高度达到或超过两个楼层的无柱雨篷;

(7)窗台与室内地面高差在 0.450m 以下且结构净高在 2.100m 以下的凸(飘)窗,窗台与室内地面高差在 0.450m 及以上的凸(飘)窗;

(8)室外爬梯、室外专用消防钢楼梯;

(9)无围护结构的观光电梯;

(10)建筑物以外的地下人防通道,独立的烟囱、烟道、地沟、油(水)罐、气柜、水塔、贮油(水)池、贮仓、栈桥等构筑物。

2.2.5 商品房销售面积、套内建筑面积、阳台建筑面积、公用建筑面积

在我国大部分城市,根据《商品房销售面积计算及公用建筑面积分摊规则》的规定,房屋销售仍按建筑面积计算价格,那么单元住宅的销售面积怎样测算?商品房按"套"或"单元"出售,商品房的销售面积即为购房者所购买的套内或单元内建筑面积(以下简称套内建筑面积)与应分摊的公用建筑面积之和,即

商品房销售面积=套内建筑面积+分摊的公用建筑面积

套内建筑面积=套内使用面积+套内墙体面积+阳台建筑面积

套内使用面积的概念是每套住宅户门以内除墙体厚度外全部净面积的总和,其中包括卧室、起居室、门厅、过道、厨房、卫生间、储藏室、壁柜(不包括吊柜)、户内楼梯(按投影面积)。利用坡屋顶内空间作为房间时,其一半的面积净高不低于 2.100m,其余部分最小净高不低于 1.500m,符合以上要求的可计入使用面积;否则不计算使用面积。每户阳台(无论凹、凸阳台)

面积在 6m² 以下的,不计算使用面积;超过 6m² 的,超过部分按阳台净面积的 1/2 折算计入使用面积。

套内墙体面积:商品房各套(单元)内使用空间周围的维护或承重墙体,有共用墙及非共用墙两种。商品房各套(单元)之间的分隔墙、套(单元)与公用建筑空间投影面积的分隔墙以及外墙(包括山墙)均为共用墙,共用墙墙体水平投影面积的一半计入套内墙体面积。非共用墙墙体水平投影面积全部计入套内墙体面积。

阳台建筑面积:按国家现行《建筑工程建筑面积计算规范》(GB/T 50353—2013)进行计算。

单元分摊的公用建筑面积由两部分组成:①电梯井、楼梯间、垃圾道、变电室、设备室、公共门厅和过道等其功能上为整楼建筑服务的公共用房和管理用房的建筑面积;②各单元与楼宇公用建筑空间之间的分隔墙以及外墙(包括山墙)墙体水平投影面积的一半。公用建筑面积不包括任何作为独立使用空间销售或出租的地下室、车棚等,作为人防工程的地下室也不计入公用建筑面积。

公用建筑面积:整栋建筑物的面积扣除整栋建筑物各套(单元)套内建筑面积之和,并扣除已作为独立使用空间销售或出租的地下室、车棚及人防工程等建筑面积,即为整栋建筑物的公用建筑面积。

将整栋建筑物的公用建筑面积除以整栋建筑物的各套套内建筑面积之和,得到建筑物的公用建筑面积分摊系数,即

$$公用建筑面积分摊系数=公用建筑面积/套内建筑面积之和$$

公用建筑面积分摊计算:各套(单元)的套内建筑面积乘以公用建筑面积分摊系数,得到购房者应合理分摊的公用建筑面积,即

分摊的公用建筑面积=公用建筑面积分摊系数×套内建筑面积(一般高层住宅的公用建筑面积分摊系数为 0.4 左右)

【例 2-1】 图 2-11 所示为某建筑平面和剖面示意图,求该单层建筑物的建筑面积。

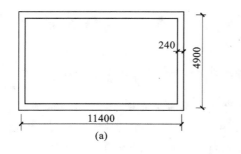
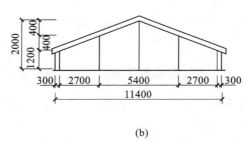

(a)　　　　　　　　　　　　　　　(b)

图 2-11　某建筑物示意图

【解】 该建筑可采用单层建筑物的坡屋顶内空间的建筑面积计算规则,其净高超过 2.100m 的部位应计算全面积;净高在 1.200~2.100m 的部位应计算 1/2 面积;净高不足 1.200m 的部位不应计算建筑面积。

$$S=5.4×(6.9+0.24)+2.7×(6.9+0.24)×0.5×2=57.83m²$$

【例 2-2】 某工程底层平面和二层平面尺寸如图 2-12、图 2-13 所示,除特别注明外,所有墙体厚度均为 240mm,试求其建筑面积。

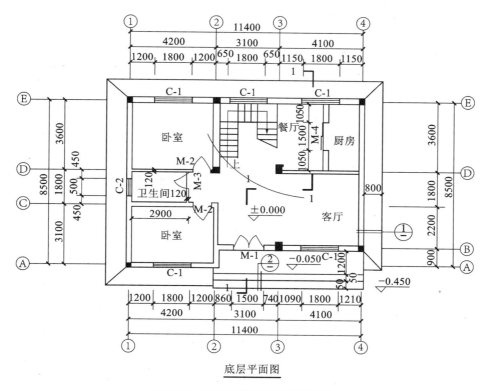

底层平面图

图 2-12 某建筑物底层平面示意图

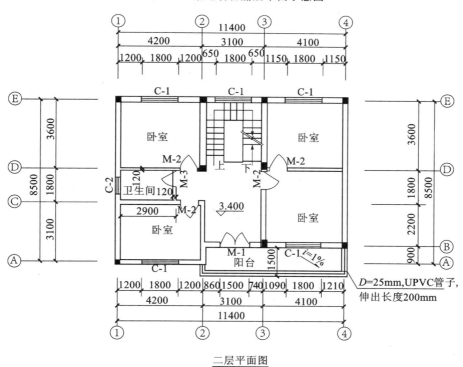

二层平面图

图 2-13 某建筑物二层平面示意图

【解】 底层建筑面积为

$$S_1=(8.5+0.12\times2)\times(11.4+0.12\times2)-7.2\times0.9=95.25m^2$$

二层建筑面积为

$$S_2=95.25+[7.2\times0.9+(7.2+0.24)\times0.6]\times0.5=100.72m^2$$

故 $S=S_1+S_2=195.97m^2$。

学习单元2.3 土石方工程

土石方工程适用于建筑物和构筑物的土石方开挖及回填工程,包括土方工程、石方工程、回填工程共三节十三个清单项目。

2.3.1 土方工程(表2-1)

土方工程项目包括平整场地,挖一般土方,挖沟槽土方,挖基坑土方,冻土开挖,挖淤泥、流砂,管沟土方七个清单项目。

表2-1 土方工程(编号:010101)

项目编码	项目名称	项目特征	计量单位	工程量计算规划	工作内容
010101001	平整场地	1.土壤类别 2.弃土运距 3.取土运距	m²	按设计图示尺寸以建筑物首层建筑面积计算	1.土方挖填 2.场地找平 3.运输
010101002	挖一般土方	1.土壤类别 2.挖土深度 3.弃土运距	m³	按设计图示尺寸以体积计算	1.排地表水 2.土方开挖 3.围护(挡土板)及拆除 4.基底钎探 5.运输
010101003	挖沟槽土方				
010101004	挖基坑土方			按设计图示尺寸以基础垫层底面面积乘以挖土深度计算	
010101005	冻土开挖	1.冻土厚度 2.弃土运距		按设计图示尺寸以开挖面积乘以厚度计算	1.爆破 2.开挖 3.清理 4.运输
010101006	挖淤泥、流砂	1.挖掘深度 2.弃淤泥、流砂距离		按设计图示位置、界限以体积计算	1.开挖 2.运输
010101007	管沟土方	1.土壤类别 2.管外径 3.挖沟深度 4.回填要求	1.m 2.m³	1.以米计量,按设计图示以管道中心线长度计算 2.以立方米计量,按设计图示尺寸以管底垫层面积乘以挖土深度计算;无管底垫层按管外径的水平投影面积乘以挖土深度计算。不扣除各类管井的长度,井的土方并入	1.排地表水 2.土方开挖 3.围护(挡土板)支撑 4.运输 5.回填

（1）平整场地

平整场地项目适用于建筑场地厚度在±300mm以内的挖、填、运、找平。

注意：

①当施工组织设计规定超面积平整场地时，应按超面积平整场地计算工程量，且超出部分包含在报价中。

②项目特征与工程内容有着对应关系，土壤的类别不同、弃（取）土运距不同，完成该施工过程的工程价格就不同，因而清单编制人在项目名称栏内对项目特征进行详略得当的描述，对于投标人进行准确报价是至关重要的。

【例2-3】 施工组织设计拟定采用人工平整场地，二类土。平均运土距离为100m，平均挖、填厚度为0.2m，参照图2-14所示计算平整场地的清单工程量并编制工程量清单。

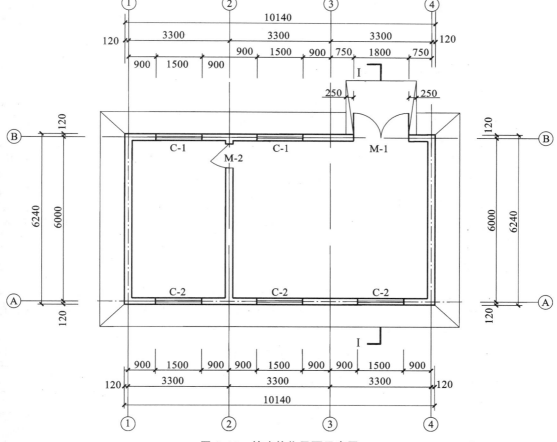

图2-14 某建筑物平面示意图

【解】 清单工程量＝10.14×6.24＝63.27m²

编制的工程量清单见表2-2。

表2-2 平整场地的工程量清单

序号	项目编码	项目名称	项目特征描述	计量单位	工程数量
1	010101001001	平整场地	土壤类别：二类土 弃土运距：100m	m²	63.27

（2）土方开挖

表2-1涉及土方开挖的清单项目共有三个，分别是挖一般土方（010101002）、挖沟槽土方（010101003）、挖基坑土方（010101004）。根据《房屋建筑与装饰装修工程工程量计算规范》（GB 50854—2013）的规定，三个项目的区分如下：

挖一般土方是指超出上述范围或建筑物场地厚度大于300mm的竖向布置挖土或山坡切土；

挖沟槽土方是指开挖断面底宽不大于7m且开挖断面底长大于3倍开挖断面底宽；

挖基坑土方是指开挖断面底长不大于3倍开挖断面底宽且底面面积不大于150m²。

①挖一般土方项目是指室外地坪标高以上的挖土，并包括指定范围内的土方运输。

a. 工程量计算

挖土方工程量按设计图示尺寸以体积计算，计量单位为立方米，即

$$V＝挖土平均厚度×挖土平面面积$$

b. 项目特征

描述土壤类别、挖土深度、弃土运距。

c. 工程内容

包含排地表水，土方开挖，围护（挡土板）及拆除，基底钎探，运输。

注意：

a. 挖土平均厚度应按自然地面测量标高至设计地坪标高间的平均厚度确定。若地形起伏变化大，不能提供平均厚度时，应提供方格网法或断面法施工的设计文件。

b. 设计标高以下的填土应按"土石方回填"项目编码列项。

c. 土方体积按挖掘前的天然密实体积计算，如需折算，应乘以表2-3所示的土方体积折算系数计算。

d. 挖土方如需截桩头时，应按桩基工程相关项目列项。

e. 桩间挖土方工程量中不应扣除桩所占的体积。

f. 土壤分类应按表2-4确定，若土壤类别不能准确划分时，招标人可注明为综合，由投标人根据地勘报告决定报价。

表2-3　土方体积折算系数表

天然密实体积	虚方体积	夯实后体积	松填体积
1.00	1.30	0.87	1.08
0.77	1.00	0.67	0.83
1.15	1.50	1.00	1.25
0.92	1.20	0.80	1.00

注：①虚方指未经碾压、堆积时间不大于1年的土壤。

②本表按《全国统一建筑工程预算工程量计算规则》（GJDGZ 101—1995）整理。

③设计密度超过规定的，填方体积按工程设计要求执行；无设计要求时按各省、自治区、直辖市或行业建设主管部门规定的系数执行。

②挖沟槽土方、挖基坑土方项目适用于符合尺寸条件的土方开挖(包括带形基础、独立基础的土方开挖等),是指设计室外地坪以下的土方开挖,并包括指定范围内的土方运输。

表 2-4　土壤分类表

土的分类	土的名称	压实系数	质量密度(kg/m³)	开挖方法及工具
一类土 (松软土)	略有黏性的沙土、腐殖土及疏松的种植土;泥炭(淤泥)	0.5～0.6	600～1500	用铁锹,少许用脚蹬或用板锄挖掘
二类土 (普通土)	潮湿的黏性土和黄土,软盐渍土和碱土;含有建筑材料碎屑、碎石、卵石的堆积土和种植土	0.6～0.8	1100～1600	用铁锹、条锄挖掘,需用脚蹬,少许用风镐
三类土 (坚土)	中等密实度的黏性土或黄土;含有碎石、卵石或建筑材料碎屑的潮湿的黏性土或黄土	0.8～1.0	1800～1900	主要用条锄挖掘,少许用风镐
四类土 (砂砾坚土)	坚硬密实的黏性土或黄土;含有碎石、砾石(体积在 10%～30%,5kg 以下石块)的中等密实性土或黄土;硬化的重盐土;软泥灰岩	1.0～1.5	1900	全部用风镐、条锄挖掘,少许用撬棍挖掘

注:本表依据国家标准《工程岩体分级标准》(GB/T 50218—2014)和《岩土工程勘察规范》(GB 50021—2001)(2009 版)

a. 工程量计算

挖沟槽土方、挖基坑土方工程量按设计图示尺寸以基础垫层底面面积乘以挖土深度计算,计量单位为立方米,即

$$V＝垫层长×垫层宽×挖土深度$$

当基础为带形基础时,外墙基础垫层长取外墙中心线长,内墙基础垫层长取内墙下垫层净长。

挖土深度应按基础垫层底表面标高至交付施工场地标高的高度确定,无交付施工场地标高时,应按自然地面标高确定。

注意:

ⓐ土方体积按挖掘前的天然密实体积计算。非天然密实土方应按表 2-3 折算。

ⓑ带形基础的挖土应按不同底宽和深度计算,独立基础和满堂基础应按不同底面面积和深度分别编码列项。

ⓒ弃土、取土运距可不用描述,但应注明由投标人根据施工现场实际情况自行考虑后再决定报价。

ⓓ按上式计算的工程量中未包括根据施工方案规定的放坡、操作工作面和由机械挖土进出施工工作面的坡道等增加的挖土量(具体的放坡系数见表 2-5)。挖沟槽、基坑、一般土方因工作面和放坡增加的工程量(管沟工作面增加的工作量)是否并入各土方工程量中,应按各省、自治区、直辖市或行业建设主管部门的规定实施。

表 2-5　放坡系数表

土壤类别	放坡起点(m)	人工挖土	机械挖土		
			在坑内作业	在坑上作业	顺沟槽在坑上作业
一、二类土	1.20	1∶0.5	1∶0.33	1∶0.75	1∶0.5
三类土	1.50	1∶0.33	1∶0.25	1∶0.67	1∶0.33
四类土	2.00	1∶0.25	1∶0.1	1∶0.33	1∶0.25

注:①沟槽、基坑中土壤类别不同时,分别按其放坡起点、放坡系数,依不同土壤类别厚度的加权平均值计算。

②计算放坡时,在交接处的重复工程量不予扣除,在原槽、坑施作基础垫层时,放坡自垫层上表面开始计算。

③本表按《全国统一建筑工程预算工程量计算规则》(GJDGZ 101—1995)整理。

综上可知,挖沟槽工程量:

$$V = 设计槽长 \times 槽断面面积$$

槽长:外墙下槽长按中心线尺寸长度计算;内墙下槽长按净长线尺寸长度计算。

槽宽:槽底设计宽度。

沟槽断面槽深:设计(自然)地坪标高至垫层底高度。

如图 2-15 所示,有:

$$V_{沟槽} = L \times (A + KH) \times H$$

挖基坑工程量计算(图 2-16):

$$V = 基坑底面面积 \times 挖土深度$$

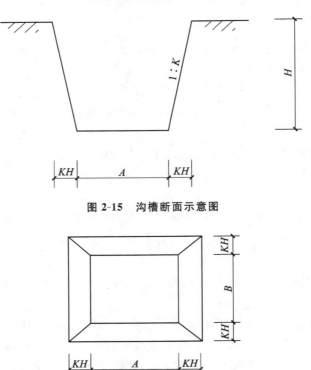

图 2-15　沟槽断面示意图

图 2-16　基坑平面示意图

$$V_{基坑}=H/3(S_上+S_下+\sqrt{S_上 S_下})$$
$$=H/3[AB+(A+2KH)(B+2KH)+\sqrt{AB(A+2KH)(B+2KH)}]$$

或

$$V_{基坑}=H/6(S_上+S_下+4S_中)$$
$$=H/6[AB+(A+2KH)(B+2KH)+4(A+KH)(B+KH)]$$

注：$S_中$ 指中截面，即高度为 $H/2$ 时，平行于上底面和下底面的一个横截面。

b.项目特征

描述土壤类别、挖土深度、弃土运距。从项目特征可发现，挖基坑土方项目不考虑不同施工方法(即人工挖或机械挖及机械种类)对土方工程量的影响。投标人在报价时，应根据施工组织设计，结合本企业施工水平，并考虑竞争需要来进行报价。

c.工程内容

包含排地表水，土方开挖，围护(挡土板)及拆除，基底钎探，运输。

【例 2-4】　某建筑物基础平面图、剖面图如图 2-17 所示。已知土壤类别为三类土，土方运距 3km，混凝土条形基础下设 C10 素混凝土垫层。试计算其基础土方开挖清单工程量，并编制工程量清单。

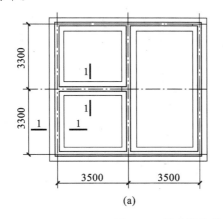

(a)

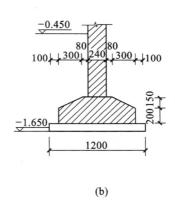

(b)

图 2-17　某建筑物基础平面图及剖面图

【解】　由图 2-17 可以看出，本工程设计为带形基础，其开挖按照挖沟槽土方列项。基础施工为混凝土基础垫层支模板，故垫层两边增加的工作面宽度为 300mm。

$$开挖深度=-0.45-(-1.65)=1.2m$$

土壤类别为三类土，没有达到放坡起点，故不考虑放坡。

为保证挖土体积计算准确，外墙基础开挖长度取外墙中心线长，内墙基础开挖长度取内墙下槽底开挖净长(考虑两边工作面宽度为 300mm)。

$$外墙中心线长=(3.5\times2+3.3\times2)\times2=27.2m$$
$$内墙下槽底开挖净长=(3.5-0.9\times2)+(3.3\times2-0.9\times2)=6.5m$$

$$挖沟槽土方工程量=开挖长度\times开挖宽度\times挖土深度$$
$$=(27.2+6.5)\times(1.2+0.3\times2)\times1.2$$
$$=72.79m^3$$

本工程挖沟槽土方工程量清单见表 2-6。

表 2-6 挖沟槽土方工程量清单

序号	项目编码	项目名称	项目特征描述	计量单位	工程数量
1	010101003001	挖沟槽土方	土壤类别:三类土 挖土深度:1.2m 弃土运距:3km	m³	72.79

【例 2-5】 某工程有钢筋混凝土满堂基础,基础垫层采用 C10 混凝土。垫层底面面积 25m×50m,底表面标高为－4.200m,室外地坪标高为－1.200m,地基土为四类土。试计算基础土方开挖工程量,并编制工程量清单。

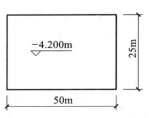

图 2-18 某建筑物垫层底面面积

【解】 由图 2-18 可以看出,本工程设计为满堂基础,但是底面面积大于 150m²,其开挖按照挖一般土方列项。基础施工为 C10 混凝土基础垫层支模板,故垫层两边增加的工作面宽度为 300mm。

开挖深度:$H=-1.2-(-4.2)=3.0m$

而土壤类别为四类土,达到放坡起点,考虑放坡。根据该项目基坑的具体尺寸,放坡系数按照机械挖土并在坑内作业的 1:0.1 考虑,即 $K=0.1$。

根据图示尺寸,有:

$A=50+0.3+0.3=50.6m$

$B=25+0.3+0.3=25.6m$

$$V_{基坑}=H/6[AB+(A+2KH)(B+2KH)+4\times(A+KH)(B+KH)]$$
$$=3.0/6\times[50.6\times25.6+(50.6+2\times0.1\times3)\times(25.6+2\times0.1\times3)+4\times(50.6+0.1\times3)\times(25.6+0.1\times3)]$$
$$=3955.02m^3$$

本工程基础土方开挖工程量清单见表 2-7。

表 2-7 挖一般土方工程量清单

序号	项目编码	项目名称	项目特征描述	计量单位	工程数量
1	010101002001	挖一般土方	土壤类别:四类土 挖土深度:3.0m 弃土运距:投标人自定	m³	3955.02

(3)冻土开挖

冻土开挖项目适用于土方开挖中的冻土部分开挖。

(4)挖淤泥、流砂

①淤泥是一种稀软状、不易成型、呈灰黑色、有臭味、含有半腐朽植物遗体(占 60%以上)、置于水中有动植物残体渣滓浮出,并常有气泡由水中冒出的泥土。

②当土方开挖至地下水位时,有时坑底下面的土层会形成流动状态,随地下水涌入基坑,这种现象称为流砂。

(5)管沟土方(表 2-8)

管沟土方项目适用于管沟土方开挖、回填。

注意:

①管沟土方工程量不论有无管沟设计,均按长度计算。其开挖加宽的工作面、放坡和接口

处加宽的工作面,均应包括在管沟土方的工程量清单内。

②挖沟平均深度按以下规定计算:有管沟设计时,平均深度按沟垫层底表面标高至交付施工场地标高的高度计算;无管沟设计时,直埋管(无沟盖板,管道安装好后,直接回填土)深度应按管底外表面标高至交付施工场地标高的平均高度计算。

③从工程内容可以看出,在管沟土方项目内,除土方开挖外,还包含土方运输及土方回填,报价时应注意。另外,由于管沟的宽窄不同,施工费用就有所不同,计算时应注意区分。

表 2-8　管沟施工每侧所需工作面宽度计算表

管沟材料　　　　　　　管道结构宽(mm)	≤500	≤1000	≤2500	>2500
混凝土及钢筋混凝土管道	400	500	600	700
其他材质管道	300	400	500	600

注:①本表按《全国统一建筑工程预算工程量计算规则》(GJDGZ 101—1995)整理。
　　②管道结构宽:有管座的按基础外缘计算,无管座的按管道外径计算。

2.3.2　石方工程

石方工程项目包括挖一般石方、挖沟槽石方、挖基坑石方和挖管沟石方四个清单项目。

表 2-9　石方工程(编号:010102)

项目编码	项目名称	项目特征	计量单位	工程量计算规则	工作内容
010102001	挖一般石方	1.岩石类别 2.开凿深度 3.弃砟运距	m³	按设计图示尺寸以体积计算	1.排地表水 2.凿石 3.运输
010102002	挖沟槽石方			按设计图示沟槽底面面积乘以挖石深度,以体积计算	
010102003	挖基坑石方			按设计图示基坑底面面积乘以挖石深度,以体积计算	
010102004	挖管沟石方	1.岩石类别 2.管外径 3.挖沟深度	1. m 2. m³	1.以米计量,按设计图示以管道中心线长度计算 2.以立方米计量,按设计图示截面面积乘以长度计算	1.排地表水 2.凿石 3.回填 4.运输

石方开挖项目适用于人工凿石、人工打眼爆破、机械打眼爆破等,并包括指定范围内的石方清理运输。

(1)挖石深度应按自然地面测量标高至设计地坪标高的平均厚度确定。基础石方开挖深度应按基础垫层底表面标高至交付施工场地标高确定,无交付施工场地标高时,应按自然地面标高确定。

(2)沟槽、基坑、一般石方的划分:底宽不大于7m,底长大于3倍底宽的为沟槽;底长不大于3倍底宽、底面面积不大于150m² 的为基坑;超出上述范围或厚度大于±300mm 的竖向布置挖石或山坡凿石则为一般石方。

(3)弃砟运距可以不描述,但应注明由投标人根据施工现场实际情况自行考虑并决定报价。

(4)挖管沟石方项目适用于管道(给排水、工业、电力、通信)、电缆沟及连接井(检查井)等。

(5)岩石的分类应按表2-10确定。

表 2-10　岩石分类表

岩石分类		代表性岩石	开挖方法
极软岩		1.全风化的各种岩石 2.各种半成岩	部分用手凿工具、部分用爆破法开挖
软质岩	软岩	1.强风化的坚硬岩或较硬岩 2.中等风化-强风化的较软岩 3.未风化-微风化的页岩、泥岩、泥质砂岩等	用风镐和爆破法开挖
软质岩	较软岩	1.中等风化-强风化的坚硬岩或较坚硬岩 2.未风化-微风化的凝灰岩、千枚岩、泥灰岩、砂质岩等	用爆破法开挖
硬质岩	较硬岩	1.微风化的坚硬岩 2.未风化-微风化的大理岩、板岩、石灰岩、白云岩、钙质砂岩等	用爆破法开挖
硬质岩	坚硬岩	未风化-微风化的花岗岩、闪长岩、辉绿岩、玄武岩、安山岩、片麻岩、石英岩、石英砂岩、硅质砾岩、硅质石灰岩等	用爆破法开挖

注:本表依据国家标准《工程岩体分级标准》(GB/T 50218—2014)和《岩土工程勘察规范》(GB 50021—2001)(2009 版)整理得到。

(6)石方体积应按挖掘前的天然密实体积计算。如需按天然密实体积折算时,应按表2-11计算。

表 2-11　石方体积折算系数表

石方类别	天然密实体积	虚方体积	松填体积	码方
石方	1.0	1.54	1.31	
块石	1.0	1.75	1.43	1.67
砂夹石	1.0	1.07	0.94	

2.3.3　回填工程

回填工程项目包括回填方、余方弃置两个清单项目(表 2-12)。

表 2-12　回填工程(编号:010103)

项目编码	项目名称	项目特征	计量单位	工程量计算规则	工作内容
010103001	回填方	1.密实度要求 2.填方材料品种 3.填方粒径要求 4.填方来源、运距	m³	按设计图示尺寸以体积计算 1.场地回填:回填面积乘以平均回填厚度 2.室内回填:主墙间净面积乘以回填厚度,不扣除间隔墙 3.基础回填:按挖方清单地坪以下埋设的基础体积(包括基础垫层及其他构筑物)计算	1.运输 2.回填 3.压实
010103002	余方弃置	1.废弃料品种 2.运距		按挖方清单项目工程量减去利用的回填方体积(正数)计算	余方点装料运输至弃置点

注:①填方密实度要求,在无特殊要求情况下,项目特征可描述为满足设计和规范的要求。
　②填方材料品种可以不描述,但应注明由投标人根据设计要求验方后方可填入,并符合相关工程的质量规范要求。
　③填方粒径要求,在无特殊要求情况下,项目特征可以不描述。
　④如需买土回填,应在项目特征填方来源中描述,并注明买土方数量。

（1）工程量计算

按设计图示尺寸以体积计算，计量单位为立方米。

①场地回填

$$V=回填面积×平均回填厚度$$

②室内回填

$$V=主墙间净面积×回填厚度$$

其中，主墙是指结构厚度在 120mm 以上（不含 120mm）的各类墙体。主墙间净面积可按下式计算：

$$主墙间净面积=底层建筑面积-内、外墙体所占水平平面的面积$$

③基础回填

$$V=挖土体积-设计室外地坪以下埋设物的体积（包括基础垫层及其他构筑物）$$

【例 2-6】 某建筑物平面图如图 2-19 所示。已知条形基础下设 C15 素混凝土垫层；混凝土垫层体积为 4.19m³，钢筋混凝土基础体积为 10.83m³，室外地坪以下的砖基础体积为 6.63m³；室内地面标高为 ±0.000，地面厚 220mm。试计算土方回填和余方弃置清单工程量，并编制基础土方回填和余方弃置工程量清单。

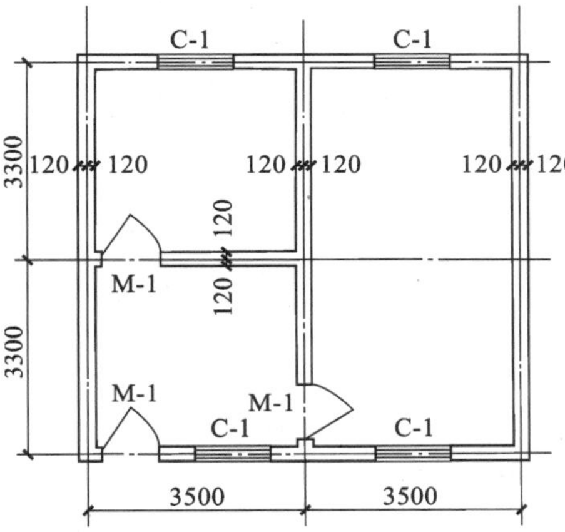

【解】 （1）基础土方回填和余方弃置工程量计算

基础土方回填量=挖土体积-设计室外地坪以下埋设的基础、垫层体积

挖土体积：

$$V_填=72.79-10.83-6.63-4.19=51.14m³$$

室内土方回填量=主墙间净面积×回填厚度=9.36m³

余方弃置工程量=挖方工程量-基础土方回填量-室内土方回填量=72.79-51.14-9.36=12.29m³

图 2-19 某建筑物平面图

（2）编制工程量清单

基础土方工程量清单见表 2-13。

表 2-13 基础土方工程量清单

序号	项目编码	项目名称	项目特征描述	计量单位	工程数量
1	010103001001	基础土方回填	回填土夯填 土方运距 50m	m³	51.14
2	010103001002	室内土方回填	土分层夯填 土方运距 50m	m³	9.36
3	010103002001	余方弃置	回填余方 弃土运距 200m	m³	12.29

【例 2-7】 根据学习单元 2.1 某学院办公楼例图来计算各基础的挖基坑土方清单工程量。

【解】 土壤类别为三类土，达到放坡起点，各基础均考虑放坡。根据该项目基坑的具体尺寸，放坡系数按照人工挖土作业 1∶0.33 考虑,即 $K=0.33$,垫层两边增加的工作面宽度为 300mm。

(1)J-1,2 个

开挖深度 $H=2.5+0.1-0.3=2.3m$

根据图示尺寸,有:

$$A=B=1.75×2+0.1×2+0.3×2=4.3m$$

$$
\begin{aligned}
V_{基坑}&=H/6[AB+(A+2KH)(B+2KH)+4(A+KH)(B+KH)]\\
&=2.3/6×[4.3×4.3+(4.3+2×0.33×2.3)×(4.3+2×0.33×2.3)+4×(4.3+\\
&\quad 0.33×2.3)×(4.3+0.33×2.3)]\\
&=59.31m^3
\end{aligned}
$$

故 $V_{J-1,挖}=59.31×2=118.62m^3$。

(2)J-2,①~②,2 个

开挖深度 $H=2.4+0.1-0.3=2.2m$

根据图示尺寸,有:

$$A=B=1.5×2+0.1×2+0.3×2=3.8m$$

$$
\begin{aligned}
V_{基坑}&=H/6[AB+(A+2KH)(B+2KH)+4(A+KH)(B+KH)]\\
&=2.2/6×[3.8×3.8+(3.8+2×0.33×2.2)×(3.8+2×0.33×2.2)+4×(3.8+\\
&\quad 0.33×2.2)×(3.8+0.33×2.2)]\\
&=45.45m^3
\end{aligned}
$$

③轴左,1 个

开挖深度 $H=2.4+0.1-0.3=2.2m$

根据图示尺寸,有:

$$S_{上}=1.3×3.5+3.8×0.6=6.83m^2$$

$$
\begin{aligned}
S_{下}&=1.3×(3.5+0.33×2.2)+(0.6+0.33×2.2)×(3.8+2×0.33×2.2)\\
&=12.45m^2
\end{aligned}
$$

$$
\begin{aligned}
V_{基坑}&=H/3(S_{上}+S_{下}+\sqrt{S_{上}\,S_{下}})\\
&=2.2/3×(6.83+12.45+\sqrt{6.83×12.45})\\
&=20.90m^3
\end{aligned}
$$

③轴右,1 个

开挖深度 $H=3.9+2.4+0.1=6.4m$

根据图示尺寸,有:

$$S_{上}=1.3×3.5+3.8×0.6=6.83m^2$$

$$
\begin{aligned}
S_{下}&=1.3×(3.5+0.33×6.4)+(0.6+0.33×6.4)×(3.8+2×0.33×6.4)\\
&=29.06m^2
\end{aligned}
$$

$$
\begin{aligned}
V_{基坑}&=H/3(S_{上}+S_{下}+\sqrt{S_{上}\,S_{下}})\\
&=6.4/3×(6.83+29.06+\sqrt{6.83×29.06})\\
&=106.62m^3
\end{aligned}
$$

④轴,1 个

开挖深度 $H=3.9-1.8-0.1=2.0m$

根据图示尺寸,有:

$$S_{上}=(1.5\times2+0.1\times2+0.3\times2)^2-(2+0.3\times2)\times0.3=13.66m^2$$

$$S_{下}=(3.2+0.6+2\times0.33\times2)^2-(2+0.6+2\times0.33\times2)\times(0.3+0.33\times2)$$
$$=22.45m^2$$

$$V_{基坑}=H/3(S_{上}+S_{下}+\sqrt{S_{上}S_{下}})$$
$$=2/3\times(13.66+22.45+\sqrt{13.66\times22.45})$$
$$=35.75m^3$$

故 $V_{J-2,挖}=45.45\times2+20.90+106.62+35.75=254.17m^3$。

(3) J-3,①~②,1个

开挖深度 $H=2.3+0.1-0.3=2.1m$

根据图示尺寸,有:

$$A=B=1.3\times2+0.1\times2+0.3\times2=3.4m$$

$$V_{基坑}=H/6[AB+(A+2KH)(B+2KH)+4(A+KH)(B+KH)]$$
$$=2.1/6\times[3.4\times3.4+(3.4+2\times0.33\times2.1)\times(3.4+2\times0.33\times2.1)+4\times(3.4+$$
$$0.33\times2.1)\times(3.4+0.33\times2.1)]$$
$$=35.52m^3$$

故 $V_{J-3,挖}=35.52m^3$。

(4) J-4,①~③轴左,1.5个

开挖深度:

$$H=2.3+0.1-0.3=2.1m$$

根据图示尺寸,有:

$$A=B=1.2\times2+0.1\times2+0.3\times2=3.2m$$

$$V_{基坑}=H/6[AB+(A+2KH)(B+2KH)+4(A+KH)(B+KH)]$$
$$=2.1/6\times[3.2\times3.2+(3.2+2\times0.33\times2.1)\times(3.2+2\times0.33\times2.1)+4\times(3.2+$$
$$0.33\times2.1)\times(3.2+0.33\times2.1)]$$
$$=32.16m^3$$

③轴右,0.5个

开挖深度 $H=3.9+0.1+2.3=6.3m$

根据图示尺寸,有:

$$A=B=3.2m$$

$$V_{基坑}=H/6[AB+(A+2KH)(B+2KH)+4(A+KH)(B+KH)]$$
$$=6.3/6\times[3.2\times3.2+(3.2+2\times0.33\times6.3)\times(3.2+2\times0.33\times6.3)+4\times(3.2+$$
$$0.33\times6.3)\times(3.2+0.33\times6.3)]$$
$$=184.64m^3$$

④~⑤,2个

开挖深度 $H=3.9-1.8-0.1=2.0m$

根据图示尺寸,有:

$$A=B=3.2m$$

$$V_{基坑}=H/6[AB+(A+2KH)(B+2KH)+4(A+KH)(B+KH)]$$
$$=2.0/6\times[3.2\times3.2+(3.2+2\times0.33\times2.0)\times(3.2+2\times0.33\times2.0)+4\times(3.2+$$
$$0.33\times2.0)\times(3.2+0.33\times2.0)]$$
$$=30.09m^3$$

故 $V_{J-4,挖}=32.16\times1.5+184.64\times0.5+30.09\times2=200.74m^3$。

(5)J-5,④～⑤,3 个

开挖深度：
$$H=3.9-1.8-0.1=2.0m$$

根据图示尺寸,有：
$$A=B=1\times2+0.1\times2+0.3\times2=2.8m$$
$$V_{基坑}=H/6[AB+(A+2KH)(B+2KH)+4(A+KH)(B+KH)]$$
$$=2.0/6\times[2.8\times2.8+(2.8+2\times0.33\times2.0)\times(2.8+2\times0.33\times2.0)+4\times(2.8+$$
$$0.33\times2.0)\times(2.8+0.33\times2.0)]$$
$$=24.23m^3$$

故 $V_{J-5,挖}=24.23\times3=72.70m^3$。

(6)J-6,③轴左,0.5 个

开挖深度：
$$H=2.3+0.1-0.3=2.1m$$

根据图示尺寸,有：
$$A=2.1+1.2\times2+0.1\times2+0.3\times2=5.3m$$
$$B=1\times2+0.1\times2+0.3\times2=2.8m$$
$$V_{基坑}=H/6[AB+(A+2KH)(B+2KH)+4(A+KH)(B+KH)]$$
$$=2.1/6\times[5.3\times2.8+(5.3+2\times0.33\times2.1)\times(2.8+2\times0.33\times2.1)+4\times(5.3+$$
$$0.33\times2.1)\times(2.8+0.33\times2.1)]$$
$$=44.30m^3$$

③轴右,0.5 个

开挖深度 $H=3.9+0.1+2.3=6.3m$

根据图示尺寸,有：
$$A=5.3m;B=2.8m$$
$$V_{基坑}=H/6[AB+(A+2KH)(B+2KH)+4(A+KH)(B+KH)]$$
$$=6.3/6\times[5.3\times2.8+(5.3+2\times0.33\times6.3)\times(2.8+2\times0.33\times6.3)+4\times(5.3+$$
$$0.33\times6.3)\times(2.8+0.33\times6.3)]$$
$$=235.89m^3$$

故 $V_{J-6,挖}=44.30\times0.5+235.89\times0.5=140.09m^3$。

(7)J-7,③轴左,1 个

开挖深度：
$$H=2.3+0.1-0.3=2.1m$$

根据图示尺寸,有：
$$S_{上}=(1+0.3)\times(2+0.3)=2.99m^2$$

$$S_{\text{下}}=(1+0.3+0.33\times2.1)\times(2+0.3+0.33\times2.1)=5.97\text{m}^2$$

$$V_{\text{基坑}}=H/3(S_{\text{上}}+S_{\text{下}}+\sqrt{S_{\text{上}}\,S_{\text{下}}})$$
$$=2.1/3\times(2.99+5.97+\sqrt{2.99\times5.97})$$
$$=9.23\text{m}^3$$

③轴右,1个

开挖深度:

$$H=3.9+0.1+2.3=6.3\text{m}$$

根据图示尺寸,有:

$$S_{\text{上}}=2.99\text{m}^2$$
$$S_{\text{下}}=(1+0.3+0.33\times6.3)\times(2+0.3+0.33\times6.3)=14.80\text{m}^2$$

$$V_{\text{基坑}}=H/3(S_{\text{上}}+S_{\text{下}}+\sqrt{S_{\text{上}}\,S_{\text{下}}})$$
$$=6.3/3\times(2.99+14.80+\sqrt{2.99\times14.80})$$
$$=51.33\text{m}^3$$

④轴,1个

开挖深度:

$$H=3.9-1.8-0.1=2.0\text{m}$$
$$S_{\text{上}}=(2+0.3\times2)\times(2+0.3)=5.98\text{m}^2$$
$$S_{\text{下}}=(2+0.3\times2+0.33\times2\times2)\times(2+0.3+0.33\times2)=11.60\text{m}^2$$

$$V_{\text{基坑}}=H/3(S_{\text{上}}+S_{\text{下}}+\sqrt{S_{\text{上}}\,S_{\text{下}}})$$
$$=2.0/3\times(5.98+11.60+\sqrt{5.98\times11.60})$$
$$=17.27\text{m}^3$$

故 $V_{\text{J-7,挖}}=9.23+51.33+17.27=77.83\text{m}^3$

(8)J-8,2个

开挖深度:

$$H=3.9-0.1-3.15=0.65\text{m}$$

根据图示尺寸,有:

$$A=B=0.9\times2+0.1\times2+0.3\times2=2.6\text{m}$$

$$V_{\text{基坑}}=H/6[AB+(A+2KH)(B+2KH)+4(A+KH)(B+KH)]$$
$$=0.65/6\times[2.6\times2.6+(2.6+2\times0.33\times0.65)\times(2.6+2\times0.33\times0.65)+4\times$$
$$(2.6+0.33\times0.65)\times(2.6+0.33\times0.65)]$$
$$=5.16\text{m}^3$$

故 $V_{\text{J-8,挖}}=5.16\times2=10.32\text{m}^3$。

故 $V_{\text{基坑挖}}=118.62+254.17+35.52+200.74+72.70+140.09+77.83+10.32$
$$=909.99\text{m}^3$$

(9)JL-1

第Ⅰ部分:

①~③轴左:开挖深度 $H=1+0.5-0.3=1.2\text{m}$,未达到放坡起点,故不放坡。

根据图示尺寸,有:

$$S=1.2\times(0.37+0.3\times2)=1.16\mathrm{m}^2$$

E 轴：

$$L=(7.5-1.5-0.1-0.3-1.2-0.1-0.3)\times2=4\mathrm{m}$$

故 $V_槽=1.16\times4=4.64\mathrm{m}^3$。

C 轴：

$$L=7.5\times2-1.3-0.1-0.3-3.5-0.2-0.6-1.5-0.1-0.3=7.1\mathrm{m}$$

故 $V_槽=1.16\times7.1=8.24\mathrm{m}^3$。

B 轴：

$$L=7.5\times2-1.5-0.1-0.3-3.5-0.2-0.6-1-0.1-0.3=7.4\mathrm{m}$$

故 $V_槽=1.16\times7.4=8.58\mathrm{m}^3$。

① 轴：

$$L_1=2.4+3-1.2-0.1-0.3-1.3-0.1-0.3=2.1\mathrm{m}$$
$$L_2=4.5-1.75-0.1-0.3-1.3-0.1-0.3=0.65\mathrm{m}$$

故 $V_槽=1.16\times(2.1+0.65)=3.19\mathrm{m}^3$。

② 轴：

$$L_1=2.4+3-1.5-0.1-0.3-1.75-0.1-0.3=1.35\mathrm{m}$$
$$L_2=4.5-(1.75+0.1+0.3)\times2=0.2\mathrm{m}$$

故 $V_槽=1.16\times(1.35+0.2)=1.80\mathrm{m}^3$。

③ 轴：

$$L_1=3-1.2-0.1-0.3-0.9-0.1-0.3=0.1\mathrm{m}$$
$$L_2=4.5-1.5-0.1-0.3-1.2-0.1-0.3=1\mathrm{m}$$

故 $V_槽=1.16\times(0.1+1)/2=0.64\mathrm{m}^3$。

第 Ⅱ 部分：

③ 轴右：开挖深度 $H=3.9+0.5+1=5.4\mathrm{m}$。

根据图示尺寸，有：

$$S=5.4/2\times(0.37+0.3\times2+0.37+0.3\times2+2\times0.33\times5.4)=14.86\mathrm{m}^2$$
$$L_1=3-1.2-0.1-0.3-0.9-0.1-0.3=0.1\mathrm{m}$$
$$L_2=4.5-1.5-0.1-0.3-1.2-0.1-0.3=1\mathrm{m}$$

故 $V_槽=14.86\times(0.1+1)/2=8.17\mathrm{m}^3$。

第 Ⅲ 部分：

③～⑤ 轴：开挖深度 $H=3.9+0.5-3.1=1.3\mathrm{m}$，未达到放坡起点，故不放坡。

根据图示尺寸，有：

$$S=1.3\times(0.37+0.3\times2)=1.26\mathrm{m}^2$$

E 轴：

$$L=6\times2-(1+0.1+0.3)\times3-1.2-0.1-0.3=6.2\mathrm{m}$$

故 $V_槽=1.26\times6.2=7.81\mathrm{m}^3$。

D 轴：

$$L=6-(0.9+0.1+0.3)\times2=3.4\mathrm{m}$$

故 $V_槽=1.26\times3.4=4.28\mathrm{m}^3$。

Ⓒ轴:
$$L=6×2-(1.5+0.1+0.3)×3-1.2-0.1-0.3=4.7\text{m}$$
故 $V_{槽}=1.26×4.7=5.92\text{m}^3$

Ⓐ轴:
$$L=6×2-(1.2+0.1+0.3)×3-1-0.1-0.3=6.0\text{m}$$
故 $V_{槽}=1.26×6.0=7.56\text{m}^3$

④轴:
$$L_1=3-1-0.1-0.3-0.9-0.1-0.3=0.3\text{m}$$
$$L_2=4.5+2.1-1.5-0.1-0.3-1.2-0.1-0.3=3.1\text{m}$$
故 $V_{槽}=1.26×(3.1+0.3)=4.28\text{m}^3$。

⑤轴:
$$L_1=2.4+3-1.2-0.1-0.3-1-0.1-0.3=2.4\text{m}$$
$$L_2=4.5+2.1-1-0.1-0.3-1.2-0.1-0.3=3.6\text{m}$$
故 $V_{槽}=1.26×(2.4+3.6)=7.56\text{m}^3$。

$V_{JL-1,挖}=4.64+8.24+8.58+3.19+1.80+0.64+8.17+7.81+4.28+5.92+7.56+$
$\qquad 4.28+7.56$
$\qquad =72.67\text{m}^3$

【例2-8】 根据学习单元2.1例图来计算基础回填的清单工程量。

【解】 地下混凝土工程量参见学习单元2.6、学习单元2.7,其计算结果参见表2-14。

表2-14 地下混凝土工程量

单位:m^3

项目名称	标高-0.300m 以下结构	标高 3.900m 以下结构
垫层	9.38	5.03
混凝土基础	46.76	22.25
剪力墙	5.25	4.11
柱	3.3	7.33
砖基础	7.93	12
基础梁	12.73	11.283

标高-0.300m 以下挖方工程量:
$V_{挖}=118.62(J-1)+45.45×2(J-2)+20.9(J-2)+35.52(J-3)+32.16×1.5(J-4)+44.30$
$\qquad ×0.5(J-6)+9.23(J-7)+27.09(JL-1,第Ⅰ部分)$
$\qquad =372.65\text{m}^3$

$V_{标高-0.300m,填}=V_{挖}-V_{埋}$
$\qquad =372.65-9.38-46.76-5.25-3.3-7.93-12.73$
$\qquad =287.90\text{m}^3$

标高3.900m 以下挖方工程量:
$V_{挖}=106.62(J-2)+35.75(J-2)+184.64×0.5(J-4)+30.09×2(J-4)+24.23×3(J-5)+$
$\qquad 235.89×0.5(J-6)+51.33(J-7)+17.27(J-7)+5.16×2(J-8)+45.58(JL-1,第Ⅱ、Ⅲ部分)$
$\qquad =610.01\text{m}^3$

$$V_{标高3.900m,填} = V_{挖} - V_{埋}$$
$$= 610.01 - 5.03 - 22.25 - 4.11 - 7.33 - 12 - 11.283$$
$$= 548.01m^3$$

$$V_{总回填} = V_{标高-0.300m,填} + V_{标高3.900m,填} = 287.90 + 548.01 = 835.91m^3$$

【例 2-9】 根据学习单元 2.1 的图例计算室内回填、余方弃置的清单工程量,并编制例图中土方工程的工程量清单。

地下室室内回填:

$$回填厚度 = 0 + 0.3 - 0.08 - 0.025 - 0.01 = 0.185m$$
$$S_{地下室净面积} = (15.5 - 0.3 \times 2) \times (9.9 - 0.05 \times 2) = 146.02m^2$$
$$V_{地下室} = 146.02 \times 0.185 = 27.01m^3$$

首层室内回填:

$$回填厚度 = 4.2 - 3.9 - 0.08 - 0.025 - 0.01 = 0.185m$$
$$S_{首层净面积} = (2 \times 6 + 0.09 + 0.25) \times (12 + 0.25 \times 2) - (2.1 + 4.5 - 0.05 - 0.09 + 6 \times 2 +$$
$$0.09 - 0.05 + 6 + 0.09 \times 2 + 3 - 0.09 - 0.05) \times 0.18 - [(6 \times 2 + 0.09 + 0.1)$$
$$\times 2 + 12 + 0.1 \times 2] \times 0.3$$
$$= 154.25 - 27.54 \times 0.18 - 36.58 \times 0.3$$
$$= 138.32m^2$$

$$V_{首层} = 138.32 \times 0.185 = 25.59m^3$$

合计:

$$V_{室内回填} = V_{地下室} + V_{首层} = 27.01 + 25.59 = 52.6m^3$$

余方弃置:

$$V_{挖} = 72.67 + 909.99 = 982.66m^3$$
$$V_{填} = 835.91 + 52.6 = 888.51m^3$$
$$V_{弃} = V_{挖} - V_{填} = 982.66 - 888.51 = 94.15m^3$$

土方工程分部分项工程量清单见表 2-15。

表 2-15 土方工程分部分项工程量清单

序号	项目编码	项目名称	项目特征	计量单位	工程量
1	010101001001	平整场地	1. 土壤类别:三类土 2. 弃、取土运距:投标人自行考虑	m²	343.75
2	010101003002	挖沟槽土方	1. 土壤类别:三类土 2. 基础类型:带形基础 3. 挖土深度:按图示计算 4. 弃土运距:投标人自己考虑	m³	72.67
3	010101004003	挖基坑土方	1. 土壤类别:三类土 2. 基础类型:独立柱基 3. 挖土深度:按图示计算 4. 弃土运距:投标人自己考虑	m³	909.99
4	010103001004	基础回填土	1. 填方种类:三类土 2. 填方料来源:开挖料	m³	835.91
5	010103001005	室内回填土	1. 填方种类:三类土 2. 填方料来源:开挖料	m³	52.6

序号	项目编码	项目名称	项目特征	计量单位	工程量
6	010103002006	余方弃置	1.废料品种:开挖回填余料 2.弃料运距:根据实际情况考虑	m³	94.15

学习单元2.4 地基处理与边坡支护工程

地基处理与边坡支护工程适用于地基处理、基坑与边坡支护两节二十八个清单项目。

2.4.1 地基处理(表2-16)

表 2-16 地基处理(编号:010201)

项目编码	项目名称	项目特征	计量单位	工程量计算规则	工作内容
010201001	换填垫层	1.材料种类及配合比 2.压实系数 3.掺加剂品种	m³	按设计图示尺寸以体积计算	1.分层铺填 2.碾压、振密或夯实 3.材料运输
010201002	铺设土工合成材料	1.部位 2.品种 3.规格	m²	按设计图示尺寸以面积计算	1.挖填锚固沟 2.铺设 3.固定 4.运输
010201003	预压地基	1.排水竖井种类、断面尺寸、排列方式、间距、深度 2.预压方法 3.预压荷载、时间 4.砂垫层厚度	m²	按设计图示尺寸以加固面积计算	1.设置排水竖井、盲沟、滤水管 2.铺设砂垫层、密封膜 3.堆载、卸载或抽气设备安拆、抽真空 4.材料运输
010201004	强夯地基	1.夯击能量 2.夯击遍数 3.地耐力要求 4.夯填材料种类			1.铺设夯填材料 2.强夯 3.夯填材料运输
010201005	振冲密实(不填料)	1.地层情况 2.振密深度 3.孔距			1.振冲加密 2.泥浆运输
010201006	振冲桩(填料)	1.地层情况 2.空桩长度、桩长 3.桩径 4.填充材料种类	1.m 2.m³	1.以米计量,按设计图示尺寸以桩长计算 2.以立方米计量,按设计桩截面面积乘以桩长以体积计算	1.振冲成孔、填料、按实 2.材料运输 3.泥浆运输
010201007	砂石桩	1.地层情况 2.空桩长度、桩长 3.桩径 4.成孔方法 5.材料种类、级配		1.以米计量,按设计图示尺寸以桩长(包括桩尖)计算 2.以立方米计量,按设计桩截面面积乘以桩长(包括桩尖)以体积计算	1.成孔 2.填充、振实 3.材料运输

续表 2-16

项目编码	项目名称	项目特征	计量单位	工程量计算规则	工作内容
010201008	水泥粉煤灰碎石桩	1. 地层情况 2. 空桩长度、桩长 3. 桩径 4. 成孔方法 5. 混合料强度等级	m	按设计图示尺寸以桩长（包括桩尖）计算	1. 成孔 2. 混合料制作、灌注、养护
010201009	深层搅拌桩	1. 地层情况 2. 空桩长度、桩长 3. 桩截面尺寸 4. 水泥强度等级、掺量		按设计图示尺寸以桩长计算	1. 预搅下钻、水泥浆制作、喷浆搅拌提升成桩 2. 材料运输
010201010	粉喷桩	1. 地层情况 2. 空桩长度、桩长 3. 桩径 4. 粉体种类、掺量 5. 水泥强度等级、石灰粉要求		按设计图示尺寸以桩长计算	1. 预搅下钻、喷粉搅拌提升成桩 2. 材料运输
010201011	夯实水泥土	1. 地层情况 2. 空桩长度、桩长 3. 桩径 4. 成孔方法 5. 水泥强度等级 6. 混合料配合比		按设计图示尺寸以桩长（包括桩尖）计算	1. 成孔、夯底 2. 水泥土拌和、填料、夯实 3. 材料运输
010201012	高压喷射注浆桩	1. 地层情况 2. 空桩长度、桩长 3. 桩截面尺寸 4. 注浆类型、方法 5. 水泥强度等级		按设计图示尺寸以桩长计算	1. 成孔 2. 水泥浆制作、高压喷射注浆 3. 材料运输
010201013	石灰桩	1. 地层情况 2. 空桩长度、桩长 3. 桩径 4. 成孔方法 5. 掺合料种类、配合比		按设计图示尺寸以桩长（包括桩尖）计算	1. 成孔 2. 混合料制作、运输、夯填
010201014	灰土（土）挤密桩	1. 地层情况 2. 空桩长度、桩长 3. 桩径 4. 成孔方法 5. 灰土级配			1. 成孔 2. 灰土拌和、运输、填充、夯实
010201015	柱锤冲扩桩	1. 地层情况 2. 空桩长度、桩长 3. 桩径 4. 成孔方法 5. 桩体材料种类、配合比		按设计图示尺寸以桩长计算	1. 安拔套管 2. 冲孔、填料、夯实 3. 桩体材料制作、运输

项目编码	项目名称	项目特征	计量单位	工程量计算单位	工作内容
010201016	注浆地基	1.地层情况 2.空钻深度、注浆深度 3.注浆间距 4.浆液种类及配合比 5.注浆方法 6.水泥强度等级	1. m 2. m³	1.以米计量,按设计图示尺寸以钻孔深度计算 2.以立方米计量,按设计图示尺寸以加固体积计算	1.成孔 2.注浆导管制作、安装 3.浆液制作、压浆 4.材料运输
010201017	褥垫层	1.厚度 2.材料品种及比例	1. m² 2. m³	1.以平方米计量,按设计图示尺寸以铺设面积计算 2.以立方米计量,按设计图示尺寸以体积计算	材料拌和、运输、铺设、压实

注:①地层情况按表 2-4 和表 2-10 的规定,并根据岩土工程勘察报告按单位工程各地层所占比例(包括范围值)进行描述。
　　对无法准确描述的地层情况,可注明由投标人根据岩土工程勘察报告自行决定报价。
②项目特征中的桩长应包括桩尖,空桩长度=孔深－桩长,孔深为自然地面至设计桩底的深度。
③高压喷射注浆类型包括旋喷、摆喷、定喷,高压喷射注浆方法包括单管法、双重管法、三重管法。
④复合基地的检测费用按国家相关取费标准单独计算,不在本清单项目中。
⑤如采用泥浆护壁成孔,工作内容包括土方、废泥浆外运,如采用沉管灌注成孔,工作内容包括桩尖制作、安装。
⑥弃土(不含泥浆)清理、运输按相关编码列项。

2.4.2　基坑与边坡支护(表 2-17)

表 2-17　基坑与边坡支护(编号:010202)

项目编码	项目名称	项目特征	计量单位	工程量计算规则	工作内容
010202001	地下连续墙	1.地层情况 2.导墙类型、截面尺寸 3.墙体厚度 4.成槽深度 5.混凝土类别、强度等级 6.接头形式	m³	按设计图示墙中心线长乘以厚度乘以槽深,以体积计算	1.导墙挖填、制作、安装、拆除 2.挖土成槽、固壁、清底置换 3.混凝土制作、运输、灌注、养护 4.接头处理 5.土方、废泥浆外运 6.打桩场地硬化及泥浆池、泥浆沟
010202002	咬合灌注桩	1.地层情况 2.桩长 3.桩径 4.混凝土类别、强度等级 5.部位	1. m 2. 根	1.以米计量,按设计图示尺寸以桩长计算 2.以根计量,按设计图示数量计算	1.成孔、固壁 2.混凝土制作、运输、灌注、养护 3.套管压拔 4.土方、废泥浆外运 5.打桩场地硬化及泥浆池、泥浆沟

续表 2-17

项目编码	项目名称	项目特征	计量单位	工程量计算规则	工作内容
010202003	圆木桩	1. 地层情况 2. 桩长 3. 材质 4. 尾径 5. 桩倾斜度	1. m 2. 根	1. 以米计量,按设计图示尺寸以桩长(包括桩尖)计算 2. 以根计量,按设计图示数量计算	1. 施工平台搭拆 2. 桩机竖拆、移位 3. 桩靴安装 4. 沉桩
010202004	预制钢筋混凝土板桩	1. 地层情况 2. 送桩深度、桩长 3. 桩截面尺寸 4. 混凝土强度等级			1. 施工平台搭拆 2. 桩机竖拆、移位 3. 沉桩 4. 接桩
010202005	型钢桩	1. 地层情况或部位 2. 送桩深度、桩长 3. 规格型号 4. 桩倾斜度 5. 防护材料种类 6. 是否拔出	1. t 2. 根	1. 以吨计量,按设计图示尺寸以质量计算 2. 以根计量,按设计图示数量计算	1. 施工平台搭拆 2. 桩机竖拆、移位 3. 打(拔)桩 4. 接桩 5. 刷防护材料
010202006	钢板桩	1. 地层情况 2. 桩长 3. 板桩厚度	1. t 2. m²	1. 以吨计量,按设计图示尺寸以质量计算 2. 以平方米计量,按设计图示墙中心线长乘以桩长,以面积计算	1. 施工平台搭拆 2. 桩机竖拆、移位 3. 打(拔)钢板桩
010202007	预应力锚杆、锚索	1. 地层情况 2. 锚杆(索)类型、部位 3. 钻孔深度 4. 钻孔直径 5. 杆体材料品种、规格、数量 6. 浆液种类、强度等级	1. m 2. 根	1. 以米计量,按设计图示尺寸以钻孔深度计算 2. 以根计量,按设计图示数量计算	1. 钻孔、浆液制作、运输、压浆 2. 锚杆、锚索制作、安装 3. 张拉锚固 4. 锚杆、锚索施工平台搭设、拆除
010202008	其他锚杆、土钉	1. 地层情况 2. 钻孔深度 3. 钻孔直径 4. 置入方法 5. 杆体材料品种、规格、数量 6. 浆液种类、强度等级			1. 钻孔、浆液制作、运输、压浆 2. 锚杆、土钉制作、安装 3. 锚杆、土钉施工平台搭设、拆除

续表 2-17

项目编码	项目名称	项目特征	计量单位	工程量计算规则	工作内容
010202009	喷射混凝土、水泥砂浆	1.部位 2.厚度 3.材料种类 4.混凝土（砂浆）类别、强度等级	m²	按设计图示尺寸以面积计算	1.修整边坡 2.混凝土（砂浆）制作、运输、喷射、养护 3.钻排水孔、安装排水管 4.喷射施工平台搭设、拆除
010202010	混凝土支撑	1.部位 2.混凝土强度等级	m³	按设计图示尺寸以体积计算	1.模板（支架或支撑）制作、安装、拆除、堆放、运输及清理模内杂物、刷隔离剂等 2.混凝土制作、运输、浇筑、振捣、养护
010202011	钢支撑	1.部位 2.钢材品种、规格 3.探伤要求	t	按设计图示尺寸以质量计算。不扣除孔眼质量，焊条、铆钉、螺栓等不另增加质量	1.支撑、铁件制作（摊销、租赁） 2.支撑、铁件安装 3.探伤 4.刷漆 5.拆除 6.运输

注：①地层情况按表 2-4 和表 2-10 的规定，并根据岩土工程勘察报告按单位工程各地层所占比例（包括范围值）进行描述。对无法准确描述的地层情况，可注明由投标人根据岩土工程勘察报告自行决定报价。

②土钉置入方法包括钻孔置入、打入或摄入等。

③混凝土种类：指清水混凝土、彩色混凝土等，如在同一地区使用预拌（商品）混凝土，又允许现场搅拌混凝土时，也应注明（下同）。

④地下连续墙和喷射混凝土（砂浆）的钢筋网、咬合灌注桩的钢筋笼及钢筋混凝土支撑的钢筋制作、安装，按《房屋建筑与装饰工程工程量计算规范》（GB 50854—2013）中相关项目编码列项，砖（石）挡土墙、护坡按本规范砌筑工程中相关项目编码列项，混凝土挡土墙按本规范混凝土工程中相关项目编码列项。

学习单元 2.5 桩基工程

桩基工程包括打桩、灌注桩两节十个清单项目。

桩基工程共性问题说明：

（1）本单元各项目适用于工程实体，如地下连续墙适用于构成建筑物、构筑物地下结构部分的永久性复合型地下连续墙，作为深基础支护结构，应列入清单措施费。

（2）各种桩（除混凝土预制桩）的充盈量，应包括在报价内。

（3）振动沉管、锤击沉管若使用预制钢筋混凝土桩尖时，应包括在报价内。

（4）爆扩桩扩大头的混凝土量，应包括在报价内。

（5）桩的钢筋（如灌注桩的钢筋笼、地下连续墙的钢筋网，锚杆支护、土钉支护的钢筋网及预制桩头钢筋等）应按钢筋工程编码列项。

2.5.1 打桩(表 2-18)

表 2-18 打桩工程(编号:010301)

项目编码	项目名称	项目特征	计量单位	工程量计算规则	工作内容
010301001	预制钢筋混凝土方桩	1. 地层情况 2. 送桩深度、桩长 3. 桩截面尺寸 4. 桩倾斜度 5. 混凝土强度等级	1. m 2. 根	1. 以米计量,按设计图示尺寸以桩长(包括桩尖)计算 2. 以根计量,按设计图示数量计算	1. 施工平台搭拆 2. 桩机竖拆、移位 3. 沉桩 4. 接桩 5. 送桩
010301002	预制钢筋混凝土管桩	1. 地层情况 2. 送桩深度、桩长 3. 桩外径、壁厚 4. 桩倾斜度 5. 混凝土强度等级 6. 填充材料种类 7. 防护材料种类			1. 施工平台搭拆 2. 桩机竖拆、移位 3. 沉桩 4. 接桩 5. 送桩 6. 填充材料、刷防护材料
010301003	钢管桩	1. 地层情况 2. 送桩深度、桩长 3. 材质 4. 管径、壁厚 5. 桩倾斜度 6. 填充材料种类 7. 防护材料种类	1. t 2. 根	1. 以吨计量,按设计图示尺寸以质量计算 2. 以根计量,按设计图示数量计算	1. 施工平台搭拆 2. 桩机竖拆、移位 3. 沉桩 4. 接桩 5. 送桩 6. 切割钢管、精割盖帽 7. 管内取土 8. 填充材料、刷防护材料
010301004	截(凿)桩头	1. 桩头截面尺寸、高度 2. 混凝土强度等级 3. 有无钢筋	1. m³ 2. 根	1. 以立方米计量,按设计桩截面面积乘以桩头长度以体积计算 2. 以根计量,按设计图示数量计算	1. 截桩头 2. 凿平 3. 废料外运

注:①地层情况按表 2-4 和表 2-10 的规定,并根据岩土工程勘察报告按单位工程各地层所占比例(包括范围值)进行描述。对无法准确描述的地层情况,可注明由投标人根据岩土工程勘察报告自行决定报价。

②项目特征中的桩截面尺寸、混凝土强度等级、桩类型等可直接用标准图代号或设计桩型进行描述。

③预制钢筋混凝土方桩、预制混凝土管桩项目以成品桩编制,应包括成品桩购置费;如果需现场预制,应包括现场预制桩的所有费用。

④打试验桩和打斜桩应按相应项目编码单独列项,并应在项目特征中注明试验桩或斜桩(斜率)。

⑤桩基础的承载力检测、桩身完整性检测等费用按国家相关取费标准单独计算,不计入本清单项目中。

2.5.2 灌注桩(表2-19)

表2-19　灌注桩工程(编号:010302)

项目编码	项目名称	项目特征	计量单位	工程计算规则	工作内容
010302001	泥浆护壁成孔灌注桩	1.地层情况 2.空桩长度、桩长 3.桩径 4.成孔方法 5.护筒类型、长度 6.混凝土类别、强度等级	1.m 2.m³ 3.根	1.以米计量,按设计图示尺寸桩长(包括桩尖)计算 2.以立方米计量,按不同截面在桩上范围内以体积计算 3.以根计量,按设计图示数量计算	1.护筒埋没 2.成孔、固壁 3.混凝土制作、运输、灌注、养护 4.土方、废泥浆外运 5.打桩场地硬化及泥浆池、泥浆沟
010302002	沉管灌注桩	1.地层情况 2.空桩长度、桩长 3.复打长度 4.桩径 5.沉管方法 6.桩尖类型 7.混凝土类别、强度等级			1.打(沉)拔钢管 2.桩尖制作、安装 3.混凝土制作、运输、灌注、养护
010302003	干作业成孔灌注桩	1.地层情况 2.空桩长度、桩长 3.桩径 4.扩孔直径、高度 5.成孔方法 6.混凝土类别、强度等级			1.成孔、扩孔 2.混凝土制作、运输、灌注、振捣、养护
010302004	挖孔桩土(石)方	1.土(石)类别 2.挖孔深度 3.弃土(石)运距	m³	按设计图示尺寸截面面积乘以挖孔深度,以立方米计算	1.排地表水 2.挖土、凿石 3.基地钎探 4.运输
010302005	人工挖孔灌注桩	1.桩芯长度 2.桩芯直径、扩底直径、扩底高度 3.护壁厚度、高度 4.护壁混凝土类别、强度等级 5.桩芯混凝土类别、强度等级	1.m³ 2.根	1.以立方米计量,按桩芯混凝土体积计算 2.以根计量,按设计图示数量计算	1.护壁制作 2.混凝土制作、运输、灌注、振捣、养护

续表 2-19

项目编码	项目名称	项目特征	计量单位	工程计算规则	工作内容
010302006	钻孔压浆桩	1. 地层情况 2. 空桩长度、桩长 2. 钻孔直径 3. 水泥强度等级	1. m 2. 根	1. 以米计量,按设计图示尺寸以桩长计算 2. 以根计量,按设计图示数量计算	钻孔、下注浆管、投放骨料、浆液制作、运输、压浆

注:①地层情况按表 2-4 和表 2-10 的规定,并根据岩土工程勘察报告按单位工程各地层所占比例(包括范围值)进行描述。对无法准确描述的地层情况,可注明由投标人根据岩土工程勘察报告自行决定报价。

②项目特征中的桩长应包括桩尖,空桩长度=孔深－桩长,孔深为自然地面至设计桩底的深度。

③项目特征中的桩截面尺寸(桩径)、混凝土强度等级、桩类型等可直接用标准图代号或设计桩型进行描述。

④泥浆护壁成孔灌注桩是指在泥浆护壁条件下成孔,采用水下灌注混凝土的桩。其成孔方法包括冲击钻成孔、冲抓锥成孔、回旋钻成孔、潜水钻成孔、泥浆护壁的旋挖成孔等。

⑤沉管灌注桩的沉管方法包括锤击沉管法、振动沉管法、振动冲击沉管法、内夯沉管法等。

⑥干作业成孔灌注桩是指不用泥浆护壁和套管护壁的情况下,用钻机成孔后,下钢筋笼,灌注混凝土桩,适用于地下水位以上的土层使用。其成孔方法包括螺旋钻成孔、螺旋钻成孔扩底、干作业的旋挖成孔等。

⑦桩基础的承载力检测、桩身完整性检测等费用按国家相关取费标准单独计算,不计入本清单项目中。

⑧混凝土灌注桩的钢筋笼制作、安装,按《房屋建筑与装饰工程工程量计算规范》(GB 50854—2013)中相关项目编码列项。

【例 2-10】 某工程采用潜水钻机钻孔水下灌注混凝土桩,在泥浆护壁条件下成孔。土壤级别为二级土,单根桩设计长度 8.5m,总根数为 156 根,桩径为 800mm,混凝土等级 C30,泥浆运输 5km 以内,试计算泥浆护壁成孔灌注桩工程量并编制工程量清单。

【解】 泥浆护壁成孔灌注桩总长＝8.5×156＝1326m

泥浆护壁成孔灌注桩工程量清单见表 2-20。

表 2-20　泥浆护壁成孔灌注桩工程量清单

序号	项目编码	项目名称	项目特征描述	计量单位	工程数量
1	010302001001	泥浆护壁成孔灌注桩	1. 地层情况:水下施工,二级土 2. 桩长:8.5m 3. 桩径:800mm 4. 成孔方法:泥浆护壁,潜水钻机钻孔 5. C30 混凝土	m	1326

学习单元 2.6　砌筑工程

砌筑工程是指用砖、石和各类砌块进行建筑物或构筑物的砌筑,主要工作内容包括基础、墙体、柱和其他零星砌体等的砌筑。

2.6.1　砖砌体

(1)砖砌体工程

①基础与墙身的划分见表 2-21。

表 2-21　基础与墙身划分

砖	基础与墙身	基础与墙身使用同一种材料	以设计室内地坪为界(有地下室的以地下室设计室内地坪为界),300mm 以下为基础,以上为墙身
		基础与墙身使用不同材料	材料分界线位于设计室内地坪±300mm 以内时,以不同材料为界;超过±300mm 时,以设计室内地坪为界,设计室内地坪以下为基础,以上为墙身
	基础与围墙		以设计室外地坪为界,以下为基础,以上为墙身
石	基础与勒脚		以设计室外地坪为界,以下为基础,以上为勒脚
	勒脚与墙身		以设计室内地坪为界,以下为勒脚,以上为墙身
	基础与围墙		围墙内外地坪标高不同时,应以较低地坪标高为界,以下为基础;围墙内外标高之差为挡土墙时,挡土墙以上为墙身

砖基础项目适用于各种类型:如柱基础、墙基础、管道基础等。砖砌体工程具体见表 2-22。

表 2-22　砖砌体工程(编号:010401)

项目编码	项目名称	项目特征	计量单位	工程量计算规则	工作内容
010401001	砖基础	1.砖品种、规格、强度等级 2.基础类型 3.砂浆强度等级 4.防潮层材料种类	m³	按设计图示尺寸以体积计算: 　包括附墙垛基础宽出部分体积。扣除地梁(圈梁)、构造柱所占体积,不扣除基础大放脚 T 形接头处的重叠部分及嵌入基础内的钢筋、铁件、管道、基础砂浆防潮层和单个面积≤0.3m² 的孔洞所占体积,靠墙暖气沟的挑檐不计算工程量 　基础长度:外墙按外墙中心线计算,内墙按内墙净长线计算	1.砂浆制作、运输 2.砌砖 3.防潮层铺设 4.材料运输
010401002	砖砌挖孔桩护壁	1.砖品种、规格、强度等级 2.砂浆强度等级		按设计图示尺寸以体积计算	1.砂浆制作、运输 2.砖砌 3.材料运输

续表 2-22

项目编码	项目名称	项目特征	计量单位	工程量计算规则	工作内容
010401003	实心砖墙			按设计图示尺寸以体积计算： 扣除门窗洞口、嵌入墙内的钢筋混凝土柱、梁、圈梁、挑梁、过梁及凹进墙内的壁橱、管槽、暖气槽、消火栓箱所占体积，不扣除梁头、板头、檩头、垫头、木楞头、沿缘木、木砖、门窗走头、砖墙内加固钢筋、木筋、铁杆、钢管及单个面积≤0.3m² 的孔洞所占的体积。凸出墙面的腰线、挑檐、压顶、窗台线、虎头砖、门窗套的体积亦不增加。凸出墙面的砖垛并入墙体体积内计算	
010401004	多孔砖墙	1.砖品种、规格、强度等级 2.墙体类型 3.砂浆强度等级、配合比	m³	1.墙长度:外墙按外墙中心线计算、内墙按内墙净长线计算 2.墙高度: (1)外墙:斜(坡)屋面无檐口天棚者算至屋面板底;有屋架且室内外均有天棚者算至屋架下弦底另加 200mm;无天棚者算至屋架下弦底另加 300mm,出檐宽度超过 600mm 时按实砌高度计算,有钢筋混凝土楼板隔层者算至楼板顶;平屋顶算至钢筋混凝土板底; (2)内墙:位于屋架下弦者,算至屋架下弦底;无屋架者算至天棚底另加 100mm;有钢筋混凝土楼板隔层者算至楼板顶;有框架梁时算至梁底	1.砂浆制作、运输 2.砌砖 3.刮缝 4.砖压顶砌筑 5.材料运输
010401005	空心砖墙			(3)女儿墙:从屋面板上表面算至女儿墙顶面(如有混凝土压顶时算至压顶下表面) (4)内、外山墙:按其平均高度计算 3.框架间墙:不分内外墙,按墙体净尺寸以体积计算 4.围墙:高度算至压顶上表面(如有混凝土压顶时算至压顶下表面),围墙柱并入围墙体积内	

项目编码	项目名称	项目特征	计量单位	工程量计算规则	工作内容
010401006	空斗墙	1.砖品种、规格、强度等级 2.墙体类型 3.砂浆强度等级、配合比	m³	按设计图示尺寸以空斗墙外形体积计算。墙角、内外墙交接处、门窗洞口立边、窗台砖、屋檐处的实砌部分体积并入空斗墙体积内	1.砂浆制作、运输 2.砌砖 3.装填充料 4.刮缝 5.材料运输
010401007	空花墙			按设计图示尺寸以空花部分外形体积计算,不扣除孔洞部分体积	
010401008	填充墙	1.砖品种、规格、强度等级 2.墙体类型 3.填充材料种类及厚度 4.砂浆强度等级、配合比		按设计图示尺寸以填充墙外形体积计算	
010401009	实心砖柱	1.砖品种、规格、强度等级 2.柱类型 3.砂浆强度等级、配合比		按设计图示尺寸以体积计算。扣除混凝土及钢筋混凝土梁垫、梁头、板头所占体积	1.砂浆制作、运输 2.砌砖 3.刮缝 4.材料运输
0104010010	多孔砖柱				
0104010011	砖检查井	1.井截面尺寸、深度 2.砖品种、规格、强度等级 3.垫层材料种类、厚度 4.底板厚度 5.井盖安装 6.混凝土强度等级 7.砂浆强度等级 8.防潮层材料种类	座	按设计图示数量计算	1.砂浆制作、运输 2.铺设垫层 3.底板混凝土制作、运输、浇筑、振捣、养护 4.砌砖 5.刮缝 6.井池底、壁抹灰 7.抹防潮层 8.材料运输
0104010012	零星砌砖	1.零星砌砖名称、部位 2.砖品种、规格、强度等级 3.砂浆强度等级、配合比	1.m³ 2.m² 3.m 4.个	1.以立方米计量,按设计图示尺寸截面面积乘以长度计算 2.以平方米计量,按设计图示尺寸水平投影面积计算 3.以米计量,按设计图示尺寸长度计算 4.以个计量,按设计图示数量计算	1.砂浆制作、运输 2.砌砖 3.刮缝 4.材料运输

续表 2-22

项目编码	项目名称	项目特征	计量单位	工程量计算规则	工作内容
010401013	砖散水、地坪	1. 砖品种、规格、强度等级 2. 垫层材料种类、厚度 3. 散水、地坪厚度 4. 面层种类、厚度 5. 砂浆强度等级	m²	按设计图示尺寸以面积计算	1. 土方挖、运、填 2. 地基找平、夯实 3. 铺设垫层 4. 砌砖散水、地坪 5. 抹砂浆面层
010401014	砖地沟、明沟	1. 砖品种、规格、强度等级 2. 沟截面尺寸 3. 垫层材料种类、厚度 4. 混凝土强度等级 5. 砂浆强度等级	m	以米计量,按设计图示以中心线长度计算	1. 土方挖、运、填 2. 铺设垫层 3. 底板混凝土制作、运输、浇筑、振捣、养护 4. 砌砖 5. 刮缝、抹灰 6. 材料运输

注:砖明沟(暗沟)是指位于散水外的排屋面水落管排出的水的明沟(暗沟);砖地沟是指场地内的排水沟(未与房屋散水相邻)。

②工程量计算

按设计图示尺寸以体积计算,计量单位为立方米,即

$$V=基础长度×砖基础断面面积+应增加体积-应扣除体积$$

其中,基础长度外墙按外墙中心线长计算,内墙按内墙净长线长计算。

其断面面积计算方法如下:

$$砖基础断面面积=基础墙墙厚×基础高度+大放脚增加的断面面积$$

或

$$砖基础断面面积=基础墙墙厚×(基础高度+折加高度)$$

其中

$$折加高度=大放脚增加的断面面积/基础墙墙厚$$

③大放脚增加的断面面积及折加高度(图 2-20)

大放脚的形式有等高式和不等高式两种。大放脚增加的断面面积和折加高度可根据不同基础墙厚、不同台数直接查表确定,见表 2-23 和表 2-24。

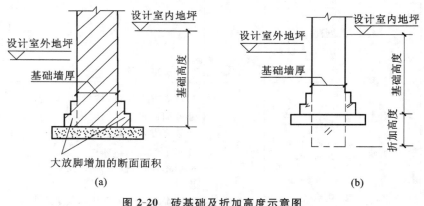

图 2-20 砖基础及折加高度示意图

(a)等高式大放脚;(b)折加高度示意图

④砖基础应增加、扣除和不加、不扣的体积

砖基础应增加、扣除和不加、不扣的体积见表 2-25。

表 2-23 等高式砖墙基大放脚折加高度表

放脚步数	折加高度(m)							增加断面面积(m²)
	0.5 砖	0.75 砖	1 砖	1.5 砖	2 砖	2.5 砖	3 砖	
一	0.137	0.088	0.066	0.043	0.032	0.026	0.021	0.0158
二	0.411	0.263	0.197	0.129	0.096	0.077	0.064	0.0473
三	0.822	0.525	0.394	0.259	0.193	0.154	0.128	0.0945
四	1.369	0.875	0.656	0.432	0.321	0.256	0.213	0.1575
五	2.054	1.313	0.984	0.647	0.482	0.384	0.319	0.2363
六	2.876	1.838	1.378	0.906	0.675	0.538	0.447	0.3308

注:本表按标准砖双面放脚每步等高126mm砌出宽度62.5mm计算;本表折加高度以双面放脚为准(如单面放脚应乘以系数0.50)。

表 2-24 间隔式砖墙基(标准砖)大放脚折加高度表

放脚步数	折加高度(m)							增加断面(m²)
	0.5 砖	0.75 砖	1 砖	1.5 砖	2 砖	2.5 砖	3 砖	
最上一步厚度为 126mm								
一	0.137	0.088	0.066	0.043	0.032	0.026	0.021	0.0158
二	0.274	0.175	0.131	0.086	0.064	0.051	0.043	0.0315
三	0.685	0.438	0.328	0.216	0.161	0.128	0.106	0.0788
四	0.959	0.613	0.459	0.302	0.225	0.179	0.149	0.1103
五	1.643	1.050	0.788	0.518	0.386	0.307	0.255	0.1890
六	2.055	1.312	0.984	0.647	0.482	0.384	0.319	0.2363
七	3.013	1.925	1.444	0.949	0.707	0.563	0.468	0.3465
最上一步厚度为 62.5mm								
一	0.069	0.044	0.033	0.022	0.016	0.013	0.011	0.0079
二	0.343	0.219	0.164	0.108	0.080	0.064	0.053	0.0394
三	0.548	0.350	0.263	0.173	0.129	0.102	0.085	0.0630
四	1.096	0.700	0.525	0.345	0.257	0.205	0.170	0.1260
五	1.438	0.919	0.689	0.453	0.338	0.269	0.224	0.1654
六	2.260	1.444	1.083	0.712	0.530	0.423	0.351	0.2599

表 2-25 砖基础体积计算中的加扣规定

增加的体积	附墙垛基础宽出部分体积
扣除的体积	地梁(圈梁)、构造柱所占体积
不增加的体积	靠墙暖气沟的挑砖、石基础洞口上的砖平碹
不扣除的体积	砖石基础大放脚T形接头处的重叠部分以及嵌入基础的钢筋、铁件、管子、基础防潮层,单个面积在0.3m²以内的孔洞所占体积

（2）实心砖墙

实心砖墙项目适用于各种类型的实心砖墙，包括外墙、内墙、围墙、弧形墙等。

注意：当实心砖墙类型不同时，其报价就不同，因而清单编制人在描述项目特征时必须详细，以便投标人准确报价。

工程量计算按设计图示尺寸以体积计算，计量单位为立方米，即

$$V = 墙长 × 墙厚 × 墙高 - 应扣除的体积 + 应增加的体积$$

其中，外墙按外墙中心线长、内墙按内墙净长线长、女儿墙按女儿墙中心线长计算。

①墙厚按表2-26计算。

②实心砖墙应扣除、不扣除和应增加、不增加的体积按表2-27规定执行。

表2-26 标准砖墙体厚度计算表

砖数	1/4砖	1/2砖	3/4砖	1砖	1.5砖	2砖	2.5砖	3砖
计算厚度（mm）	53	115	180	240	365	490	615	740

注：标准砖规格240mm×115mm×53mm，灰缝宽度10mm。

应注意的是，1/2砖墙、1.5砖墙在施工图纸上一般都标注为120mm和370mm，但在计算砖墙工程量时，墙体的厚度不能按120mm和370mm计算，而应按115mm和365mm计算。

表2-27 墙体体积计算中的加扣规定

增加体积	凸出墙面的砖垛及附墙烟囱、通风道、垃圾道应按设计图示尺寸以体积（扣除孔洞所占体积）计算，并计入所附的墙体体积内
扣除体积	门窗口、过人洞、空圈、嵌入墙内的钢筋混凝土柱、梁、圈梁、挑梁、过梁及凹进墙内的壁龛、管槽、暖气槽、消火栓箱所占的体积
不增加体积	凸出墙面的腰线、挑檐、压顶、窗台线、虎头砖、门窗套的体积
不扣除体积	梁头、板头、檩头、垫木、木楞头、檐缘木、木砖、门窗走头、砖墙内加固钢筋、木筋、铁件、钢管及单个面积在0.3m²以内的孔洞所占体积

注：①附墙烟囱、通风道、垃圾道的孔洞内，当设计规定需抹灰时，应单独按装饰装修工程量清单项目编码列项。

②不论三皮砖以上或以下的腰线、挑檐，其体积都不计算。压顶突出墙面的部分不计算体积，凹进墙面的部分也不扣除体积。

③砌体内加筋的制作、安装，应按混凝土及钢筋混凝土工程中相关项目编码列项。

④墙内砖过梁体积不扣除，其费用包含在墙体报价中。

（3）空斗墙

空斗墙项目适用于各种砌法（如一斗一眠、无眠空斗等）的空斗墙。

注意：窗间墙、窗台下、楼板下、梁头下等实砌部分，按零星砌砖项目编码列项。

（4）空花墙

空花墙项目适用于各种类型的砖砌空花墙。

注意：使用混凝土花格砌筑的空花墙，应分为实砌墙体和混凝土花格计算工程量，混凝土花格按混凝土及钢筋混凝土预制构件相关项目编码列项。

（5）填充墙

填充墙项目适用于以砖砌筑,在墙体中形成空腔,填充轻质材料的墙体。

（6）实心砖柱

实心砖柱项目适用于以砖砌筑的实心柱体。

（7）零星砌砖

零星砌砖项目适用于砖砌的台阶、台阶挡墙、梯带、锅台、炉灶、蹲台、花台、花池、屋面隔热板下的砖墩、面积在 $0.3m^2$ 以内的空洞填塞。

注意:

①台阶按水平投影面积计算（不包括梯带或台阶挡墙）,计量单位为平方米,如图 2-21 所示。（台阶最上层踏步应按其外边缘另加 300mm 计算）

②小型池槽、锅台、炉灶按数量计算,计量单位为"个",并以"长×宽×高"的顺序标明其外形尺寸。

③小便槽、地垄墙按长度计算,计量单位为米。

④其他零星项目（如梯带、台阶挡墙）按图示尺寸以体积计算,计量单位为立方米。

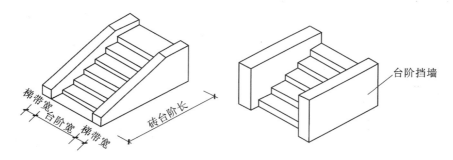

图 2-21　台阶示意图

（8）砖散水、地坪

（略）。

（9）砖地沟、明沟

（略）。

2.6.2　砌块砌体

砌块砌体项目包括砌块墙、砌块柱两个清单项目（表 2-28）。

（1）砌块墙

砌块墙项目适用于各种规格的空心砖、多孔砖和砌块砌筑的各种类型的墙体,如水泥煤渣砌块墙、混凝土空心砌块墙、烧结多孔砖墙、烧结空心砖墙、硅酸盐砌块墙、加气混凝土砌块墙。

砌块墙工程量按设计图示尺寸以体积计算,墙体体积计算中的加扣规定与实心砖墙体积计算规定相同。

（2）砌块柱

砌块柱项目适用于各种规格的空心砖、多孔砖和砌块砌筑的各种类型的柱体。工程量按设计图示尺寸以体积计算,扣除混凝土及钢筋混凝土梁垫、梁头、板头所占体积。

表 2-28　砌块砌体(编号:010402)

项目编码	项目名称	项目特征	计量单位	工程量计算规则	工作内容
010402001	砌块墙	1.砌块品种、规格、强度等级 2.墙体类型 3.砂浆强度等级	m³	按设计图示尺寸以体积计算 扣除门窗洞口、嵌入墙内的钢筋混凝土柱、梁、圈梁、挑梁、过梁及凹进墙内的壁龛、管槽、暖气槽、消火栓箱所占体积,不扣除梁头、板头、檩头、垫木、木楞头、沿缘木、木砖、门窗走头、砌块墙内加固钢筋、木筋、铁件、钢管及单个面积≤0.3m² 的孔洞所占的体积。凸出墙面的腰线、挑檐、压顶、窗台线、虎头砖、门窗套的体积亦不增加。凸出墙面的砖剁并入墙体体积内计算 1.墙长度:外墙按外墙中心线计算、内墙按内墙净长线计算 2.墙高度: (1)外墙:斜(坡)屋面无檐口天棚者算至屋面板底;有屋架且室内外均有天棚者算至屋架下弦底另加 200mm;无天棚者算至屋架下弦底另加 300mm,出檐宽度超过 600mm 时按实砌高度计算;有钢筋混凝土楼板隔层者算至板顶;平屋面算至钢筋混凝土板底 (2)内墙:位于屋架下弦者,算至屋架下弦底;无屋架者算至天棚底另加 100mm;有钢筋混凝土楼板隔层者算至楼板顶;有框架梁时算至梁底 (3)女儿墙:从屋面板上表面算至女儿墙顶面(如有混凝土压顶时算至压顶下表面) (4)内、外山墙:按其平均高度计算 3.框架间墙:不分内外墙按墙体净尺寸以体积计算 4.围墙:高度算至压顶上表面(如有混凝土压顶时算至压顶下表面),围墙柱并入围墙体积内	1.砂浆制作、运输 2.砌砖、砌块 3.勾缝 4.材料运输

项目编码	项目名称	项目特征	计量单位	工程量计算规则	工作内容
010402002	砌块柱	1.砌块品种、规格、强度等级 2.墙体类型 3.砂浆强度等级	m³	1.按设计图示尺寸以体积计算 2.扣除混凝土及钢筋混凝土梁垫、梁头、板头所占体积	1.砂浆制作、运输 2.砌砖、砌块 3.勾缝 4.材料运输

注:①砌体内加筋、墙体拉结筋的制作、安装,应按规范中相关项目编码列顶。

②砌块排列应上、下错缝搭砌,如果搭错缝,长度满足不了规定的压搭要求。应采取压砌钢筋网片的措施,具体构造要求按设计规定。若设计无规定时,应注明由投标人根据工程实际情况自行考虑;钢筋网片按规范中相应编码列项。

③砌体垂直灰缝宽大于30mm时,采用C20细石混凝土灌实。灌注的混凝土应按规范相关项目编码列项。

【例 2-11】 某传达室如图 2-22 所示,砖墙体用 M2.5 混合砂浆砌筑,M-1 尺寸为 1000mm× 2400mm,M-2 尺寸为 900mm×2400mm,C-1 尺寸为 1500mm×1500mm,门窗上部均设过梁,断面为 240mm×180mm,长度按门窗洞口宽度每边增加 250mm;外墙均设圈梁(内墙不设),断面为 240mm×240mm,试计算墙体工程量。

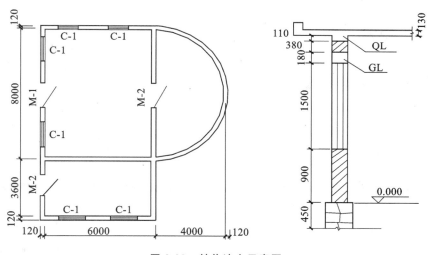

图 2-22 某传达室示意图

【解】 外墙高度(算至 QL 下):0.90+1.50+0.18=2.58m

外墙中心线:6.00+3.60+6.00+3.60+8.00=27.20m

外墙门窗洞口所占面积:1.50×1.50×6+1.00×2.40+0.90×2.40=18.06m²

外墙过梁体积:0.24×0.18×2.00×6+0.24×0.18×1.50+0.24×0.18×1.4=0.62m³

外墙工程量:(27.20×2.58-18.06)×0.24-0.62=11.89m³

半圆弧外墙长度:3.14×4.00=12.56m

半圆弧外墙工程量:12.56×2.58×0.24=7.78m³

内墙高度：$0.9+1.5+0.18+0.38+0.11+0.13=3.2m$

内墙净长线：$6.0-0.24+8.0-0.24=13.52m$

内墙门窗洞口所占面积：$0.9 \times 2.4=2.16m^2$

内墙过梁体积：$0.24 \times 0.18 \times 1.40=0.06m^3$

内墙工程量：$(13.52 \times 3.2-2.16) \times 0.24-0.06=9.80m^3$

则墙体工程量清单见表2-29。

表2-29　墙体工程量清单

项目编码	项目名称	项目特征描述	计量单位	工程量
010401003001	实心砖墙	1.砖品种：实心砖墙 2.墙体类型：外墙、直形 3.砂浆强度等级、配合比：M2.5混合砂浆	m^3	11.89
010401003002	实心砖墙	1.砖品种：实心砖墙 2.墙体类型：外墙、弧形 3.砂浆强度等级、配合比：M2.5混合砂浆	m^3	7.78
010401003003	实心砖墙	1.砖品种：实心砖墙 2.墙体类型：内墙 3.砂浆强度等级、配合比：M2.5混合砂浆	m^3	9.80

2.6.3　石砌体

石砌体项目（表2-30）包括石基础，石勒脚，石墙，石挡土墙，石柱，石栏杆，石护坡，石台阶，石坡道，石地沟、石明沟十个清单项目。

（1）石基础

石基础项目适用于各种规格（条石、块石等），各种材质（砂石、青石等）和各种类型（柱基、墙基、直形、弧形等）的基础。

（2）石勒脚

石勒脚项目适用于各种规格，各种材质（砂石、青石、大理石、花岗石等）和各种类型（直形、弧形）的勒脚。

（3）石墙

石墙项目适用于各种规格，各种材质（砂石、青石、大理石、花岗石等）和各种类型（直形、弧形）的墙体。

（4）石挡土墙

石挡土墙项目适用于各种规格，各种材质（砂石、青石、石灰石等）和各种类型（直形、弧形、台阶形）的挡土墙。其中，石梯膀应按石挡土墙项目编码列项。

（5）石柱

石柱项目适用于各种规格、各种材质和各种类型的柱子。

（6）石栏杆

石栏杆项目适用于无雕饰的一般石栏杆。

（7）石护坡

石护坡项目适用于各种规格、各种材质和各种类型的护坡。

（8）石台阶

石台阶项目适用于各种规格、各种材质和各种类型的台阶。其中，石梯带工程量应计算在石台阶工程量内。

（9）石坡道

石坡道项目适用于各种规格，各种材质（砂石、青石等）和各种类型的坡道。

（10）石地沟、石明沟

石地沟、石明沟项目适用于各种规格、各种材质和各种类型的地沟、明沟。

表 2-30　石砌体（编号：010403）

项目编码	项目名称	项目特征	计量单位	工程量计算规则	工作内容
010403001	石基础	1.石料种类、规格 2.基础类型 3.砂浆强度等级	m³	按设计图示尺寸以体积计算 包括附墙垛基础宽出部分体积，不扣除基础砂浆防潮层及单个面积≤0.3m²的孔洞所占体积，靠墙暖气沟的挑檐不增加体积。基础长度：外墙按外墙中心线计算，内墙按内墙净长线计算	1.砂浆制作、运输 2.吊装 3.砌石 4.防潮层铺设 5.材料运输
010403002	石勒脚	1.石料种类、规格 2.石表面加工要求 3.勾缝要求 4.砂浆强度等级、配合比	m³	按设计图示尺寸以体积计算，扣除单个面积＞0.3m²的孔洞所占的体积	1.砂浆制作、运输 2.吊装 3.砌石 4.石表面加工 5.勾缝 5.材料运输

续表 2-30

项目编码	项目名称	项目特征	计量单位	工程量计算规则	工作内容
010403003	石墙	1.石料种类、规格 2.石表面加工要求 3.勾缝要求 4.砂浆强度等级、配合比	m³	按设计图示尺寸以体积计算 扣除门窗洞口、嵌入墙内的钢筋混凝土柱、梁、圈梁、挑梁、过梁及凹进墙内的壁龛、管槽、暖气槽、消火栓箱所占体积,不扣除梁头、板头、檩头、垫木、木楞头、沿缘木、木砖、门窗走头、石墙内加固钢筋、木筋、铁件、钢管及单个面积≤0.3m²的孔洞所占的体积。凸出墙面的腰线、挑檐、压顶、窗台线、虎头砖、门窗套的体积亦不增加。凸出墙面的砖垛并入墙体体积内计算。 1.墙长度:外墙按外墙中心线计算、内墙按内墙净长线计算 2.墙高度: (1)外墙:斜(坡)屋面无檐口天棚者算至屋面板底;有屋架且室内外均有天棚者算至屋架下弦底另加200mm;无天棚者算至屋架下弦底另加300mm,出檐宽度超过600mm时按实砌高度计算;有钢筋混凝土楼板隔层者算至板顶;平屋顶算至钢筋混凝土板底 (2)内墙:位于屋架下弦者,算至屋架下弦底;无屋架者算至天棚底另加100mm;有钢筋混凝土楼板隔层者算至楼板顶;有框架梁时算至梁底 (3)女儿墙:从屋面板上表面算至女儿墙顶面(如有混凝土压顶时算至压顶下表面) (4)内、外山墙:按其平均高度计算 3.围墙:高度算至压顶上表面(如有混凝土压顶时算至压顶下表面),围墙柱并入围墙体积内	1.砂浆制作、运输 2.吊装 3.砌石 4.石表面加工 5.勾缝 6.材料运输

项目编码	项目名称	项目特征	计量单位	工程量计算规则	工作内容
010403004	石挡土墙	1.石料种类、规格 2.石表面加工要求 3.勾缝要求 4.砂浆强度等级、配合比	m³	按设计图示尺寸以体积计算	1.砂浆制作、运输 2.吊装 3.砌石 4.变形缝、泄水孔、压顶抹灰 5.滤水层 6.勾缝 7.材料运输
010403005	石柱				1.砂浆制作、运输 2.吊装 3.砌石 4.石表面加工 5.勾缝 6.材料运输
010403006	石栏杆		m	按设计图示以长度计算	
010403007	石护坡	1.垫层材料种类、厚度 2.石料种类、规格 3.护坡厚度、高度 4.石表面加工要求 5.勾缝要求 6.砂浆强度等级、配合比	m³	按设计图示尺寸以体积计算	1.铺设垫层 2.石料加工 3.砂浆制作、运输 4.砌石 5.石表面加工 6.勾缝 7.材料运输
010403008	石台阶				
010403009	石坡道		m²	按设计图示以水平投影面积计算	
010403010	石地沟、石明沟	1.沟截面尺寸 2.土壤类别、运距 3.垫层材料种类、厚度 4.石料种类、规格 5.石表面加工要求 6.勾缝要求 7.砂浆强度等级、配合比	m	按设计图示以中心线长度计算	1.土方挖、运 2.砂浆制作、运输 3.铺设垫层 4.砌石 5.石表面加工 6.勾缝 7.回填 8.材料运输

注:①石基础、石勒脚、石墙的划分:基础与勒脚应以设计室外地坪为界,勒脚与墙身应以设计室内地坪为界。石围墙内外地坪标高不同时,应以较低地坪标高为界,以下为基础;石围墙内外标高之差为挡土墙时,挡土墙以上为墙身。

②如施工图设计标注做法见标准图集时,应在项目特征描述中注明标准图集的编码、页码及节点大样。

【例2-12】 根据学习单元2.1某学院办公楼例图,试计算建筑砌体砖基础、一层墙工程量和零星砌体工程量。

【解】 (1)砌体砖基础

地下室(墙厚250mm):

$$H = -0.3 - (-1) = 0.7\text{m}$$

$$V = 0.25 \times 0.7 \times [(5.4-0.5-0.5)+(5.4-0.5)+(7.5-0.5)\times2\times2+(4.5-0.5)\times2]$$
$$= 7.93\text{m}^3$$

一层墙(墙厚250mm):

$$H = 3.9 - 3.1 = 0.8\text{m}$$

$$V = 0.25 \times 0.8 \times [(6-0.5)\times7+(4.5+2.1-0.5)\times2+(5.4-0.5)+(5.4-1)]$$
$$= 12\text{m}^3$$

合计:

$$V = 7.93 + 12 = 19.93\text{m}^3$$

台阶:

$$S_1 = \frac{\pi R^2}{2} = \frac{3.14 \times 4.9 \times 4.9}{2} = 37.70\text{m}^2$$

$$S_2 = 1.2 \times 3.6 = 4.32\text{m}^2$$

$$S_3 = 1.2 \times 2.3 = 2.76\text{m}^2$$

$$S_总 = S_1 + S_2 + S_3 = 37.70 + 4.32 + 2.76 = 44.78\text{m}^2$$

(2)一层砌体墙

外墙厚300mm:

A轴长:

$$L = 7.5 \times 2 + 6 \times 2 - 0.5 \times 2.5 + 0.1 = 25.85\text{m}$$

①,Ⓔ,⑤轴长:

$$L = 5.4+4.5+2.1-3.5\times0.5+0.1+7.5\times2+6\times2-5\times0.5+5.4+4.5+2.1-0.5\times2$$
$$= 45.85\text{m}$$

$$V_1 = 25.85 \times (4.2-0.6) \times 0.3 = 27.92\text{m}^3$$

$$V_2 = 45.85 \times (4.2-0.65) \times 0.3 = 48.83\text{m}^3$$

外墙合计:

$$V = 27.92 + 48.83 = 76.75\text{m}^3$$

内墙厚180mm:

梁高650mm:$6\times2+3-0.5\times3=13.5\text{m}$

梁高600mm:$6-0.5=5.5\text{m}$

梁高450mm:$4.5+2.1-0.5\times2=5.6\text{m}$

无梁:$2.1+1.05+3-0.05-0.25=5.85\text{m}$

$$V_1 = 13.5 \times (4.2-0.65) \times 0.18 = 8.63\text{m}^3$$

$$V_2 = 5.5 \times (4.2-0.6) \times 0.18 = 3.56\text{m}^3$$

$$V_3 = 5.6 \times (4.2-0.45) \times 0.18 = 3.78\text{m}^3$$

$$V_4 = 5.85 \times (4.2-0.15) \times 0.18 = 4.26\text{m}^3$$

内墙厚120mm：

$$L=6-0.3+3-0.11=8.59\text{m}$$
$$V_5=8.59\times(4.2-0.15)\times0.12=4.17\text{m}^3$$

内墙合计：

$$V=8.63+3.56+3.78+4.26+4.17=24.4\text{m}^3$$

扣除门窗洞口体积：

SC-1524：$1.5\times2.4\times0.3\times7=7.56\text{m}^3$

SC-1224：$1.2\times2.4\times0.3\times4=3.46\text{m}^3$

SC-0924：$0.9\times2.4\times0.3\times1=0.64\text{m}^3$

SC-2124：$2.1\times2.4\times0.3\times4=6.05\text{m}^3$

SC-1824：$1.8\times2.4\times0.3\times1=1.29\text{m}^3$

TC1：$1.8\times2\times0.3\times2=2.16\text{m}^3$

SM-1824：$1.8\times2.4\times0.18\times2=1.55\text{m}^3$

SM-2433：$3.3\times2.4\times0.3=2.38\text{m}^3$

M3-0920：$0.9\times2\times0.12=0.21\text{m}^3$

SM-1524：$1.5\times2.4\times0.18=0.65\text{m}^3$

对应过梁：

$(1.5+0.5)\times0.3\times0.18\times7=0.76\text{m}^3$

$(1.2+0.5)\times0.3\times0.18\times4=0.43\text{m}^3$

$(0.9+0.25)\times0.3\times0.18=0.06\text{m}^3$

$(2.1+0.5)\times0.3\times0.18\times4=0.56\text{m}^3$

$(1.8+0.5)\times0.3\times0.18=0.12\text{m}^3$

$(1.8+0.5)\times0.3\times0.18\times2=0.25\text{m}^3$

$(1.8+0.5)\times0.3\times0.18\times2=0.25\text{m}^3$

$(2.4+0.25)\times0.3\times0.18=0.14\text{m}^3$

$(0.9+0.5)\times0.12\times0.18\times2=0.06\text{m}^3$

$(1.5+0.25)\times0.18\times0.18=0.06\text{m}^3$

合计：

$V_{门窗洞口}=25.95\text{m}^3$

$V_{过梁}=2.69\text{m}^3$

$V_{一层墙}=76.75+24.4-25.95-2.69=72.51\text{m}^3$

砖、墙工程量见表2-31。

表2-31 砖、墙工程量清单

项目编码	项目名称	项目特征描述	计量单位	工程量
010401001001	砖基础	1.砖品种：红砖 2.基础类型：条形基础 3.砂浆强度等级：M5 4.防潮层材料种类：20mm厚1∶2防水砂浆防潮层	m³	19.93
010401008029	一层填充墙	1.砖品种：石渣空心砖墙 2.墙体类型：内、外填充墙 3.砂浆强度等级、配合比：M5混合砂浆	m³	72.51
010401012001	零星砌砖	1.零星砌砖部位：台阶 2.砖品种、规格、强度等级：MU7.5标准砖 3.砂浆强度等级：M5 4.垫层：80mm厚1∶3∶6石灰、粗砂、碎石	m²	44.78

学习单元2.7 混凝土工程

在现代建筑工程中，建筑物的基础、主体骨架、结构构件、楼地面工程往往采用混凝土作为

材料。根据施工方法不同,混凝土工程又分为现浇混凝土工程和预制混凝土工程。混凝土工程量共通性计算规则如下:

(1)计量单位

①扶手、压顶、电缆沟、地沟:计量单位为米;

②现浇楼梯、散水、坡道:计量单位为平方米;

③其余构件:计量单位为立方米。

(2)共通性计算规则

凡按体积以"m³"计算各类混凝土及钢筋混凝土的构件项目,有如下计算规则:

①均不扣除构件内钢筋、预埋铁件所占体积;

②现浇墙及板类构件、散水、坡道,不扣除单个面积在 0.3m² 以内的孔洞所占体积;

③预制板类构件,不扣除单个面积在 300mm×300mm 以内的孔洞所占体积;

④承台基础,不扣除伸入承台基础的桩头所占体积。

2.7.1 现浇混凝土基础

现浇混凝土基础项目包括垫层、带形基础、独立基础、满堂基础、桩承台基础、设备基础六个清单项目,见表 2-32。

表 2-32 现浇混凝土基础(编号:010501)

项目编码	项目名称	项目特征	计量单位	工程量计算规则	工作内容
010501001	垫层				1. 模板及支撑制作、安装、拆除、堆放、运输及清理模内杂物、刷隔离剂等 2. 混凝土制作、运输、浇筑、振捣、养护
010501002	带形基础	1. 混凝土类别 2. 混凝土强度等级	m³	按设计图示尺寸以体积计算。不扣除构件内钢筋、预埋铁件和伸入承台基础的桩头所占体积	
010501003	独立基础				
010501004	满堂基础				
010501005	桩承台基础				
010501006	设备基础	1. 混凝土类别 2. 混凝土强度等级 3. 灌浆材料、灌浆材料强度等级			

注:①有肋带形基础、无肋带形基础应按表 2-32 相关项目列项,并注明肋高。

②箱式满堂基础中柱、梁、墙、板分别按相关项目编码列项;箱式满堂基础底板按表 2-32 满堂基础项目编码列项。

③框架式设备基础中柱、梁、墙、板分别按相关项目编码列项;基础部分按表 2-32 相关项目编码列项。

④如为毛石混凝土基础,项目特征中应描述毛石所占比例。

(1)工程量计算

①带形基础

带形基础按其形式不同分为有肋式和无肋式两种。其工程量计算式如下:

$$V = 基础断面面积 × 基础长度$$

式中,基础长度的取值为外墙基础按外墙中心线长度计算,内墙基础按基础间净长线长度计算,如图 2-23 所示。

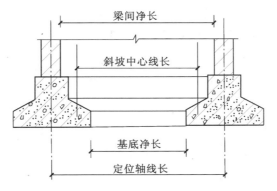

图 2-23 内墙基础计算长度示意图

②独立基础

独立基础形式如图 2-24 所示,其计算式为

$$V=\frac{h_1}{6}[AB+ab+(A+a)(B+b)]+ABh_2$$

③满堂基础(图 2-25)

满堂基础按其形式不同可分为无梁式和有梁式两种,如图 2-25 所示。

其工程量计算式如下:

无梁式满堂基础工程量＝基础底板体积＋柱墩体积

式中,柱墩体积的计算与角锥形独立基础的体积计算方法相同。

有梁式满堂基础工程量＝基础底板体积＋梁体积

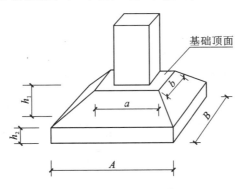

图 2-24 独立基础示意图

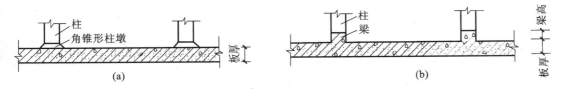

图 2-25 满堂基础示意图

(a)无梁式;(b)有梁式

【例 2-13】 计算图 2-26 所示的基础混凝土工程量。

【解】 其工程量清单见表 2-33。

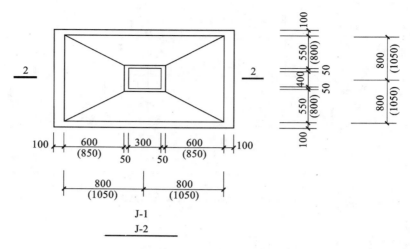

图 2-26　基础示意图

（1）带形基础

$V=0.7\times0.2\times[(4-0.8-1.05)\times4+(6-2\times0.88)\times2+(6-2\times1.13)]=2.92\text{m}^3$

（2）独立基础

J-1：$4\times\{1.6\times1.6\times0.32+0.28/6\times[0.4\times0.5+1.6\times1.6+(1.6+0.4)\times(1.6+0.5)]\}=4.58\text{m}^3$

J-2：$2\times\{2.1\times2.1\times0.32+0.28/6\times[0.4\times0.5+2.1\times2.1+(2.1+0.4)\times(2.1+0.5)]\}=3.86\text{m}^3$

小计：$4.58+3.86=8.44\text{m}^3$。

（3）垫层

$$\text{J-1：}4\times1.8\times1.8\times0.1=1.296\text{m}^3$$
$$\text{J-1：}2\times2.3\times2.3\times0.1=1.058\text{m}^3$$

小计：$1.296+1.058=2.35\text{m}^3$。

表 2-33　基础混凝土工程量清单

项目编码	项目名称	项目特征描述	计量单位	工程量
010501001001	垫层	1. 混凝土种类：素混凝土 2. 混凝土强度等级：C10	m³	2.35
010501002001	带形基础	1. 混凝土种类：商品混凝土 2. 混凝土强度等级：C20	m³	2.92
010501003001	独立基础	1. 混凝土种类：商品混凝土 2. 混凝土强度等级：C20	m³	8.44

2.7.2　现浇混凝土柱

现浇混凝土柱项目适用于各种结构形式下的柱，包括矩形柱、构造柱、异形柱三个清单项目，见表 2-34。

柱工程量的计算规则：

（1）不扣除构件内的钢筋、预埋铁件所占的体积。即一般矩形柱体积计算公式为

$$V_{矩形柱} ＝柱断面面积×柱高＋V_{牛腿}$$

构造柱体积计算公式为

$$V_{构造柱} ＝柱断面面积×柱高＋V_{马牙槎}$$

其中

$$V_{马牙槎} ＝0.03×墙厚×n×柱高（n 为马牙槎水平投影的个数）$$

（2）构造柱按矩形柱项目编码列项，嵌入墙体部分并入柱体积。

（3）薄壁柱也称为隐壁柱，是指在框-剪结构中，隐藏在墙体中的钢筋混凝土柱。单独的薄壁柱根据其截面形状，确定以矩形柱或异形柱编码列项。

（4）依附在柱上的牛腿和升板的柱帽，并入柱身体积内计算。

（5）混凝土柱上的钢牛腿按金属结构工程中的零星钢构件编码列项。

表 2-34　现浇混凝土柱（编号：010502）

项目编码	项目名称	项目特征	计量单位	工程量计算规则	工作内容
010502001	矩形柱	1. 混凝土种类 2. 混凝土强度等级	m³	按设计图示尺寸以体积计算柱高（表 2-35、图2-28）： 1. 有梁板的柱高，应自柱基上表面（或楼板上表面）至上一层楼板上表面之间的高度计算 2. 无梁板的柱高，应自柱基上表面（或楼板上表面）至柱帽下表面之间的高度计算 3. 框架柱的柱高，应自柱基上表面至柱顶高度计算 4. 构造柱按全高计算，嵌接墙体部分（马牙槎）并入柱身体积（图 2-27） 5. 依附在柱上的牛腿和升板的柱帽，并入柱身体积计算	1. 模板及支架（撑）制作、安装、拆除、堆放、运输及清理模内杂物、刷隔离剂等 2. 混凝土制作、运输、浇筑、振捣、养护
010502002	构造柱				
010502003	异形柱	1. 柱形状 2. 混凝土种类 3. 混凝土强度等级			

注：混凝土种类是指清水混凝土、彩色混凝土等，如在同一地区既使用预拌（商品）混凝土，又允许现场搅拌混凝土时，也应注明（下同）。

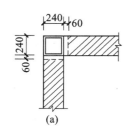 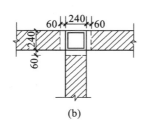 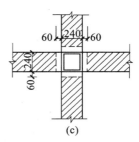

图 2-27　构造柱马牙槎设置示意图

（a）转角处；（b）T 形接头处；（c）十字形接头处

表 2-35　柱高度计算表

项目名称	计 算 高 度
有梁板中的柱	每层柱高由楼板顶面算至上一层楼板顶面
无梁板中的柱	每层柱高由楼板顶面算至柱帽下边沿
框架柱	由基础顶面算至顶层柱顶
构造柱	由基础顶面算至顶层圈梁底或女儿墙压顶下口,按全高计算

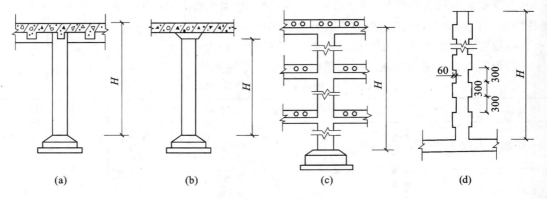

图 2-28　柱高的确定

(a)有梁板;(b)无梁板;(c)框架柱;(d)构造柱

【例 2-14】　某三层楼的无梁板柱如图 2-29 所示,试计算混凝土柱工程量。

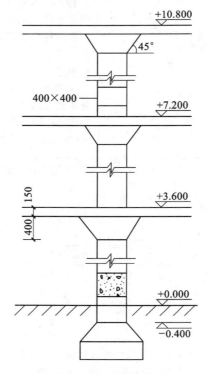

图 2-29　无梁板柱

【解】 现浇混凝土柱工程量：

首层柱高：

$$H_1 = 3.6 + 0.4 - 0.55 = 3.45\text{m}$$

二、三层柱高：

$$H_2 = H_3 = 3.6 - 0.55 = 3.05\text{m}$$

工程量：

$$V = 0.4 \times 0.4 \times (3.45 + 2 \times 3.05) = 1.53\text{m}^3$$

混凝土柱工程量见表2-36。

表2-36 混凝土柱工程量清单

项目编码	项目名称	项目特征描述	计量单位	工程量
010502001001	矩形柱	1.混凝土种类:商品混凝土 2.混凝土强度等级:C30	m³	1.53

2.7.3 现浇混凝土梁

现浇混凝土梁项目包括基础梁,矩形梁,异形梁,圈梁,过梁,弧形梁、拱形梁六个清单项目,见表2-37。

基础梁项目适用于独立基础间架设的、承受上部墙传来荷载的梁;圈梁项目适用于为了加强结构整体性,构造上要求设置封闭型的水平的梁;过梁项目适用于建筑物门窗洞口上所设置的梁;矩形梁、异形梁、弧形梁及拱形梁项目,适用于除了以上三种梁外的截面为矩形、异形及形状为弧形、拱形的梁。

注意:外墙圈梁长取外墙中心线长(当圈梁截面宽同外墙宽时),内墙圈梁长取内墙净长线长。工程量按设计图示尺寸体积以"m³"计算,即

$$V_{梁} = S_{梁} \times L_{梁} + V_{梁垫}$$

表2-37 现浇混凝土梁(编号:010503)

项目编码	项目名称	项目特征	计量单位	工程量计算规则	工作内容
010503001	基础梁	1.混凝土种类 2.混凝土强度等级	m³	按设计图示尺寸以体积计算。伸入墙内的梁头、梁垫并入梁体积内 梁长: 1.梁与柱连接时,梁长算至柱侧面 2.主梁与次梁连接时,次梁长算至主梁侧面,具体计算见表2-38	1.模板及支架(撑)制作、安装、拆除、堆放、运输及清理模内杂物、刷隔离剂等 2.混凝土制作、运输、浇筑、振捣、养护
010503002	矩形梁				
010503003	异形梁				
010503004	圈梁				
010503005	过梁				
010503006	弧形梁、拱形梁	1.混凝土种类 2.混凝土强度等级	m³		

注:伸入墙内的梁头应计算在梁体积内;梁头有现浇梁垫者,其体积应并入梁内计算。

表 2-38　梁长度计算表

项 目 名 称	计 算 长 度
梁端与柱连接	算至柱侧面
梁端与主梁连接	算至主梁侧面
梁端伸入墙内	算至伸入墙内梁头和现浇梁垫
过梁	等于洞口宽度＋500mm，圈梁代过梁时，分别列项计算
独立悬臂梁（压在墙内）	等于悬臂长度＋压在墙内长度

2.7.4　现浇混凝土墙

现浇混凝土墙项目包括直形墙、弧形墙、短肢剪力墙和挡土墙四个清单项目，见表2-39。

表 2-39　现浇混凝土墙（编号：010504）

项目编码	项目名称	项目特征	计量单位	工程量计算规则	工作内容
010504001	直形墙	1. 混凝土种类 2. 混凝土强度等级	m³	按设计图示尺寸以体积计算 扣除门窗洞口及单个面积大于 0.3m² 的孔洞所占面积，墙垛及凸出墙面部分并入墙体积计算	1. 模板及支架（撑）制作、安装、拆除、堆放、运输及清理模内杂物、刷隔离剂等 2. 混凝土制作、运输、浇筑、振捣、养护
010504002	弧形墙				
010504003	短肢剪力墙				
010504004	挡土墙				

注：短肢剪力墙是指截面厚度不大于300mm、各肢截面高度与厚度之比的最大值大于 4 但不大于 8 的剪力墙；各肢截面高度与厚度之比的最大值不大于 4 的剪力墙按柱项目编码列项。

墙体积的计算见表 2-40。

表 2-40　墙体积计算表

项 目 名 称	计 算 体 积
带暗柱	柱体积并入墙体积计算
带明柱	分别列项计算墙体积和柱体积
短肢剪力墙 （4 倍墙厚＜墙净长≤7 倍墙厚）	按墙体积计算
墙净长≤4 倍墙厚	按柱计算

2.7.5　现浇混凝土板

现浇混凝土板项目包括有梁板，无梁板，平板，拱板，薄壳板，栏板，天沟（檐沟）、挑檐板，雨篷、悬挑板、阳台板，空心板，其他板十个清单项目，见表2-41。

表 2-41　现浇混凝土板(编号:010505)

项目编码	项目名称	项目特征	计量单位	工程量计算规则	工作内容
010505001	有梁板			按设计图示尺寸以体积计算,不扣除单个面积≤0.3m²的柱、垛以及孔洞所占面积 压形钢板混凝土楼板扣除构件内压形钢板所占体积 有梁板(包括主、次梁与板)按梁、板体积之和计算,无梁板按板和柱帽体积之和计算,各类板伸入墙内的板头并入板体积内,薄壳板的肋、基梁并入薄壳体积内计算(表 2-42)	
010505002	无梁板				
010505003	平板				
010505004	拱板				
010505005	薄壳板	1. 混凝土种类 2. 混凝土强度等级	m³		1. 模板及支架(撑)制作、安装、拆除、堆放、运输及清理模内杂物、刷隔离剂等 2. 混凝土制作、运输、浇筑、振捣、养护
010505006	栏板				
010505007	天沟(檐沟)、挑檐板			按设计图示尺寸以体积计算	
010505008	雨篷、悬挑板、阳台板			按设计图示尺寸以墙外部分体积计算,包括伸出墙外的牛腿和雨篷反挑檐的体积	
010505009	空心板			按设计图示尺寸以体积计算。空心板(GBF 高强薄壁蜂巢芯板等)应扣除空心部分体积	
010505010	其他板			按设计图示尺寸以体积计算	

注:①现浇挑檐板、天沟板、雨篷、阳台与板(包括屋面板、楼板)连接时,以墙外边线为分界线;与圈梁(包括其他梁)连接时,以梁外边线为分界线。外边线以外为挑檐、天沟、雨篷或阳台。

②雨篷和阳台板按设计图示尺寸以墙外部分体积计算(包括伸出墙外的牛腿和雨篷反挑檐的体积)。

表 2-42　板的体积计算表

项目名称	计算体积
有梁板	板体积＋梁（含主、次梁）体积
无梁板	板体积＋柱帽体积
平板	板体积

注：表内板体积均包括伸进墙内板头，柱与有梁板交接时，应扣除柱所占体积。

【例 2-15】　图 2-30 所示为某房屋二层结构平面图。已知一层板顶标高为 3.000m，二层板顶标高为 6.000m，现浇板厚 100mm，各构件混凝土强度等级为 C25，构件尺寸见表 2-43。试计算二层建筑各钢筋混凝土构件的工程量。

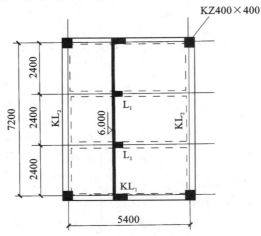

图 2-30　二层结构平面图

表 2-43　柱、梁的构件尺寸

构件名称	构件尺寸
KZ	400mm×400mm
KL_1	250mm×500mm
KL_2	300mm×650mm
L_1	250mm×400mm

【解】　①矩形柱（KZ）

矩形柱工程量＝柱断面面积×柱高×根数＝0.4×0.4×(6－3)×4＝1.92m³

②矩形梁（KL_1、KL_2、L_1）

矩形梁工程量＝梁断面面积×梁长×根数

KL_1 工程量＝0.25×0.5×(5.4－0.2×2)×2＝1.25m³

KL_2 工程量＝0.3×0.65×(7.2－0.2×2)×2＝2.65m³

矩形梁工程量＝KL_1 工程量＋KL_2 工程量＝1.25＋2.65＝3.9m³

③有梁板

L_1 工程量＝0.25×(0.4－0.1)×(5.4＋0.2×2－0.3×2)×2＝0.78m³

板工程量＝板长×板宽×板厚－柱所占体积

$$= (7.2-0.2×2)×(5.4-0.2×2)×0.1-0.4×0.4×0.1×4$$

$$= 3.4 m^3$$

有梁板的工程量＝$0.78+3.4=4.18 m^3$

某房屋二层建筑各钢筋混凝土构件工程量见表2-44。

表2-44 钢筋混凝土构件工程量清单

序号	项目编码	项目名称	项目特征描述	计量单位	工程数量
1	010502001001	现浇混凝土矩形柱	柱高3m，断面尺寸为400mm×400mm，C25商品混凝土	m^3	1.92
2	010503002001	现浇混凝土矩形梁	断面尺寸为250mm×500mm，C25商品混凝土	m^3	1.25
3	010503002002	现浇混凝土矩形梁	断面尺寸为300mm×650mm，C25商品混凝土	m^3	2.65
4	010505001001	现浇混凝土有梁板	板厚为100mm，C25商品混凝土	m^3	4.18

【例2-16】 条件见例2-15，如图2-31所示，若屋面设计为挑檐，试计算其挑檐工程量。

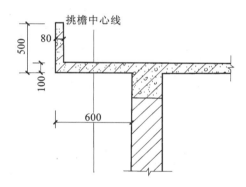

图2-31 挑檐剖面图

【解】 挑檐工程量＝挑檐断面面积×挑檐长度

从图2-31可以看出，挑檐工程量应计算挑檐平板及挑檐立板两部分。而这两部分的计算长度不同，故应分别计算。

外墙外边线长＝$(5.4+0.2×2+7.2+0.2×2)×2=26.8m$

挑檐平板工程量＝$0.6×0.1×(26.8+\dfrac{0.6}{2}×8)=0.6×0.1×29.2=1.75 m^3$

挑檐立板工程量＝$(0.5-0.1)×0.08×[26.8+(0.6-\dfrac{0.08}{2})×8]=1.0 m^3$

挑檐工程量＝挑檐平板工程量＋挑檐立板工程量＝$1.75+1.0=2.75 m^3$

挑檐工程量具体见表2-45。

表2-45 挑檐工程量清单

项目编码	项目名称	项目特征描述	计量单位	工程数量
010505007001	挑檐板	C25商品混凝土	m^3	2.75

【例 2-17】 某二层建筑的全现浇框架主体结构工程如图 2-32 所示,采用组合钢模板,图中轴线为柱中,现浇混凝土等级均为 C30,板厚 100mm,试计算柱、梁、板的混凝土工程量。

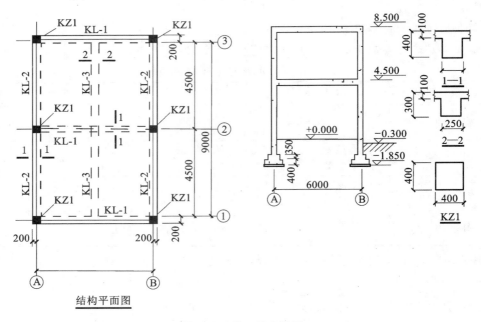

图 2-32 某二层建筑图

【解】 现浇柱:$6×0.4×0.4×(8.5+1.85-0.4-0.35)=9.22m^3$

现浇有梁板:

KL-1:$3×0.3×0.4×(6-2×0.2)=2.02m^3$

KL-2:$4×0.3×0.4×(4.5-2×0.2)=1.97m^3$

KL-3:$2×0.25×0.3×(4.5+0.2-0.3-0.15)=0.64m^3$

现浇平板:$(6-0.4)×(4.5-0.1-0.15)×0.1×2-0.4×0.4×6×0.1=4.66m^3$

图 2-32 中为二层建筑,所有结果乘以 2,见表 2-46。

表 2-46 柱、梁、板的混凝土工程量清单

项目编码	项目名称	项目特征描述	计量单位	工程数量
010502001001	矩形柱	C30 商品混凝土	m³	9.22
010503002001	现浇混凝土矩形梁	断面尺寸为 300mm×400mm,C30 商品混凝土	m³	7.98
010503002002	现浇混凝土矩形梁	断面尺寸为 250mm×300mm,C25 商品混凝土	m³	1.28
010505003001	平板	板厚 100mm,C30 商品混凝土	m³	9.32

2.7.6 现浇混凝土楼梯

现浇混凝土楼梯项目包括直形楼梯和弧形楼梯两个清单项目,见表 2-47。

表 2-47 现浇混凝土楼梯(编号:010506)

项目编码	项目名称	项目特征	计量单位	工程量计算规则	工作内容
010506001	直形楼梯	1.混凝土种类 2.混凝土强度等级	1. m² 2. m³	1.以平方米计量,按设计图示尺寸以水平投影面积计算。不扣除宽度≤500mm的楼梯井。伸入墙内部分不计算 2.以立方米计量,按设计图示尺寸以体积计算	1.模板及支架(撑)制作、安装、拆除、堆放、运输及清理模内杂物、刷隔离剂等 2.混凝土制作、运输、浇筑、振捣、养护
010506002	弧形楼梯				

注:①整体楼梯(包括直形楼梯、弧形楼梯)水平投影面积包括休息平台、平台梁、斜梁和楼梯的连接梁。当整体楼梯与现浇楼板无梯梁连接时,以楼梯的最后一个踏步边缘加300mm为界。楼梯基础、栏杆、柱,另按相应项目分别编码列项。

②当楼梯各层水平投影面积相等时,有:

楼梯工程量=$L \times B \times$楼梯层数-各层梯井所占面积(梯井宽>500mm时)

③单跑楼梯的工程量计算与直形楼梯、弧形楼梯的工程量计算相同,单跑楼梯如无中间休息平台时,应在工程量清单中进行描述。

注意:水平投影面积包括休息平台、平台梁、斜梁以及楼梯与楼板连接的梁。

2.7.7 现浇混凝土其他构件

现浇混凝土其他构件项目包括散水、坡道,室外地坪,电缆沟、地沟,台阶,扶手、压顶,化粪池、检查井,其他构件七个清单项目,见表 2-48。

表 2-48 现浇混凝土其他构件(编号:010507)

项目编码	项目名称	项目特征	计量单位	工程量计算规则	工作内容
010507001	散水、坡道	1.垫层材料种类、厚度 2.面层厚度 3.混凝土种类 4.混凝土强度等级 5.变形缝填塞材料种类	m²	按设计图示尺寸以水平投影面积计算。不扣除单个面积≤0.3m²的孔洞所占面积	1.地基夯实 2.铺设垫层 3.模板及支撑制作、安装、拆除、堆放、运输及清理模内杂物、刷隔离剂等 4.混凝土制作、运输、浇筑、振捣、养护 5.变形缝填塞
010507002	室外地坪	1.地坪厚度 2.混凝土强度等级			

续表 2-48

项目编码	项目名称	项目特征	计量单位	工程量计算规则	工作内容
010507003	电缆沟、地沟	1.土壤类别 2.沟截面净空尺寸 3.垫层材料种类、厚度 4.混凝土种类 5.混凝土强度等级 6.防护材料种类	m	按设计图示尺寸以中心线长度计算	1.挖、填、运土石方 2.铺设垫层 3.模板及支撑制作、安装、拆除、堆放、运输及清理模内杂物、刷隔离剂等 4.混凝土制作、运输、浇筑、振捣、养护 5.刷防护材料
010507004	台阶	1.踏步高、宽 2.混凝土种类 3.混凝土强度等级	1.m² 2.m³	1.以平方米计量,按设计图示尺寸水平投影面积计算 2.以立方米计量,按设计图示尺寸以体积计算	1.模板及支撑制作、安装、拆除、堆放、运输及清理模内杂物、刷隔离剂等 2.混凝土制作、运输、浇筑、振捣、养护
010507005	扶手、压顶	1.断面尺寸 2.混凝土种类 3.混凝土强度等级	1.m 2.m³	1.以米计量,按设计图示的中心线延长米计算 2.以立方米计量,按设计图示尺寸以体积计算	
010507006	化粪池、检查井	1.部位 2.混凝土强度等级 3.防水、抗渗要求	1.m³ 2.座	1.按设计图示尺寸以体积计算 2.以座计量,按设计图示数量计算	1.模板及支架(撑)制作、安装、拆除、堆放、运输及清理模内杂物、刷隔离剂等 2.混凝土制作、运输、浇筑、振捣、养护
010507007	其他构件	1.构建的类型 2.构件规格 3.部位 4.混凝土种类 5.混凝土强度等级	m³	按设计图示尺寸以体积计算	

注:①现浇混凝土小型池槽、垫块、门框等,应按本表其他构件项目编码列项。

②架空式混凝土台阶,按现浇楼梯计算。

2.7.8　后浇带

后浇带是一种刚性变形缝,适用于不允许留设柔性变形缝的部位。后浇带的浇筑应待两侧结构的主体混凝土干缩变形稳定后进行。后浇带项目适用于基础(满堂式)、梁、墙、板的后浇带,一般宽度在700～1000mm之间,见表2-49。

表 2-49　后浇带(编号:010508)

项目编码	项目名称	项目特征	计量单位	工程量计算规划	工作内容
010508001	后浇带	1.混凝土种类 2.混凝土强度等级	m³	按设计图示尺寸以体积计算	1.模板及支架(撑)制作、安装、拆除、堆放、运输及清理模内杂物、刷隔离剂等 2.混凝土制作、运输、浇筑、振捣、养护及混凝土交接面、钢筋等的清理

注意:

(1)"后浇带"项目适用于梁、墙、板的后浇带。应按不同的后浇部位(墙、梁、板等)和使用材料分别编制项目编码,以便于计算综合单价。

(2)同时应注意在计算原构件(墙、梁、板等)工程量时,扣除后浇带的体积,以避免重复计算。

2.7.9　预制混凝土柱

预制混凝土柱项目包括矩形柱和异形柱两个清单项目,见表2-50。

表 2-50　预制混凝土柱(编号:010509)

项目编码	项目名称	项目特征	计量单位	工程量计算规划	工作内容
010509001	矩形柱	1.图代号 2.单件体积 3.安装高度 4.砂浆(细石混凝土)强度等级、配合比	1.m³ 2.根	1.以立方米计量,按设计图示尺寸以体积计算 2.以根计量,按设计图示尺寸以数量计算	1.模板制作、安装、拆除、堆放、运输及清理模内杂物、刷隔离剂等 2.混凝土制作、运输、浇筑、振捣、养护 3.构件运输、安装 4.砂浆制作、运输 5.接头灌缝、养护
010509002	异形柱				

注:以根计量,必须描述单件体积。

注意:预制构件的制作、运输、安装、接头灌缝等工序的费用都应包括在相应项目的报价内,无须分别编码列项。但其吊装机械(如履带式起重机、塔式起重机等)不应包含在内,应列入措施项目费。

2.7.10 预制混凝土梁

预制混凝土梁项目包括矩形梁、异形梁、过梁、拱形梁、鱼腹式吊车梁、其他梁六个清单项目,见表2-51。

表 2-51 预制混凝土梁(编号:010510)

项目编码	项目名称	项目特征	计量单位	工程量计算规划	工作内容
010510001	矩形梁	1. 图代号 2. 单件体积 3. 安装高度 4. 混凝土强度等级 5. 砂浆(细石混凝土)强度等级、配合比	1. m³ 2. 根	1. 以立方米计量,按设计图示尺寸以体积计算 2. 以根计量,按设计图示尺寸以数量计算	1. 模板制作、安装、拆除、堆放、运输及清理模内杂物、刷隔离剂等 2. 混凝土制作、运输、浇筑、振捣、养护 3. 构件运输、安装 4. 砂浆制作、运输 5. 接头灌缝、养护
010510002	异形梁				
010510003	过梁				
010510004	拱形梁				
010510005	鱼腹式吊车梁				
010510006	其他梁				

注:以根计量,必须描述单件体积。

2.7.11 预制混凝土屋架

预制混凝土屋架项目包括折线型屋架、组合式屋架、薄腹型屋架、门式刚架屋架、天窗架屋架五个清单项目,见表2-52。

表 2-52 预制混凝土屋架(编号:010511)

项目编码	项目名称	项目特征	计量单位	工程量计算规划	工作内容
010511001	折线型	1. 图代号 2. 单件体积 3. 安装高度 4. 混凝土强度等级 5. 砂浆(细石混凝土)强度等级、配合比	1. m³ 2. 根	1. 以立方米计量,按设计图示尺寸以体积计算 2. 以榀计量,按设计图示尺寸以数量计算	1. 模板制作、安装、拆除、堆放、运输及清理模内杂物、刷隔离剂等 2. 混凝土制作、运输、浇筑、振捣、养护 3. 构件运输、安装 4. 砂浆制作、运输 5. 接头灌缝、养护
010511002	组合式				
010511003	薄腹型				
010511004	门式刚架				
010511005	天窗架				

注:①以榀计量,必须描述单件体积。
　　②三角形屋架按本表中折线型屋架项目编码列项。

注意:组合屋架中钢杆件应按金属结构工程中相应项目编码列项,工程量按质量以"吨"计量。

2.7.12 预制混凝土板

预制混凝土板项目包括平板,空心板,槽形板,网架板,折线板,带肋板,大型板,沟盖板、井盖板、井圈八个清单项目,见表2-53。

表 2-53　预制混凝土板（编号：010512）

项目编码	项目名称	项目特征	计量单位	工程量计算规划	工作内容
010512001	平板	1.图代号 2.单件体积 3.安装高度 4.混凝土强度等级 5.砂浆（细石混凝土）强度等级、配合比	1. m³ 2. 块	1.以立方米计量，按设计图示尺寸以体积计算。不扣除单个面积≤300mm×300mm 的孔洞所占体积，扣除空心板空洞体积 2.以块计量，按设计图示尺寸以数量计算	1.模板制作、安装、拆除、堆放、运输及清理模内杂物、刷隔离剂等 2.混凝土制作、运输、浇筑、振捣、养护 3.构件运输、安装 4.砂浆制作、运输 5.接头灌缝、养护
010512002	空心板				
010512003	槽形板				
010512004	网架板				
010512005	折线板				
010512006	带肋板				
010512007	大型板				
010512008	沟盖板、井盖板、井圈	1.单件体积 2.安装高度 3.混凝土强度等级 4.砂浆强度等级、配合比	1. m³ 2. 块（套）	1.以立方米计量，按设计图示尺寸以体积计算 2.以块计量，按设计图示尺寸以数量计算	

注：①以块、套计量，必须描述单件体积。

②不带肋的预制遮阳板、雨篷板、挑檐板、栏板等，应按本表"平板"项目编码列项。

③预制 F 形板、双 T 形板、单肋板和带反挑檐的雨篷板、挑檐板、遮阳板等，应按本表"带肋板"项目编码列项。

④预制大型墙板、大型楼板、大型屋面板等，按本表中"大型板"项目编码列项。

注意：

(1)项目特征内的构件标高（如梁底标高、板底标高等）、安装高度，不需要每个构件都注明标高和高度，而是要求选择关键部件注明，以便投标人选择吊装机械和垂直运输机械。

(2)同类型、同规格的预制混凝土板、沟盖板，其工程量可按数量计，计量单位为"块"；同类型、同规格的混凝土井圈、井盖板，工程量可按数量计，计量单位为"套"。

2.7.13　预制混凝土楼梯

预制混凝土楼梯项目仅包括楼梯一个清单项目，见表 2-54。预制混凝土楼梯一般有梯段、梯踏步、梯横梁、梯斜梁，均应分别编制项目编码。

表 2-54　预制混凝土楼梯（编号：010513）

项目编码	项目名称	项目特征	计量单位	工程量计算规划	工作内容
010513001	楼梯	1.楼梯类型 2.单件体积 3.混凝土强度等级 4.砂浆（细石混凝土）强度等级	1. m³ 2. 段	1.以立方米计量，按设计图示尺寸以体积计算，扣除空心踏步板空洞体积 2.以段计量，按设计图示数量计算	1.模板制作、安装、拆除、堆放、运输及清理模内杂物、刷隔离剂等 2.混凝土制作、运输、浇筑、振捣、养护 3.构件运输、安装 4.砂浆制作、运输 5.接头灌缝、养护

注：以块计量，必须描述单件体积。

2.7.14 其他预制构件

其他预制构件项目包括烟道、垃圾道、通风道,其他构件两个清单项目。其中,"其他构件"项目指的是预制小型池槽、压顶、扶手、垫块、隔热板、花格等构件,见表2-55。

表 2-55 其他预制构件(编号:010514)

项目编码	项目名称	项目特征	计量单位	工程量计算规划	工作内容
010514001	烟道垃圾道、通风道	1.单件体积 2.混凝土强度等级 3.砂浆强度等级	1. m³ 2. m² 3. 根（块、套）	1.以立方米计量,按设计图示尺寸以体积计算。不扣除单个面积≤300mm×300mm 的孔洞所占体积,扣除烟道、垃圾道、通风道的孔洞所占体积	1.模板制作、安装、拆除、堆放、运输及清理模内杂物、刷隔离剂等 2.混凝土制作、运输、浇筑、振捣、养护 3.构件运输、安装 4.砂浆制作、运输 5.接头灌缝、养护
010514002	其他构件	1.单件体积 2.构件的类型 3.混凝土强度等级 4.砂浆强度等级		2.以平方米计量,按设计图示尺寸以面积计算,不扣除单个面积≤300mm×300mm 的孔洞所占面积 3.以根计量,按设计图示尺寸以数量计算	

注:①以块、根计量,必须描述单件体积。
   ②预制钢筋混凝土小型池槽、压顶、扶手、垫块、隔热板、花格等,按本表中"其他构件"项目编码列项。

【例2-18】 根据学习单元2.1某学院办公楼例图,试计算建筑物垫层、基础梁、剪力墙、地下室下柱、一层下柱、一层柱、一层板、一层楼梯、挑檐、散水工程量。

【解】 (1)垫层

$$J\text{-}1:V_1=3.7\times3.7\times0.1=1.369\text{m}^3$$
$$J\text{-}2:V_2=3.2\times3.2\times0.1=1.024\text{m}^3$$
$$J\text{-}3:V_3=2.8\times2.8\times0.1=0.784\text{m}^3$$
$$J\text{-}4:V_4=2.6\times2.6\times0.1=0.676\text{m}^3$$
$$J\text{-}5:V_5=2.2\times2.2\times0.1=0.484\text{m}^3$$
$$J\text{-}6:V_6=4.7\times2.2\times0.1=1.034\text{m}^3$$
$$J\text{-}7:V_7=2.0\times2.0\times0.1=0.400\text{m}^3$$
$$J\text{-}8:V_8=2.0\times2.0\times0.1=0.400\text{m}^3$$

①地下室垫层
$$V_{\text{地下室}}=2\times V_1+3\times V_2+V_3+2\times V_4+V_6+V_7=9.38\text{m}^3$$

②一层垫层

$$V_{一层}=V_2+2\times V_4+3\times V_5+V_7+2\times V_8=5.03m^3$$

合计：$V_{垫层}=9.38+5.03=14.41m^3$

（2）基础梁

1号轴线：$L_1=4.5+5.4-3\times 0.5=8.4m$

2号轴线：$L_2=4.5+5.4-2\times 0.5=8.9m$

3号轴线：$L_3=4.5+5.4+2.1-4\times 0.5=10m$

4号轴线：$L_4=4.5+5.4+2.1-4\times 0.5=10m$

5号轴线：$L_5=4.5+5.4+2.1-3\times 0.5=10.5m$

Ⓐ轴线：$L_6=6\times 2-2\times 0.5=11m$

Ⓑ轴线：$L_7=7.5\times 2-2\times 0.5=14m$

Ⓒ轴线：$L_8=6\times 2+7.5\times 2-4\times 0.5=25m$

Ⓓ轴线：$L_9=6-0.5=5.5m$

Ⓔ轴线：$L_{10}=6\times 2+7.5\times 2-5\times 0.5=24.5m$

$V_{基础梁}=(L_1+L_2+L_3+L_4+L_5+L_6+L_7+L_8+L_9+L_{10})\times 0.37\times 0.5=24.013m^3$

（3）剪力墙

E轴线：

$$H=-0.3-(-1)=0.7m$$
$$L=7.5+7.5-0.5\times 3=13.5m$$
$$V=0.25\times 0.7\times 13.5=2.3625m^3$$

3号轴线：

$$L=5.4+4.5+2.1-0.5\times 4=10m$$

①地下室

$$H=-0.3-(-1)=0.7m$$
$$V=0.25\times 0.7\times 10=1.75m^3$$

②一层

$$H=3.9-(-0.3)=4.2m$$
$$V=0.25\times 4.2\times 10\times 1/2=5.25m^3$$

地下室剪力墙：$2.3625+1.75=4.11m^3$

一层剪力墙：$5.25m^3$

合计：$V_{剪力墙}=4.11+5.25=9.36m^3$

（4）地下室下柱

J-1：标高$=(1.1-2.5)=-1.4m$ $h_1=-0.3-(-1.4)=1.1m$

J-2：标高$=(1-2.4)=-1.4m$ $h_2=-0.3-(-1.4)=1.1m$

J-3：标高$=(0.9-2.3)=-1.4m$ $h_3=-0.3-(-1.4)=1.1m$

J-4：标高$=(0.9-2.3)=-1.4m$ $h_4=-0.3-(-1.4)=1.1m$

J-6：标高$=(0.9-2.3)=-1.4m$ $h_5=-0.3-(-1.4)=1.1m$

J-7：标高$=(0.9-2.3)=-1.4m$ $h_6=-0.3-(-1.4)=1.1m$

$$V_1=0.5\times 0.5\times 1.1\times 9=2.475m^3$$
$$V_2=(1\times 0.5+0.5\times 0.5)\times 1.1=0.825m^3$$

合计：$V_{地下室下柱}=2.475+0.825=3.3m^3$

（5）一层下柱

$$J\text{-}2\text{：标高}=3.9-1.8-1=1.1m$$
$$J\text{-}4\text{：标高}=3.9-1.8-0.9=1.2m$$
$$J\text{-}5\text{：标高}=3.9-1.8-0.9=1.2m$$
$$J\text{-}7\text{：标高}=3.9-1.8-0.9=1.2m$$
$$V_1=0.5\times0.5\times6\times1.2=1.8m^3$$
$$V_2=0.5\times0.5\times1.1=0.275m^3$$
$$h=3.9+0.3=4.2m$$
$$V_3=0.5\times0.5\times5\times4.2=5.25m^3$$

一层下柱合计：$V_{一层下柱}=V_1+V_2+V_3=7.33m^3$

（6）一层柱

$Z1$：$V_1=0.5\times0.5\times(8.4-4.2)\times13=13.65m^3$

$Z2$：$V_2=0.5\times0.5\times(8.4-4.2)\times4=4.2m^3$

$Z3$：$V_3=3.14\times0.225\times0.225\times(8.4-4.2)\times2=1.335m^3$

$Z4$：$V_4=(1\times0.5+0.5\times0.5)\times(8.4-4.2)=3.15m^3$

合计：$V_{一层柱}=V_1+V_2+V_3+V_4=22.335m^3$

（7）一层板

$h_1=0.12m$

$V_1=3.14/2\times4.6\times4.6\times0.12-3.14\times0.225\times0.225\times2\times0.12=3.949m^3$

$h_2=0.15m$

$V_2=[(7.5+7.5+0.25)\times(5.4+4.5+0.25)+(6+6+0.25)\times12.5-(6-0.3)\times(3-0.175)]\times0.15-(11\times0.5\times0.5-4\times0.5\times0.5-0.75)\times0.15=43.622m^3$

$h_3=0.11m$

$V_3=[(7.5+7.5+0.25)\times(2.1+0.25)-(0.5\times0.5\times2)]\times0.11=3.887m^3$

合计：$V_{一层板}=V_1+V_2+V_3=3.949+43.622+3.887=51.458m^3$

（8）一层楼梯

$S=(3.08+1.56+0.21-0.15)\times(3-0.05-0.09)=13.442m^2$

（9）挑檐板

外墙外边线：$L=65m$

平板中心线：$65+0.45/2\times8=66.8m$

立板中心线：$(0.45-0.08/2)\times8+65=68.28m$

$$V_{平板}=0.45\times0.08\times66.8=2.405m^3$$
$$V_{立板}=0.08\times(0.2-0.08)\times68.28=0.655m^3$$
$$V_{挑檐板}=2.405+0.655=3.06m^3$$

（10）散水

一层：

$L=(0.25+27+0.4+0.25+12+0.25\times2+0.4\times2+1.2+0.25+0.4)-(4.6\times2+0.3\times2+1.8\times2)=29.55m$

地下室：

$$L=(10.4+0.4+15.5-0.25+0.4)-2.3=24.15\text{m}$$

$$S=(29.55+24.15)\times0.8=42.96\text{m}^2$$

雨篷：

$$S_1=\frac{\pi R^2}{2}=\frac{3.14\times4.6^2}{2}=33.22\text{m}^2$$

$$V_1=33.22\times0.06=1.99\text{m}^3$$

$$L_2=3.14\times(4.6-0.03)=14.35\text{m}$$

$$V_2=14.35\times0.8\times0.06=0.69\text{m}^3$$

$$L_3=3.14\times(4.6-0.1)=14.13\text{m}$$

$$V_3=14.13\times0.2\times0.28=0.79\text{m}^3$$

$$V_{雨篷}=V_1+V_2+V_3=1.99+0.69+0.79=3.47\text{m}^3$$

该学院办公楼的混凝土工程量见表2-56。

表2-56 混凝土工程量清单

项目编码	项目名称	项目特征描述	计量单位	工程量
010501001003	垫层	1.混凝土种类:商品混凝土 2.混凝土强度等级:C10	m³	14.41
010502001005	一层矩形柱	1.混凝土种类:商品混凝土 2.混凝土强度等级:C30	m³	17.85
010502003007	一层异形柱	1.柱形状:L形,圆形 2.混凝土种类:商品混凝土 3.混凝土强度等级:C30	m³	4.485
010503001008	基础梁	1.混凝土种类:商品混凝土 2.混凝土强度等级:C20	m³	24.013
010504004013	剪力墙	1.混凝土种类:商品混凝土 2.混凝土强度等级:C20	m³	9.36
010505001014	一层板	1.混凝土种类:商品混凝土 2.混凝土强度等级:C30	m³	51.458
010505007016	挑檐板	1.混凝土种类:商品混凝土 2.混凝土强度等级:C30	m³	3.06
010506001017	一层楼梯	1.混凝土种类:商品混凝土 2.混凝土强度等级:C30	m²	13.442
010507001018	散水	1.垫层材料种类、厚度 2.面层厚度 3.混凝土种类 4.混凝土强度等级 5.变形缝填塞材料种类	m²	42.96

学习单元 2.8 钢筋工程

2.8.1 钢筋工程量计算规则

钢筋工程,应区别现浇、预制构件、不同钢筋种类和规格,分别按设计长度乘以单位质量,以吨计算。钢筋单位理论质量,即钢筋每米理论质量$=0.00617×d^2$(d为钢筋直径),或者按表2-57计算。

表 2-57 常见的钢筋单位理论质量表

钢筋直径 d	理论质量(kg/m)	钢筋直径 d	理论质量(kg/m)
$\phi4$	0.099	$\phi18$	1.998
$\phi6.5$	0.260	$\phi20$	2.466
$\phi8$	0.395	$\phi22$	2.984
$\phi10$	0.617	$\phi25$	3.850
$\phi12$	0.888	$\phi28$	4.830
$\phi14$	1.208	$\phi30$	5.550
$\phi16$	1.578	$\phi32$	6.310

计算钢筋工程量时,工程量清单项目设置、项目特征描述的内容、计量单位、工程量计算规则应按表2-58的规定执行。

表 2-58 钢筋工程量(编号:010515)

项目编码	项目名称	项目特征	计量单位	工程量计算规则	工作内容
010515001	现浇构件钢筋	钢筋种类、规格	t	按设计图示钢筋(网)长度(面积)乘以单位理论质量计算	1. 钢筋制作、运输 2. 钢筋安装 3. 焊接
010515002	钢筋网片				1. 钢筋网制作、运输 2. 钢筋网安装 3. 焊接
010515003	钢筋笼				1. 钢筋笼制作、运输 2. 钢筋笼安装 3. 焊接
010515004	先张法预应力钢筋	1. 钢筋种类、规格 2. 锚具种类	t	按设计图示钢筋长度乘以单位理论质量计算	1. 钢筋制作、运输 2. 钢筋张拉

项目编码	项目名称	项目特征	计量单位	工程量计算规则	工作内容
010515005	后张法预应力钢筋	1.钢筋种类、规格 2.钢丝种类、规格 3.钢绞线种类、规格 4.锚具种类 5.砂浆强度等级	t	按设计图示钢(丝束、绞线)长度乘以单位理论质量计算 1.低合金钢筋两端均采用螺杆锚具时,钢筋长度按孔道长度减0.35m计算,螺杆长度另行计算 2.低合金钢筋一端采用镦头插片、另一端采用螺杆锚具时,钢筋长度按孔道长度计算,螺杆长度另行计算 3.低合金钢筋一端采用镦头插片、另一端采用帮条锚具时,钢筋长度按孔道长度增加0.15m计算;两端均采用帮条锚具时,钢筋长度按孔道长度增加0.3m计算 4.低合金钢筋采用后张混凝土自锚时,钢筋长度按孔道长度增加0.35m计算 5.低合金钢筋(钢绞线)采用JMXM、QM型锚具,孔道长度≤20m时,钢筋长度按孔道长度增加1m计算;孔道长度>20m时,钢筋长度按孔道长度增加1.8m计算 6.碳素钢丝采用锥形锚具,孔道长度≤20m时,钢丝束长度按孔道长度增加1m计算;孔道长度>20m时,钢丝束长度按孔道长度增加1.8m计算 7.碳素钢丝采用镦头锚具时,钢丝束长度按孔道长度增加0.35m计算	1.钢筋、钢丝、钢绞线制作、运输 2.钢筋、钢丝、钢绞线安装 3.预埋管孔道铺设 4.锚具安装 5.砂浆制作、运输 6.孔道压浆、养护
010515006	预应力钢丝				
010515007	预应力钢绞线				
010515008	支撑钢筋(铁马)	1.钢筋种类 2.规格		按钢筋长度乘以单位理论质量计算	钢筋制作、焊接、安装
010515009	声测管	1.材质 2.规格型号		按设计图示尺寸计算	1.检测管截断、封头 2.套管制作、焊接 3.定位、固定

注:①现浇构件中伸出构件的锚固钢筋应并入钢筋工程量内。除设计(包括规范规定)标明的搭接外,其他施工搭接不计算工程量,在综合单价中综合考虑。
②现浇构件中固定位置的支撑钢筋、双层钢筋用的"铁马"在编制工程量清单时,其工程数量可为暂估量,结算时按现场签证数量计算。

2.8.2　各类钢筋计算长度的确定

受力钢筋的混凝土保护层厚度,应符合设计要求,当设计无具体要求时,不应小于受力钢筋直径,并应符合表 2-59、表 2-60 的要求。

表 2-59　混凝土保护层的最小厚度(mm)

环　境　类　别	板、墙	梁、柱
一类	15	20
二类 a	20	25
二类 b	25	35
三类 a	30	40
三类 b	40	50

注:①表中混凝土保护层厚度是指最外层钢筋边缘至混凝土表面的距离,适用于设计使用年限为 50 年的混凝土结构。
　　②构件中受力钢筋的保护层厚度不应小于钢筋的公称直径。
　　③设计使用年限为 100 年的混凝土结构,在一类环境中,最外层钢筋的保护层厚度不应小于表中数值的 1.4 倍;在二、三类环境中,应采取专门的有效措施。
　　④混凝土强度等级不大于 C25 时,表中保护层厚度应增加 5mm。
　　⑤基础底面钢筋的保护层厚度,有混凝土垫层时应从垫层顶面算起,且不应小于 40mm。

表 2-60　混凝土结构的环境类别

环境类别	条　　件
一类	室内干燥环境;永久的无侵蚀性静水浸没环境
二类 a	室内潮湿环境;非严寒和非寒冷地区的露天环境;非严寒和非寒冷地区与无侵蚀性的水或土壤直接接触的环境;寒冷和严寒地区的冰冻线以下的无侵蚀性的水或土壤直接接触的环境
二类 b	干湿交替环境;水位频繁变动环境;严寒和寒冷地区的露天环境;严寒和寒冷地区的冰冻线以上与无侵蚀性的水或土壤直接接触的环境
三类 a	严寒和寒冷地区冬季水位冰冻区环境;受除冰盐影响环境;海风环境
三类 b	盐渍土环境;受除冰盐作用环境;海岸环境
四类	海水环境
五类	受人为或自然的侵蚀性物质影响的环境

注:①室内潮湿环境是指构件表面经常处于结露或湿润状态的环境。
　　②严寒和寒冷地区的划分应符合现行国家标准《民用建筑热工设计规范》(GB 50176—2016)的有关规定。
　　③海岸环境为距海岸线 100m 以内;海水环境为距海岸线 100m 以外、300m 以内,但应考虑主导风向及结构所处迎风、背风部位等因素的影响。
　　④受除冰盐影响环境为受除冰盐盐雾影响的环境;受除冰盐作用环境是指被除冰盐溶液溅射的环境以及使用除冰盐地区的洗车房、停车楼等建筑。
　　⑤暴露的环境是指混凝土结构表面所处的环境。

2.8.3　钢筋的锚固长度

钢筋的锚固长度见表 2-61～表 2-63。

表 2-61 受拉钢筋基本锚固长度 l_{ab}、l_{abE}

钢筋种类	抗震等级	混凝土强度等级								
		C20	C25	C30	C35	C40	C45	C50	C55	≥C60
HPB300	一、二级(l_{abE})	45d	39d	35d	32d	29d	28d	26d	25d	24d
	三级(l_{abE})	41d	36d	32d	29d	26d	25d	24d	23d	22d
	四级(l_{abE}) 非抗震(l_{ab})	39d	34d	30d	28d	25d	24d	23d	22d	21d
HRB335 HRBF335	一、二级(l_{abE})	44d	38d	33d	31d	29d	26d	25d	24d	24d
	三级(l_{abE})	40d	35d	31d	28d	26d	24d	23d	22d	22d
	四级(l_{abE}) 非抗震(l_{ab})	38d	33d	29d	27d	25d	23d	22d	21d	21d
HRB400 HRBF400 RRB400	一、二级(l_{abE})	—	46d	40d	37d	33d	32d	31d	30d	29d
	三级(l_{abE})	—	42d	37d	34d	30d	29d	28d	27d	26d
	四级(l_{abE}) 非抗震(l_{ab})	—	40d	35d	32d	29d	28d	27d	26d	25d
HRB500 HRBF500	一、二级(l_{abE})	—	55d	49d	45d	41d	39d	37d	36d	35d
	三级(l_{abE})	—	50d	45d	41d	38d	36d	34d	33d	32d
	四级(l_{abE}) 非抗震(l_{ab})	—	48d	43d	39d	36d	34d	32d	31d	30d

注:d 为锚固钢筋的直径。

表 2-62 受拉钢筋锚固长度 l_a、抗震锚固长度 l_{aE}

非 抗 震	抗 震
$l_a = \zeta_a \cdot l_{ab}$	$l_{aE} = \zeta_{aE} \cdot l_a$

注:①l_a 不应小于 200mm。

②锚固长度修正系数 ζ_a 按表 2-63 取用,当多于一项时,可按连乘计算,但不应小于 0.6。

③ζ_{aE} 为抗震锚固长度修正系数,对一、二级抗震等级取 1.15,对三级抗震等级取 1.05,对四级抗震等级取 1.00。

④HPB300 级钢筋末端应做 180°弯钩,弯后平直段长度不应小于 3d,但作为受压钢筋时可不做弯钩。

⑤当锚固筋的保护层厚度不大于 5d 时,锚固长度范围内应设置横向构造钢筋,其直径不应小于 d/4(d 为锚固钢筋的最大直径);对梁、柱等构件间距不应大于 5d,对板、墙等构件间距不应大于 10d,且均不应大于 100mm(d 为锚固钢筋的最小直径)。

表 2-63 受拉钢筋锚固长度修正系数 ζ_a

锚 固 条 件		ζ_a
带肋钢筋的公称直径大于 25mm		1.10
环氧树脂带肋钢筋		1.25
施工过程中易受扰动的钢筋		1.10
锚固区保护层厚度	3d	0.80
	5d	0.70

注:当锚固区保护层厚度在两者中间时按内插值计算,d 为锚固钢筋直径。

2.8.4　钢筋计算的其他问题

在计算钢筋用量时,还要注意设计图纸未画出以及未明确表示的钢筋,如楼板中双层钢筋的上部负弯矩钢筋的附加分布筋、满堂基础底板的双层钢筋在施工时支撑所用的马凳筋,以及钢筋混凝土墙施工时所用的拉结筋等。这些都应按规范要求计算,并计入其钢筋用量中。

2.8.5　楼层框架梁常见钢筋的计算

(1)上部通长筋(图2-33)

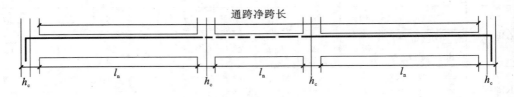

图2-33　上部通长筋

$$上部通长筋长度=通跨净跨长+首尾端支座锚固长$$

当 $(h_c-c-D) \geqslant l_{aE}$ 时,可直锚。

$$直锚长度=\max(l_{aE},0.5h_c+5d)$$

当 $(h_c-c-D) < l_{aE}$ 时,需弯锚。

$$弯锚长度=\max(l_{aE},0.4l_{abE}+15d,h_c-c+15d)$$

其中,l_{aE} 为抗震锚固长度;h_c 为支座宽度;d 为钢筋直径;D 为柱外侧纵筋直径;c 为保护层厚度。

(2)端支座负筋(图2-34)

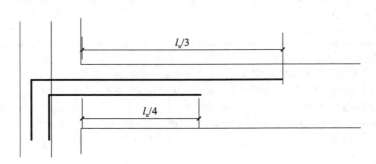

图2-34　端支座负筋

$$第一排端支座负筋长度=净跨长/3+端支座锚固长度$$
$$第二排端支座负筋长度=净跨长/4+端支座锚固长度$$

式中,锚固长度同上部通长筋。

(3)中间支座负筋(图2-35)

第一排中间支座负筋长度=2×(支座两边较大跨的净跨长/3)+中间支座宽度值

第二排中间支座负筋长度=2×(支座两边较大跨的净跨长/4)+中间支座宽度值

(4)架立筋(图2-36)

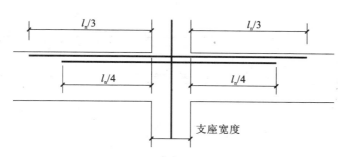

图 2-35　中间支座负筋

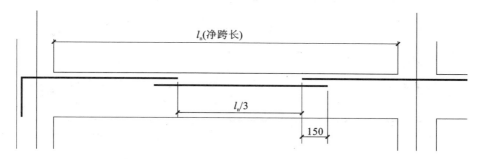

图 2-36　架立筋

架立筋长度＝本跨净跨长－左侧负筋伸出长度－右侧负筋伸出长度＋2×搭接长度(搭接长度一般为 150mm)

（5）下部钢筋

①下部钢筋（伸入支座时）（图 2-37）

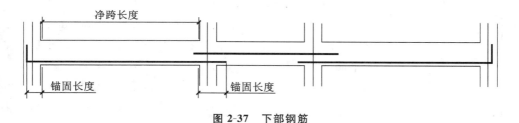

图 2-37　下部钢筋

中间支座下部钢筋长度＝本跨净跨长＋两端锚固长度

式中，钢筋的中间支座锚固长度＝$\max\{l_{aE}, 0.5h_c + 5d\}$。

②下部钢筋（不伸入支座时）（图 2-38）

框架梁下部不伸入支座钢筋长度＝净跨长－$2 \times 0.1l_n$

注意：下部钢筋不分上下排。

（6）下部通长筋

下部通长筋长度＝通跨净跨长＋首尾端支座锚固长度

式中，端支座锚固长度＝上部最下排通长筋的锚固长度－上部最下排通长筋的直径－$\max\{25mm,$ 下部通长筋直径$\}$。

为了简化计算，一般可按上部通长筋锚固长度的算法计算。

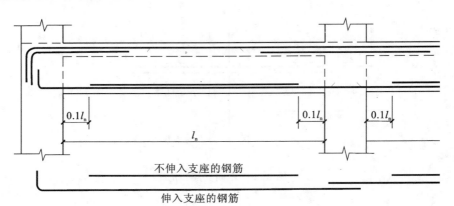

图 2-38　下部钢筋

（7）梁侧面钢筋（构造钢筋、受扭纵向钢筋）（图 2-39）

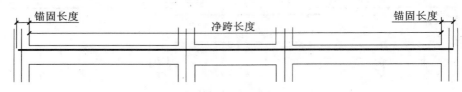

图 2-39　梁侧面钢筋

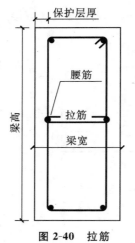

图 2-40　拉筋

梁侧面钢筋长度＝通跨净跨长＋2×（锚固长度＋搭接长度）

注意：当为梁侧面构造钢筋时，其搭接长度与锚固长度可取为 $15d$；当为梁侧面受扭纵向钢筋时，其搭接长度为 l_l 或 l_{lE}（抗震），锚固长度为 l_a 或 l_{aE}（抗震），其锚固方式同框架梁下部纵筋。

（8）拉筋（拉筋同时勾住主筋和箍筋的情况）（图 2-40）

拉筋长度＝（梁宽－2×保护层）＋$1.9d×2＋\max(10d,75mm)×2＋2d$

拉筋根数＝［（净跨长－起步距离×2）/（非加密区间距×2）＋1］×排数

（9）吊筋（图 2-41）

吊筋长度＝2×锚固长度（$20d$）＋2×斜段长度＋次梁宽度＋2×50mm

其中，当框梁高度＞800mm，斜段长度＝（梁高－2×保护层）/$\sin60°$；当框梁高度≤800mm，斜段长度＝（梁高－2×保护层）/$\sin45°$。

（10）箍筋（二肢箍的计算方法）（图 2-42）

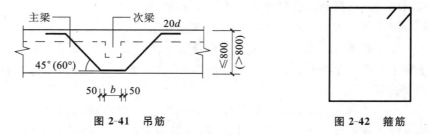

图 2-41　吊筋　　　　　　　　　　　　　图 2-42　箍筋

箍筋长度＝（梁宽－2×保护层＋梁高－2×保护层）×2＋［$1.9d＋\max(10d,75mm)$］×2

（16G101－1 图集第 54 页规定钢筋保护层是最外层钢筋外边缘至混凝土表面，钢筋的保护层

从箍筋的外皮算起,所以不再需要加8d)

箍筋根数=(加密区长度/加密区间距+1)×2+(非加密区长度/非加密区间距−1)+1

注意:当为一级抗震等级时,箍筋加密区长度为max{2×梁高,500mm};当为二至四级抗震等级时,箍筋加密区长度为max{1.5×梁高,500mm}。

2.8.6　柱钢筋计算

平法柱钢筋主要有纵筋和箍筋两种,所处部位不同,构造要求也不同。

2.8.6.1　柱纵筋

(1)基础部位(图2-43)

柱纵筋=本层层高−下层柱钢筋外露长度max{≥$h_n/6$,≥500mm,≥柱截面长边尺寸}+本层的钢筋外露长度max{≥$h_n/6$,≥500mm,≥柱截面长边尺寸}+搭接长度(如采用焊接时,搭接长度为零)

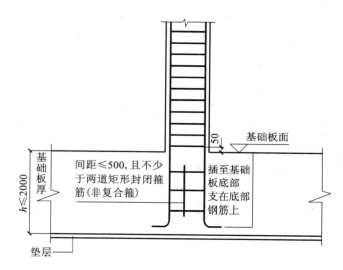

图2-43　基础柱钢筋(基础板底部与顶部配置钢筋相同)

基础插筋=基础高度−保护层+基础弯折a(≥150mm)+基础钢筋外露长度$h_n/3$(h_n指楼层净高)+搭接长度(如采用焊接时,搭接长度为零)

(2)首层

柱纵筋=首层层高−基础柱钢筋外露长度$h_n/3$+本层的钢筋外露长度max{≥$h_n/6$,≥500mm,≥柱截面长边尺寸}+搭接长度(如采用焊接时,搭接长度为零)

(3)中间层

柱纵筋=本层层高−下层柱钢筋外露长度max{≥$h_n/6$,≥500mm,≥柱截面长边尺寸}+本层的钢筋外露长度max{≥$h_n/6$,≥500mm,≥柱截面长边尺寸}+搭接长度(如采用焊接时,搭接长度为零)

(4)顶层柱钢筋(图2-44)

顶层框架柱因其所处位置不同,可分为角柱、边柱和中柱,因此各种柱纵筋的顶层锚固各不相同(参看16G101−1图集第59、60、64、65页)。

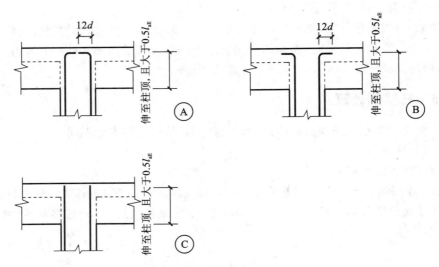

图 2-44 顶层柱钢筋

柱纵筋＝本层层高－下层柱钢筋外露长度 max{$\geqslant h_n/6$，$\geqslant 500\text{mm}$，$\geqslant$柱截面长边尺寸}－屋顶节点梁高＋锚固长度

（5）锚固长度

①当柱子为角柱时，角柱钢筋分为两面外侧和两面内侧锚固。

角柱顶层纵筋长度：

a. 内筋。内侧钢筋锚固长度：弯锚长度＜l_{aE}时，锚固长度＝梁高－保护层＋12d；直锚长度$\geqslant l_{aE}$时，锚固长度＝梁高－保护层。

b. 外筋。外侧钢筋锚固长度：外侧钢筋锚固长度＝max{1.5l_{aE}，梁高－保护层＋柱宽－保护层}。

②当柱子为中柱时，弯锚长度＜l_{aE}时，锚固长度＝梁高－保护层＋12d；直锚长度$\geqslant l_{aE}$时，锚固长度＝梁高－保护层。

③当柱子为边柱时，边柱钢筋分为一面外侧锚固和三面内侧锚固。外侧钢筋锚固$\geqslant$1.5l_{aE}，内侧钢筋锚固同中柱内侧钢筋锚固。

2.8.6.2 柱箍筋

（1）基础内箍筋

基础内箍筋仅起稳固作用，也可以说是防止钢筋在浇筑时受到挠动，规定是间距$\leqslant 500\text{mm}$，且不少于两根。

（2）柱箍筋根数计算

框架柱中间层的箍筋根数＝N个加密区/加密区间距＋N个非加密区/非加密区间距－1

在 16G101－1 图集中，关于柱箍筋的加密区的规定如下：

①首层柱箍筋的加密区有三个，分别为下部的箍筋加密区长度取 $h_n/3$；上部取 max{500mm，柱长边尺寸，$h_n/6$}；梁节点范围内加密。如果该柱采用绑扎搭接，那么搭接范围内同时需要加密。

②首层以上柱箍筋分别为：上、下部的箍筋加密区长度均取 max{500mm，柱长边尺寸，

$h_n/6\}$；梁节点范围内加密。如果该柱采用绑扎搭接,那么搭接范围内同时需要加密。

（3）柱箍筋长度计算

①柱复合箍筋长度（图 2-45）

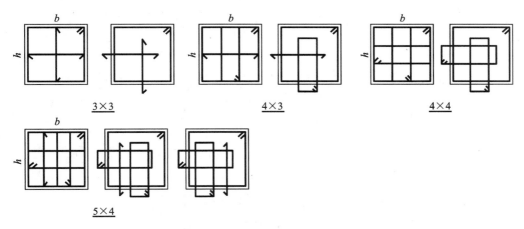

3×3　　　　　4×3　　　　　4×4

5×4

图 2-45　柱复合箍筋形状示意图

a. 3×3 型外箍筋长＝2×(b＋h)－8×保护层＋2×弯钩长＋4d

内一字箍筋长＝(h－2×保护层＋2×弯钩长＋d)＋(b－2×保护层＋2×弯钩长＋d)

b. 4×3 型外箍筋长＝2×(b＋h)－8×保护层＋2×弯钩长＋4d

内矩形箍筋长＝[(b－2×保护层)/3＋d＋h－2×保护层＋d]×2＋2×弯钩长

内一字箍筋长＝b－2×保护层＋2×弯钩长＋d

c. 4×4 型外箍筋长＝2×(b＋h)－8×保护层＋2×弯钩长＋4d

内矩形箍筋长$_1$＝[(b－2×保护层)/3＋d＋h－2×保护层＋d]×2＋2×弯钩长

内矩形箍筋长$_2$＝[(h－2×保护层)/3＋d＋b－2×保护层＋d]×2＋2×弯钩长

d. 5×4 型外箍筋长＝2×(b＋h)－8×保护层＋2×弯钩长＋4d

内矩形箍筋长$_1$＝[(b－2×保护层)/3＋d＋h－2×保护层＋d]×2＋2×弯钩长

内矩形箍筋长$_2$＝[(h－2×保护层)/3＋d＋b－2×保护层＋d]×2＋2×弯钩长

内一字箍筋长＝h－2×保护层＋2×弯钩长＋d

说明:d 为纵筋直径。

②柱非复合箍筋长度（图中尺寸均不包括保护层厚度）（图 2-46）

a. 箍筋长＝2×(a＋b)＋2×弯钩长＋4d

b. 箍筋长＝a＋2×弯钩长＋d

c. 箍筋长＝3.1416×(a＋d)＋2×弯钩长＋搭接长度

d. 箍筋长＝a＋b＋c＋$\sqrt{(c-a)^2+b^2}$＋2×弯钩长＋4d

e. 箍筋长＝2×a＋c＋$\sqrt{(c-a)^2+b^2}$＋2×弯钩长＋6d

f. 箍筋长＝2×$\sqrt{a^2+b^2}$＋2×弯钩长＋4d

g. 箍筋长＝2×(a＋b)＋2×$\sqrt{(c-a)^2+(d-b)^2}$＋2×弯钩长＋8d

h. 箍筋长＝a＋b＋c＋2×弯钩长＋4d

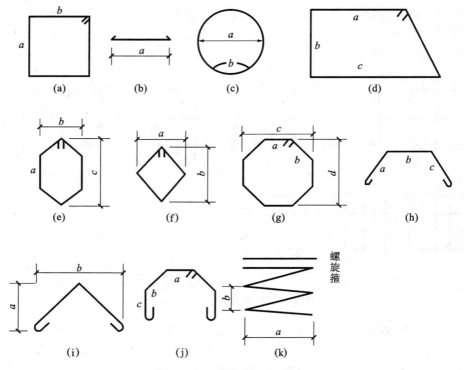

图 2-46　柱非复合箍筋形状示意图

i. 箍筋长＝$2\times\sqrt{a^2+b^2}+2\times$弯钩长＋$3d$

j. 箍筋长＝$a+2\times(b+c)+2\times$弯钩长＋$6d$

k. 箍筋长＝$\sqrt{[3.14\times(a+b)]^2+b^2}+($柱高$/b)$（$b$ 为螺距）

2.8.7　板

在实际工程中,板分为预制板和现浇板,这里主要分析现浇板的布筋情况。板筋主要有:受力筋（单向或双向、单层或双层），支座负筋，分布筋，附加钢筋（角部附加放射筋、洞口附加钢筋），撑脚钢筋（双层钢筋时支撑上下层）。

（1）受力筋（图 2-47—图 2-48）

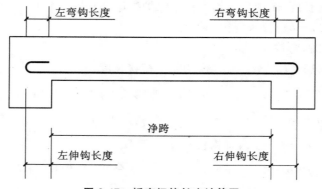

图 2-47　板底钢筋长度计算图

板底受力筋长度＝板净跨长＋两端锚固长度(伸进长度)＋两端弯钩长度

锚固长度的取值分为以下四种情况：

①端部支座为梁：锚固长度为 max{1/2 梁宽,5d}；

②端部支座为砌体墙的圈梁：锚固长度为 max{1/2 圈梁宽,5d}；

③端部支座为砌体墙：锚固长度为 max{120mm,板厚,墙厚/2}；

④端部支座为剪力墙：锚固长度为 max{1/2 墙厚,5d}。

板面受力筋长度＝板净跨长＋两端锚固长度

锚固长度的取值分为以下四种情况：

①端部支座为梁：锚固长度为 $0.35l_{ab}+15d$(充分利用钢筋的抗拉强度时取 $0.65l_{ab}+15d$)；

②端部支座为砌体墙的圈梁：锚固长度为 $0.35l_{ab}+15d$(充分利用钢筋的抗拉强度时取 $0.65l_{ab}+15d$)；

③端部支座为砌体墙：锚固长度为 $0.35l_{ab}+15d$；

④端部支座为剪力墙：锚固长度为 $0.4l_{ab}+15d$。

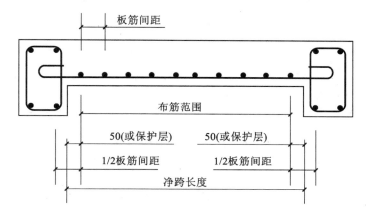

图 2-48　板底钢筋根数计算图

板底受力筋根数＝(布筋范围长度－两端起步距离)/布筋间距＋1

板面受力筋根数＝(布筋范围长度－两端起步距离)/布筋间距＋1

起步距离＝第一根钢筋距离梁或墙边 50mm

(2)负筋(图 2-49—图 2-51)

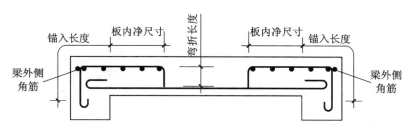

图 2-49　板负筋长度计算图

板边支座负筋长度＝伸入跨内的板内净尺寸＋弯折长度＋伸入支座的锚入长度(同板面钢筋锚固取值)

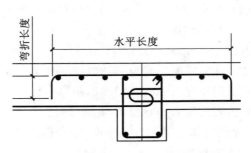

图 2-50　板中间支座负筋长度计算图

板中间支座负筋长度＝水平长度＋2×弯折长度

弯折长度＝板厚－上保护层厚度－下保护层厚度

注意：水平长度即标注长度，当标注长度为自支座边缘向内的伸入长度时，水平长度还要加支座宽度。

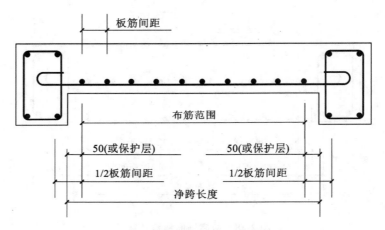

图 2-51　板端部负筋根数计算图

负筋根数＝（布筋范围长度－两端起步距离）/布筋间距＋1

（3）负筋分布筋（图 2-52、图 2-53）

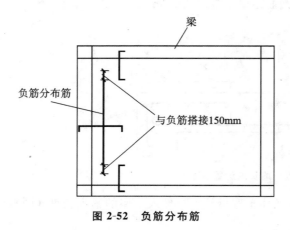

图 2-52　负筋分布筋

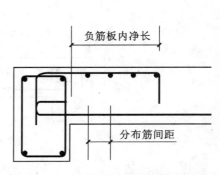

图 2-53　负筋分布筋根数计算图

负筋分布筋长度＝两端支座负筋净距＋2×150

负筋分布筋根数＝负筋板内净长/分布筋间距＋1

【例 2-19】 计算图 2-54—图 2-67 所示梁钢筋，其中抗震等级为一级，混凝土强度等级为 C30。

【解】 HPB300 级钢筋基本锚固长度 $l_{aE}=\xi_{aE}l_a=1.15\times35d$

HRB335 级钢筋基本锚固长度 $l_{aE}=\xi_{aE}l_a=1.15\times33d$

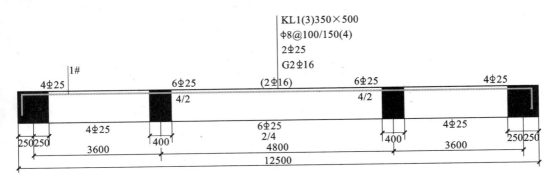

图 2-54 上部通长筋

上部通长筋：

1#筋 $l=$ 通跨净跨长$+2\times\max\{l_{aE},0.4l_{abE}+15d,h_c-c+15d\}$

$\qquad =12500-500-500+2\times\max\{1.15\times33\times25,0.4\times33\times25+15\times25,500-$

$\qquad \quad 20+15\times25\}$

$\qquad =11500+2\times\max\{949,705,855\}$

$\qquad =11500+1898$

$\qquad =13398\text{mm}$

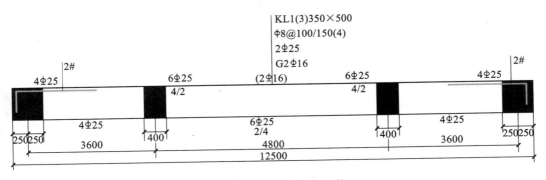

图 2-55 第一排端支座负筋

第一排端支座负筋：

2#筋 $l=$ 净跨长$/3+\max\{l_{aE},0.4l_{abE}+15d,h_c-c+15d\}$

$\qquad =(3600-250-200)/3+\max\{1.15\times33\times25,0.4\times33\times25+15\times25,500-$

$\qquad \quad 20+15\times25\}$

$\qquad =3150/3+\max\{949,705,855\}$

$\qquad =1050+949$

$\qquad =1999\text{mm}$

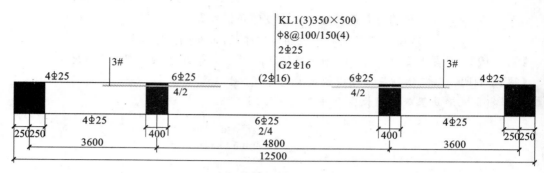

图 2-56　第一排中间支座负筋

第一排中间支座负筋：

3#筋　$l = 2 \times ($支座两边较大一跨的净跨长$/3) +$中间支座宽度值

$\qquad = 2 \times \max\{(3600-250-200)/3, (4800-200-200)/3\} + 400$

$\qquad = 1466.6 \times 2 + 400$

$\qquad = 3333\text{mm}$

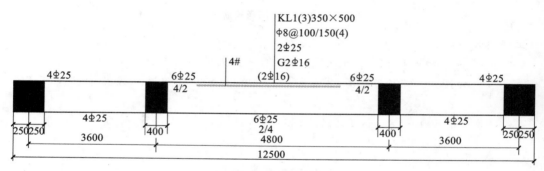

图 2-57　架立筋

架立筋：

4#筋　$l =$第二跨净跨长－左侧3#筋伸入第二跨内长度－右侧3#筋伸入第二跨内长度$+2 \times$搭接长度

$\qquad = 4800 - 400 - (4800-400)/3 \times 2 + 2 \times 150$

$\qquad = 4400 - 1467 \times 3 + 300$

$\qquad = 4400 - 2934 + 300$

$\qquad = 1766\text{mm}$

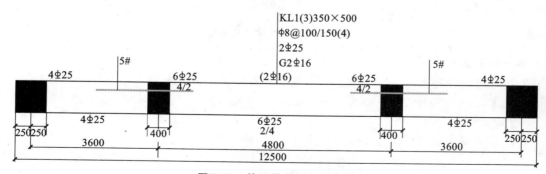

图 2-58　第二排中间支座负筋

第二排中间支座负筋：

5#筋　$l = 2 \times$ 支座两边较大一跨的净跨长 $/4 +$ 中间支座宽度值

　　　　　$= 2 \times \max\{(3600-250-200)/4,(4800-200-200)/4\} + 400$

　　　　　$= 2 \times 1100 + 400$

　　　　　$= 2600\text{mm}$

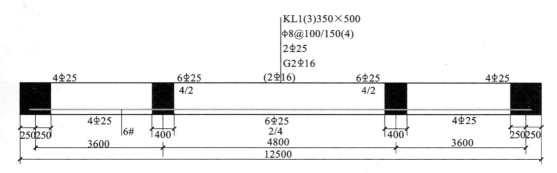

图 2-59　第二跨下部通长筋

第二跨下部通长筋：

6#筋　$l = $ 通跨净跨长 $+ 2 \times \max\{l_{aE}, 0.4l_{abE}+15d, h_c - c + 15d\}$

　　　　　$= 12500 - 500 - 500 + 2 \times \max\{1.15 \times 33 \times 25, 0.4 \times 33 \times 25 + 15 \times 25, 500 - 20$

　　　　　$+ 15 \times 25\}$

　　　　　$= 11500 + 2 \times \max\{949, 705, 855\} = 11500 + 949 \times 2$

　　　　　$= 13398\text{mm}$

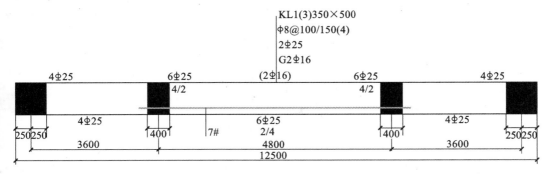

图 2-60　第二跨下部纵筋

第二跨下部纵筋：

7#筋　$l = $ 第二跨净跨长 $+ 2 \times \max\{l_{aE}, 0.5h_c + 5d\}$

　　　　　$= 4800 - 400 + 2 \times \max\{1.15 \times 33 \times 25, 0.5 \times 400 + 5 \times 25\}$

　　　　　$= 4400 + 2 \times \max\{949, 325\}$

　　　　　$= 4400 + 1898$

　　　　　$= 6298\text{mm}$

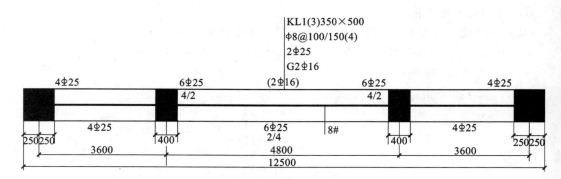

图 2-61　构造钢筋

构造钢筋：

8＃筋　$l =$ 通跨净跨长 $+2×15d$

$\quad = 12500 - 500 - 500 + 2 × 15 × 16$

$\quad = 11500 + 2 × 240$

$\quad = 11980mm$

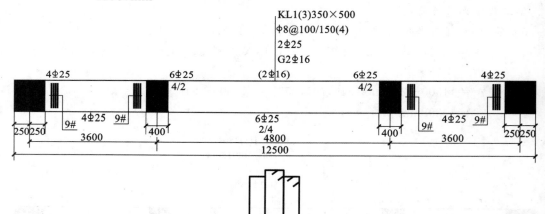

图 2-62　加密区箍筋

加密区箍筋：

9＃箍筋（大）　$l =$（梁宽 $-2×$ 保护层 $+$ 梁高 $-2×$ 保护层）$×2+[1.9d+ \max\{10d,$

$\quad 75mm\}] × 2$

$\quad = (350 - 2 × 20 + 500 - 2 × 20) × 2 + [1.9 × 8 + \max\{10 × 8, 75\}] × 2$

$\quad = 770 × 2 + (15.2 + 80) × 2$

$\quad = 1540 + 95.2 × 2$

$\quad = 1730mm$

N（大）$= \{[(2×$ 梁高 $-$ 起步距离 $)/$ 加密区间距 $+1] × 2\} × 2$

$\quad = \{[(2 × 500 - 50)/100 + 1] × 2\} × 2$

$\quad = \{[10 + 1] × 2\} × 2 = \{11 × 2\} × 2$

$\quad = 44$ 根

9#箍筋（小）　$l = [(梁宽-2×保护层-2d-D)/(J-1)×(j-1)+D+2d]×2+(梁高-$
$2×保护层)×2+[1.9d+\max\{10d,75mm\}]×2$

$= [(350-2×20-2×8-25)/(4-1)×(2-1)+25+2×8]×2+(500-$
$2×20)×2+1.9×8+\max\{80,75\}]×2$

$= (269/3×1+41)×2+460×2+(15.2+80)×2$

$= 261+920+190$

$= 1371mm$

$$N(小)=N(大)=44 \ 根$$

式中，J、j 分别为大箍和小箍中所含的受力筋根数；D 为受力筋直径。

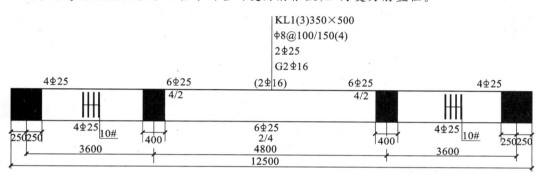

图 2-63　非加密区箍筋

非加密区箍筋：

10#箍筋（大）同 9#箍筋（大），$l = 1730mm$。

$N(大) = [(净跨长-左加密区长度-右加密区长度)/非加密区间距-1]×2$

$= \{[(3600-250-200)-500×2-500×2]/150-1\}×2$

$= (1150/150-1)×2=(8-1)×2$

$= 14 \ 根$

10#箍筋（小）同 9#箍筋（小），$l = 1371mm$。

$$N(小)=N(大)=14 \ 根$$

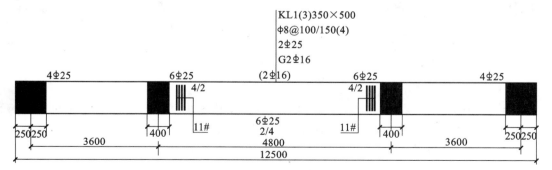

图 2-64　11#箍筋

11#箍筋（大）同 9#箍筋（大），$l = 1730mm$。

$N(大) = \{[(梁高×2-起步距离)/加密区间距+1]×2\}×2$

$= \{[(500×2-50)/100+1]×2\}×2$

$$= \{[10+1] \times 2\} \times 2$$
$$= (11 \times 2) \times 2$$
$$= 44 \text{ 根}$$

11♯箍筋(小)同 9♯箍筋(小),$l = 1371\text{mm}$。

$$N(小) = N(大) = 44 \text{ 根}$$

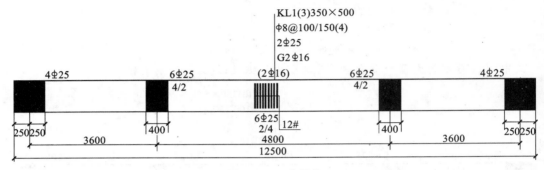

图 2-65   12♯箍筋

12♯箍筋(大)同 9♯箍筋(大),$l = 1730\text{mm}$。

$$N(大) = (净跨长 - 左加密区长度 - 右加密区长度)/非加密区间距 - 1$$
$$= [(4800 - 200 - 200) - 500 \times 2 - 500 \times 2]/150 - 1$$
$$= 2400/150 - 1$$
$$= 15 \text{ 根}$$

12♯箍筋(小)同 9♯箍筋(小),$l = 1371\text{mm}$。

$$N(小) = N(大) = 15 \text{ 根}$$

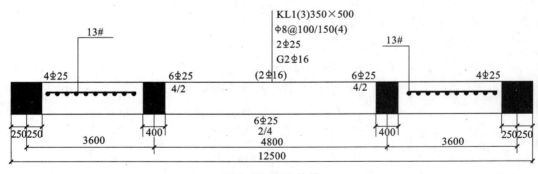

图 2-66   13♯拉筋

根据 16G101—1 图集,当梁宽≤350mm 时,拉筋直径为 6mm;当梁宽＞350mm 时,拉筋直径为 8mm。拉筋间距为非加密区箍筋间距的 2 倍。

13♯拉筋 $l = (梁宽 - 2 \times 保护层) + 1.9d \times 2 + \max\{10d, 75\text{mm}\} \times 2$

$$\qquad = (350 - 2 \times 20) + 1.9 \times 6 \times 2 + \max\{10 \times 6, 75\} \times 2$$
$$\qquad = 310 + 22.8 + 75 \times 2$$
$$\qquad = 483\text{mm}$$

$N = [(净跨长 - 起步距离 \times 2)/(非加密区间距 \times 2) + 1] \times 排数$

$$\qquad = [(3600 - 250 - 200 - 50 \times 2)/(150 \times 2) + 1] \times 2$$

$$=(3050/300+1)\times 2$$
$$=(10+1)\times 2$$
$$=22\ 根$$

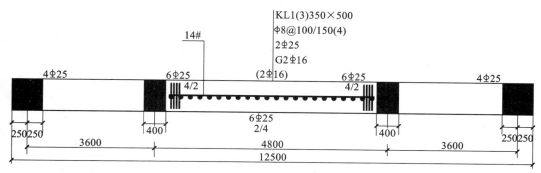

图 2-67　14#拉筋

14#拉筋同 13#拉筋，$l=483mm$。

$$N=(净跨长-起步距离\times 2)/(非加密区间距\times 2)+1$$
$$=(4800-200-200-50\times 2)/(150\times 2)+1$$
$$=4300/300+1$$
$$=16\ 根$$

【例 2-20】　图 2-68 所示为某房屋标准层的结构平面图，已知板的混凝土强度等级 C25，板厚 100mm，正常环境下使用。①、②、③号钢筋分别为Φ10@200，Φ8@200，Φ10@150，梁截面尺寸为 300mm×500mm，试分别求①、②、③号钢筋的长度。

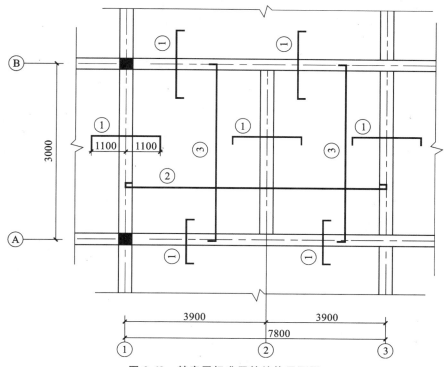

图 2-68　某房屋标准层的结构平面图

【解】 ①号钢筋：l＝水平长度＋2×弯折长度

$$＝(1100＋1100)＋2×(100－15)$$

$$＝2200＋2×85$$

$$＝2200＋170$$

$$＝2370mm$$

②号钢筋：l＝板净跨长＋两端锚固长度(伸进长度)＋两端弯钩长度

$$＝(7800－300)＋2×max\{1/2\text{梁宽},5d\}$$

$$＝7500＋2×max\{1/2×300,5×8\}$$

$$＝7500＋2×150$$

$$＝7800mm$$

③号钢筋：l＝板净跨长＋两端锚固长度

$$＝(3000－300)＋0.35l_{ab}＋15d$$

$$＝2700＋0.35×39d＋15×10$$

$$＝2700＋0.35×39×10＋150$$

$$＝2987mm$$

【例 2-21】 根据学习单元 2.1 某学院办公楼局部二层楼面梁结构图(图 2-69)，试计算 KL5 的钢筋长度。

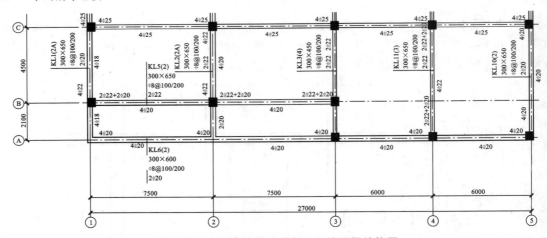

图 2-69 某学院办公楼局部二层楼面梁结构图

①上部通长筋：

2ϕ22

l＝通跨净跨长＋2×max$\{l_{aE},0.4l_{abE}＋15d,h_c－c＋15d\}$

$$＝(7500－250)＋(7500－250)＋2×max\{1.00×29×22,0.4×29×22＋15×22,500－30＋15×22\}$$

$$＝7250＋7250＋2×638$$

$$＝15776mm$$

②第一排左端支座负筋：

2ϕ20

l＝净跨长/3＋max$\{l_{aE},0.4l_{abE}＋15d,h_c－c＋15d\}$

$$=(7500-250-250)/3+\max\{1.00\times29\times20,0.4\times29\times20+15\times20,500-30+15\times20\}$$

$$=7000/3+580$$

$$=2913\text{mm}$$

③第一排中间支座负筋：

2ϕ20

$$l=2\times(\text{支座两边较大一跨的净跨长}/3)+\text{中间支座宽度值}$$

$$=2\times\max\{(7500-250-250)/3,(7500-250-250)/3\}+500$$

$$=2\times2333.33+500$$

$$=5167\text{mm}$$

④第一排右端支座负筋：

2ϕ20

$$l=\text{净跨长}/3+\max\{l_{aE},0.4l_{abE}+15d,h_c-c+15d\}$$

$$=(7500-250-250)/3+\max\{1.00\times29\times20,0.4\times29\times20+15\times20,500-30+15\times20\}$$

$$=7000/3+580$$

$$=2913\text{mm}$$

⑤第一跨下部纵筋（非通长筋）：

4ϕ20

$$l=\text{第一跨净跨长}+2\times\max\{l_{aE},0.5h_c+5d\}$$

$$=7500-250+2\times\max\{1.00\times29\times20,0.5\times500+5\times20\}$$

$$=7250+2\times580$$

$$=8410\text{mm}$$

⑥第二跨下部纵筋（非通长筋）：

4ϕ20

$$l=\text{第二跨净跨长}+2\times\max\{l_{aE},0.5h_c+5d\}$$

$$=7500-250+2\times\max\{1.00\times29\times20,0.5\times500+5\times20\}$$

$$=7250+2\times580$$

$$=8410\text{mm}$$

⑦矩形箍筋：

ϕ8@100/200

$$\text{箍筋长度}=(\text{梁宽}-2\times\text{保护层}+\text{梁高}-2\times\text{保护层})\times2+[1.9d+\max\{10d,75\text{mm}\}]\times2$$

$$=(300-2\times25+650-2\times25)\times2+(1.9\times8+80)\times2$$

$$=1700+190.4$$

$$=1891\text{mm}$$

当为2～4级抗震等级时，箍筋加密区长度为$\max\{1.5\times\text{梁高},500\text{mm}\}$，则有：

$$\text{箍筋加密区长度}=\max\{1.5\times650,500\}=975\text{mm}$$

第一跨箍筋根数＝（加密区长度/加密区间距＋1）×2＋（非加密区长度/非加密区间距－1）＋1

$$=(975/100+1)\times2+[(7500-250-250-975\times2)/200-1]+1$$

$$=21.5+24.25+1$$

$$=47\text{ 根}$$

工程量汇总：

$\phi 8：1.891 \times 47 \times 2 \times 0.00617 \times 8^2 = 70.157 kg$

$\phi 20：27.813 \times 14 \times 0.00617 \times 20^2 = 960.528 kg$

$\phi 22：15.776 \times 2 \times 0.00617 \times 22^2 = 94.177 kg$

KL5 钢筋工程量清单与计价见表 2-64。

表 2-64　KL5 钢筋工程量清单与计价表

序号	项目编码	项目名称	项目特征	计量单位	工程量
1	010515001001	现浇构件钢筋	钢筋种类、规格：HPB300 级圆钢、φ8	t	0.070
2	010515001002	现浇构件钢筋	钢筋种类、规格：HRB335 级螺纹钢、φ20	t	0.961
3	010515001003	现浇构件钢筋	钢筋种类、规格：HRB335 级螺纹钢、φ22	t	0.094

学习单元 2.9　门窗工程

门窗工程包括木门，金属门，金属卷帘（闸）门，厂库房大门、特种门，其他门，木窗，金属窗，门窗套、窗台板、窗帘、窗帘盒、轨等。

2.9.1　木门

木门包括木质门，木质门带套，木质连窗门，木质防火门，木门框，门锁安装六个清单项目。

木门工程量清单项目设置、项目特征描述、计量单位及工程量计算规则应按表 2-65 的规定执行。

表 2-65　木门（编号：010801）

项目编码	项目名称	项目特征	计量单位	工程量计算规则	工程内容
010801001	木质门				
010801002	木质门带套	1. 门代号及洞口尺寸 2. 镶嵌玻璃品种、厚度		1. 以樘计量，按设计图示数量计算 2. 以平方米计量，按设计图示洞口尺寸以面积计算	1. 门安装 2. 五金、玻璃安装 3. 刷防护材料、油漆
010801003	木质连窗门				
010801004	木质防火门		1. 樘 2. m²		
010801005	木门框	1. 门代号及洞口尺寸 2. 框截面尺寸 3. 防护材料种类		1. 以樘计量，按设计图示数量计算 2. 以平方米计量，按设计图示框的中心线以延长米计算	1. 木门框制作、安装 2. 运输 3. 刷防护材料
010801006	门锁安装	1. 品种 2. 规格	个（套）	按设计图示数量计算	安装

2.9.2　金属门

金属门包括金属（塑钢）门，彩板门，钢质防火门，防盗门四个清单项目。

金属门工程量清单项目设置、项目特征描述、计量单位及工程量计算规则应按表 2-66 的规定执行。

表 2-66 金属门（编号：010802）

项目编码	项目名称	项目特征	计量单位	工程量计算规则	工程内容
010802001	金属（塑钢）门	1. 门代号及洞口尺寸 2. 门框或扇外围尺寸 3. 门框、扇材质 4. 玻璃品种、厚度	1. 樘 2. m²	1. 以樘计量，按设计图示数量计算 2. 以平方米计量，按设计图示洞口尺寸以面积计算	1. 门安装 2. 五金安装 3. 玻璃安装
010802002	彩板门	1. 门代号及洞口尺寸 2. 门框或扇外围尺寸			
010802003	钢质防火门	1. 门代号及洞口尺寸 2. 门框或扇外围尺寸 3. 门框、扇材质			1. 门安装 2. 五金安装
010802004	防盗门				

2.9.3 金属卷帘（闸）门

金属卷帘（闸）门包括金属卷帘（闸）门，防火卷帘（闸）门两个清单项目。

金属卷帘（闸）门工程量清单项目设置、项目特征描述、计量单位及工程量计算规则应按表 2-67 的规定执行。

表 2-67 金属卷帘（闸）门（编号：010803）

项目编码	项目名称	项目特征	计量单位	工程量计算规则	工程内容
010803001	金属卷帘（闸）门	1. 门代号及洞口尺寸 2. 门材质 3. 启动装置品种、规格、品牌	1. 樘 2. m²	1. 以樘计量，按设计图示数量计算 2. 以平方米计量，按设计图示洞口尺寸以面积计算	1. 门运输、安装 2. 启动装置、活动小门、五金安装
010803003	防火卷帘（闸）门				

2.9.4 厂库房大门、特种门

厂库房大门、特种门包括木板大门，钢木大门，全钢板大门，防护铁丝门，金属格栅门，钢质花饰大门，特种门七个清单项目。

2.9.5 其他门

其他门包括电子感应门，旋转门，电子对讲门，电动伸缩门，全玻自由门，镜面不锈钢饰面门，复合材料门七个清单项目。

2.9.6 木窗

木窗包括木质窗，木飘（凸）窗，木橱窗，木纱窗四个清单项目。

木窗工程量清单项目设置、项目特征描述、计量单位及工程量计算规则应按表 2-68 的规定执行。

表 2-68　木窗(编号:010806)

项目编码	项目名称	项目特征	计量单位	工程量计算规则	工程内容
010806001	木质窗	1. 窗代号及洞口尺寸 2. 玻璃品种、厚度	1. 樘 2. m²	1. 以樘计量,按设计图示数量计算 2. 以平方米计量,按设计图示洞口尺寸以面积计算	1. 窗安装 2. 五金、玻璃安装
010806002	木飘(凸)窗				
010806003	木橱窗	1. 窗代号 2. 框截面及外围展开面积 3. 玻璃品种、厚度 4. 防护材料种类		1. 以樘计量,按设计图示数量计算 2. 以平方米计量,按设计图示尺寸以框外围展开面积计算	1. 窗制作、运输、安装 2. 五金、玻璃安装 3. 刷防护材料
010806004	木纱窗	1. 窗代号及框的外围尺寸 2. 窗纱材料品种、规格		1. 以樘计量,按设计图示数量计算 2. 以平方米计量,按框的外围尺寸以面积计算	1. 窗安装 2. 五金安装

2.9.7　金属窗

金属窗包括金属(塑钢、断桥)窗,金属防火窗,金属百叶窗,金属纱窗,金属格栅窗,金属(塑钢、断桥)橱窗,金属(塑钢、断桥)飘(凸)窗,彩板窗,复合材料窗九个清单项目。

金属窗工程量清单项目设置、项目特征描述、计量单位及工程量计算规则应按表 2-69 的规定执行。

表 2-69　金属窗(编号:010807)

项目编码	项目名称	项目特征	计量单位	工程量计算规则	工程内容
010807001	金属(塑钢、断桥)窗	1. 窗代号及洞口尺寸 2. 框、扇材质 3. 玻璃品种、厚度	1. 樘 2. m²	1. 以樘计量,按设计图示数量计算 2. 以平方米计量,按设计图示洞口尺寸以面积计算	1. 窗制作、运输、安装 2. 五金、玻璃安装
010807002	金属防火窗				
010807003	金属百叶窗	1. 窗代号及洞口尺寸 2. 框、扇材质 3. 玻璃品种、厚度		1. 以樘计量,按设计图示数量计算 2. 以平方米计量,按框的外围尺寸以面积计算	1. 窗制作、运输、安装 2. 五金安装
010807004	金属纱窗	1. 窗代号及框的外围尺寸 2. 框材质 3. 窗纱材料品种、规格			
010807005	金属格栅窗	1. 窗代号及洞口尺寸 2. 框外围尺寸 3. 框、扇材质		1. 以樘计量,按设计图示数量计算 2. 以平方米计量,按设计图示洞口尺寸以面积计算	

项目编码	项目名称	项目特征	计量单位	工程量计算规则	工程内容
010807006	金属(塑钢、断桥)橱窗	1. 窗代号 2. 框外围展开面积 3. 框、扇材质 4. 玻璃品种、厚度 5. 防护材料种类	1. 樘 2. m²	1. 以樘计量，按设计图示数量计算 2. 以平方米计量，按设计图示尺寸以框外围展开面积计算	1. 窗制作、运输、安装 2. 五金、玻璃安装 3. 刷防护材料
010807007	金属(塑钢、断桥)飘(凸)窗	1. 窗代号 2. 框外围展开面积 3. 框、扇材质 4. 玻璃品种、厚度			1. 窗制作、运输、安装 2. 五金、玻璃安装
010807008	彩板窗	1. 窗代号及洞口尺寸 2. 框外围尺寸			
010807009	复合材料窗	3. 框、扇材质 4. 玻璃品种、厚度			

2.9.8 门窗套、窗台板、窗帘盒、轨

这些项目在本单元中不详细介绍，具体内容详见《房屋建筑与装饰工程工程量计算规范》(GB 50854—2013)。

【例 2-22】 图 2-70 是某住宅的平面布置图，已知 M-1 是钢防盗门，尺寸为 1200mm×2100mm，M-2 是实木装饰门，尺寸为 900mm×2100mm，C-1 是塑钢窗，尺寸为 1500mm×1500mm，试计算门窗工程量，并编制门窗工程量清单。

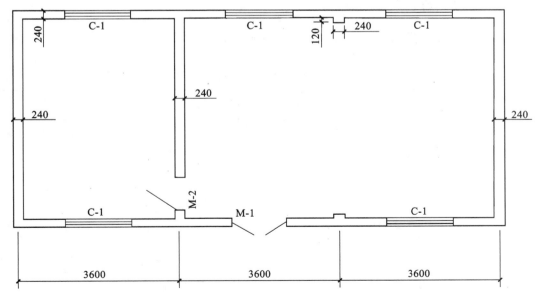

图 2-70 某住宅的平面布置图

【分析】 木门、防盗门工程量的计算规则均以樘计量,按设计图示数量计算或以平方米计量,按设计图示尺寸以框外围展开面积计算。

【解】 M-1 的工程量＝1.2×2.1＝2.52m²

　　　　M-2 的工程量＝0.9×2.1＝1.89m²

　　　　C-1 的工程量＝1.5×1.5×5＝11.25m²

工程量清单见表 2-70。

表 2-70　门窗工程量清单

序号	项目编码	项目名称	项目特征	计量单位	工程量
1	010801001001	木质门	实木装饰门 900mm×2100mm	m²	1.89
2	010802004002	防盗门	钢防盗门 1200mm×2100mm	m²	2.52
3	010807001003	金属窗	塑钢窗 1500mm×1500mm	m²	11.25

学习单元 2.10　屋面及防水工程

屋面按结构形式划分,通常可分为坡屋面和平屋面两种形式。屋面工程主要是指屋面结构层(屋面板)或屋面木基层以上的工作内容。

常见的坡屋面结构分为两坡水和四坡水;根据所用材料又分为青瓦屋面、平瓦屋面、石棉水泥瓦屋面、玻璃钢波形瓦屋面等。

平屋面按照屋面的防水做法不同可分为卷材防水屋面、刚性防水屋面、涂料防水屋面等。其结构层以上主要由找坡层、保温隔热层、找平层、防水层等构成,其中,又以找坡层和防水层为最基本的功能层,其他层可根据不同地区的要求设置。

2.10.1　瓦、型材及其他屋面

瓦、型材及其他屋面项目包括瓦屋面,型材屋面,阳光板屋面,玻璃钢屋面和膜结构屋面五个清单项目(2-71)。

表 2-71　瓦、型材及其他屋面(编号:010901)

项目编码	项目名称	项目特征	计量单位	工程量计算规则	工作内容
010901001	瓦屋面	1.瓦品种、规格 2.黏结层砂浆的配合比	m²	按设计图示尺寸以斜面积计算 不扣除房上烟囱、风帽底座、风道、小气窗、斜沟等所占面积。小气窗的出檐部分不增加面积	1.砂浆制作、运输、摊铺、养护 2.安瓦、作瓦脊
010901002	型材屋面	1.型材品种、规格 2.金属檩条材料品种、规格 3.接缝、嵌缝材料种类			1.檩条制作、运输、安装 2.屋面型材安装 3.接缝、嵌缝

项目编码	项目名称	项目特征	计量单位	工程量计算规则	工作内容
010901003	阳光板屋面	1.阳光板品种、规格 2.骨架材料品种、规格 3.接缝、嵌缝材料种类 4.油漆品种、刷漆遍数	m²	按设计图示尺寸以斜面积计算 不扣除屋面面积≤0.3m²孔洞所占面积	1.骨架制作、运输、安装,刷防护材料、油漆 2.阳光板安装 3.接缝、嵌缝
010901004	玻璃钢屋面	1.玻璃钢品种、规格 2.骨架材料品种、规格 3.玻璃钢固定方式 4.接缝、嵌缝材料种类 5.油漆品种、刷漆遍数			1.骨架制作、运输、安装,刷防护材料、油漆 2.玻璃钢制作、安装 3.接缝、嵌缝
010901005	膜结构屋面	1.膜布品种、规格 2.支柱(网架) 3.钢丝绳品种、规格 4.锚固基座做法 5.油漆品种、刷漆遍数		按设计图示尺寸以需要覆盖的水平投影面积计算	1.膜布热压胶接 2.支柱(网架)制作、安装 3.膜布安装 4.穿钢丝绳、锚头锚固 5.锚固基座、挖土、回填 6.刷防护材料、油漆

注:①若是在木基层上铺瓦,项目特征不必描述黏结层砂浆的配合比,瓦屋面铺防水层可按表 2-72 中相关项目编码列项。

②型材屋面,阳光板屋面,玻璃钢屋面的柱、梁、屋架,按金属结构工程、木结构工程中相关项目编码列项。

(1)瓦屋面

瓦屋面项目适用于用小青瓦、平瓦、筒瓦、石棉水泥瓦、玻璃钢波形瓦等材料制成的屋面。

注意:瓦屋面基层包括檩条、椽子、木屋面板、顺水条、挂瓦条等,其费用应包含在报价内。

(2)型材屋面

①型材屋面项目适用于压型钢板、金属压型夹心板、阳光板、玻璃钢等屋面。

注意:型材屋面的钢檩条或木檩条以及骨架、螺栓、挂钩等应包含在报价内,即完成型材屋面实体所需的一切人工、材料、机械费用都应包含在型材屋面的报价内。

②瓦屋面、型材屋面工程量按设计图示尺寸斜面积以"m²"计算。

③斜屋面工程量为屋面水平投影面积乘以屋面坡度系数。

其中,屋面水平投影面积＝水平投影长度×水平投影宽度。

(3)膜结构屋面

膜结构也称为索膜结构,是一种以膜布与支撑(柱、网架等)和拉结结构(拉杆、钢丝绳等)组成的屋盖、篷顶结构。膜结构屋面项目适用于膜布屋面。

注意:

①索膜结构中支撑和拉结构件应包含在膜结构屋面的报价内。

②支撑柱的钢筋混凝土柱基、锚固的钢筋混凝土基础以及地脚螺栓等按混凝土及钢筋混凝土相关项目编码列项。

③瓦屋面、型材屋面、膜结构屋面的钢檩条、钢支撑(柱、网架等)和拉结结构需刷防护

材料时,可按相关项目单独编码列项,也可包含在瓦屋面、型材屋面、膜结构屋面项目的报价内。

2.10.2 屋面防水及其他

屋面防水项目包括屋面卷材防水,屋面涂膜防水,屋面刚性层,屋面排水管,屋面排(透)气管,屋面(外廊、阳台)泄(吐)水管,屋面天沟、檐沟,屋面变形缝八个清单项目(表2-72)。

表2-72 屋面防水及其他(编号:010902)

项目编码	项目名称	项目特征	计量单位	工程量计算规则	工作内容
010902001	屋面卷材防水	1.卷材品种、规格、厚度 2.防水层数 3.防水层做法	m²	按设计图示尺寸以面积计算 1.斜屋顶(不包括平屋顶找坡)按斜面积计算,平屋顶按水平投影面积计算 2.不扣除房上烟囱、风帽底座、风道、屋面小气窗和斜沟所占面积 3.屋面的女儿墙、伸缩缝和天窗等处的弯起部分,并入屋面工程量内	1.基层处理 2.刷底油 3.铺油毡卷材、接缝
010902002	屋面涂膜防水	1.防水膜品种 2.涂膜厚度、遍数 3.增强材料种类			1.基层处理 2.刷基层处理剂 3.铺布、喷涂防水层
010902003	屋面刚性层	1.刚性层厚度 2.混凝土种类 3.混凝土强度等级 4.嵌缝材料种类 5.钢筋规格、型号		按设计图示尺寸以面积计算。不扣除房上烟囱、风帽底座、风道等所占面积	1.基层处理 2.混凝土制作、运输、铺筑、养护 3.钢筋制安
010302004	屋面排水管	1.排水管品种、规格 2.雨水斗、山墙出水口品种、规格 3.接缝、嵌缝材料种类 4.油漆品种、刷漆遍数	m	按设计图示尺寸以长度计算。如设计未标注尺寸,以檐口至设计室外散水上表面垂直距离计算	1.排水管及配件安装、固定 2.雨水斗、山墙出水口、雨水箅子安装 3.接缝、嵌缝 4.刷漆
010902005	屋面排(透)气管	1.排(透)气管品种、规格 2.接缝、嵌缝材料种类 3.油漆品种、刷漆遍数		按设计图示尺寸以长度计算	1.排(透)气管及配件安装、固定 2.软件制作、安装 3.接缝、嵌缝 4.刷漆
010902006	屋面(外廊、阳台)泄(吐)水管	1.泄(吐)水管品种、规格 2.接缝、嵌缝材料种类 3.泄(吐)水管长度 4.油漆品种、刷漆遍数	根(个)	按设计图示数量计算	1.水管及配件安装、固定 2.接缝、嵌缝 3.刷漆

项目编码	项目名称	项目特征	计量单位	工程量计算规则	工作内容
010902007	屋面天沟、檐沟	1. 材料品种、规格 2. 接缝、嵌缝材料种类	m²	按设计图示尺寸以展开面积计算	1. 天沟材料铺设 2. 天沟配件安装 3. 接缝、嵌缝 4. 刷防护材料
010902008	屋面变形缝	1. 嵌缝材料种类 2. 止水带材料种类 3. 盖缝材料 4. 防护材料种类	m	按设计图示尺寸以长度计算	1. 清缝 2. 填塞防水材料 3. 止水带安装 4. 盖缝制作、安装 5. 刷防护材料

注:①屋面刚性层无钢筋,其钢筋项目特征不必描述。

②屋面找平层按楼地面装饰工程"平面砂浆找平层"项目编码列项。

③屋面防水搭接及附加层用量不另行计算,在综合单价中考虑。

④屋面保温找坡层按保温、隔热、防腐工程"保温隔热屋面"项目编码列项。

(1)屋面卷材防水

屋面卷材防水项目适用于利用胶结材料粘贴卷材进行防水的屋面,如高聚物改性沥青防水卷材屋面。

注意:

①屋面找平层、基层处理(清理修补、刷基层处理剂);檐沟、天沟、水落口、泛水收头、变形缝等处的卷材附加层;浅色、反射涂料保护层,绿豆砂保护层,细砂、云母及蛭石保护层等费用应包含在报价内。

②水泥砂浆保护层、细石混凝土保护层的费用可包含在报价内,也可按相关项目编码列项。

③屋面找坡层(如1:6水泥炉渣)的费用可包含在屋面防水项目内,也可包含在屋面保温项目内。清单编制人在项目特征描述中要注意描述找坡层的种类、厚度。

【例2-23】 已知某工程女儿墙厚240mm,屋面卷材在女儿墙处卷起250mm,图2-71所示为其屋顶平面图,屋面做法如下:

①4mm厚高聚物改性沥青卷材防水层一道;

②20mm厚1:3水泥砂浆找平层;

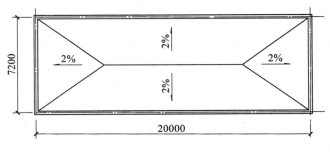

图 2-71 屋顶平面图

③1∶6水泥焦渣找2％坡,最薄处30mm厚;

④60mm厚聚苯乙烯泡沫塑料板保温层;

⑤现浇钢筋混凝土板。

试计算其屋面工程的防水工程量。

【解】 根据前述,屋面卷材防水项目包括抹找平层,也包括找坡层和屋面保温层。

$$屋面面积=屋面净长×屋面净宽$$
$$=(20-0.12×2)×(7.2-0.12×2)$$
$$=137.53m^2$$

$$女儿墙弯起部分面积=女儿墙内周长×卷材弯起高度$$
$$=(20-0.12×2+7.2-0.12×2)×2×0.25$$
$$=13.36m^2$$

$$屋面卷材防水层工程量=屋面面积+在女儿墙处弯起的部分面积$$
$$=137.53+13.36=150.89m^2$$

屋面防水工程量清单与计价见表2-73。

表 2-73　屋面防水工程量清单与计价表

序号	项目编码	项目名称	项目特征描述	计量单位	工程量
1	010902001001	屋面卷材防水	4mm厚高聚物改性沥青卷材防水层一道,20mm厚1∶3水泥砂浆找平层,1∶6水泥焦砟找2％坡,最薄处30mm厚,60mm厚聚苯乙烯泡沫塑料板保温层	m²	150.89

注:聚苯乙烯泡沫塑料板保温层也可按"保温隔热屋面"项目单独列项。

(2)屋面涂膜防水

涂膜防水是指在基层上涂刷防水涂料,经固化后形成具有防水效果的薄膜。屋面涂膜防水项目适用于厚质涂料、薄质涂料和有加增强材料或没有加增强材料的涂膜防水屋面。

(3)屋面刚性层

屋面刚性防水项目适用于细石混凝土、补偿收缩混凝土、块体混凝土、预应力混凝土和钢纤维混凝土等刚性防水屋面。

注意:刚性防水屋面的分格缝、泛水、变形缝部位的防水卷材、密封材料、背衬材料、沥青麻丝等费用应包括在刚性防水屋面的报价内。

(4)屋面排水管

屋面排水管项目适用于各种排水管材(PVC管、玻璃钢管、铸铁管等)项目。

注意:雨水口、水斗、算子板、安装排水管的卡箍等都应包括在排水管项目报价内。

(5)屋面天沟、檐沟

屋面天沟、檐沟项目适用于屋面各种形式的天沟、檐沟。

2.10.3　墙、地面防水、防潮

墙、地面防水、防潮项目包括墙面卷材防水,墙面涂膜防水,墙面砂浆防水(防潮),墙面变形缝四个清单项目(表2-74)。

表 2-74　墙、地面防水、防潮（编号：010903）

项目编码	项目名称	项目特征	计量单位	工程量计算规则	工作内容
010903001	墙面卷材防水	1. 卷材品种、规格、厚度 2. 防水层数 3. 防水层做法	m²	按设计图示尺寸以面积计算	1. 基层处理 2. 刷黏结剂 3. 铺防水卷材 4. 接缝、嵌缝
010903002	墙面涂膜防水	1. 防水膜品种 2. 涂膜厚度、遍数 3. 增强材料种类			1. 基层处理 2. 刷基层处理剂 3. 铺布、喷涂防水层
010903003	墙面砂浆防水（防潮）	1. 防水层做法 2. 砂浆厚度、配合比 3. 钢丝网规格			1. 基层处理 2. 挂钢丝网片 3. 设置分格缝 4. 砂浆制作、运输、摊铺、养护
010903004	墙面变形缝	1. 嵌缝材料种类 2. 止水带材料种类 3. 盖缝材料 4. 防护材料种类	m	按设计图示尺寸以长度计算	1. 清缝 2. 填塞防水材料 3. 止水带安装 4. 盖缝制作、安装 5. 刷防护材料

注：①墙面防水搭接及附加层用量不另行计算，在综合单价中考虑。

②墙面变形缝若做双面，工程量乘以系数 2。

③墙面找平层按墙、柱面装饰与隔断、幕墙工程"立面砂浆找平层"项目编码列项。

（1）卷材防水、涂膜防水

卷材防水、涂膜防水项目适用于基础、楼地面、墙面等部位的防水。

注意：

①工程量计算按设计图示尺寸以面积计算，计量单位为"m²"。

a. 地面防水　按主墙间净空面积计算，扣除凸出地面的构筑物、设备基础等所占面积，不扣除间壁墙（厚度在 120mm 以内的墙可视为间壁墙）及单个面积在 0.3m² 以内的柱、垛、烟囱和孔洞所占面积。

b. 墙基防水　外墙按外墙中心线长计算，内墙按内墙净长乘以墙基的宽度计算。

c. 墙身防水　外墙面按外墙外边线长计算，内墙面按内墙面净长乘以高度计算。

②抹找平层、刷基础处理剂、刷胶黏剂、胶黏卷材防水、特殊处理部位的嵌缝材料、附加卷材垫衬的费用应包含在报价内。

③永久性保护层（如砖墙、混凝土地坪等）应按相关项目编码列项。

④地面、墙基、墙身的防水应分别编码列项。

（2）砂浆防水（防潮）

墙、地面砂浆防水（防潮）项目适用于地下、基础、楼地面、墙面等部位的防水（防潮）。

注意:防水、防潮层的外加剂费用应包含在报价中。

(3)变形缝

变形缝项目适用于基础、墙体、屋面等部位的抗震缝、伸缩缝、沉降缝的处理。

2.10.4　楼(地)面防水、防潮(表2-75)

表2-75　楼(地)面防水、防潮(编号:010904)

项目编码	项目名称	项目特征	计量单位	工程量计算规划	工作内容
010904001	楼(地)面卷材防水	1.卷材品种、规格、厚度 2.防水层数 3.防水层做法 4.反边高度	m²	按设计图示尺寸以面积计算 1.楼(地)面防水,按主墙间净空面积计算,扣除凸出地面的构筑物、设备基础等所占面积,不扣除间壁墙及单个面积≤0.3m²的柱、垛、烟囱和孔洞所占面积 2.楼(地)面防水反边高度≤300mm算作地面防水,反边高度>300mm按墙面防水计算	1.基层处理 2.刷黏结剂 3.铺防水卷材 4.接缝、嵌缝
010904002	楼(地)面涂膜防水	1.防水膜品种 2.涂膜厚度、遍数 3.增强材料种类 4.反边高度			1.基层处理 2.刷基层处理剂 3.铺布、喷涂防水层
010904003	楼(地)面砂浆防水(防潮)	1.防水层做法 2.砂浆厚度、配合比 3.反边高度			1.基层处理 2.砂浆制作、运输、摊铺、养护
010904004	楼(地)面变形缝	1.嵌缝材料种类 2.止水带材料种类 3.盖缝材料 4.防护材料种类	m	按设计图示尺寸以长度计算	1.清缝 2.填塞防水材料 3.止水带安装 4.盖缝制作、安装 5.刷防护材料

注:①楼(地)面防水找平层按楼地面装饰工程"平面砂浆找平层"项目编码列项。

②楼(地)面防水搭接及附加层用量不另行计算,在综合单价中考虑。

学习单元2.11　保温、隔热、防腐工程

保温、隔热、防腐工程适用于工业与民用建筑的基础、地面、墙面防腐,楼地面、墙体、屋盖的保温、隔热工程,包括保温、隔热,防腐面层,其他防腐三节十六个清单项目。

2.11.1　保温、隔热

保温、隔热项目包括保温隔热屋面,保温隔热天棚,保温隔热墙面,保温柱、梁,保温隔热楼(地)面,其他保温隔热六个清单项目(表2-76)。

表 2-76　保温、隔热(编号:011001)

项目编码	项目名称	项目特征	计量单位	工程量计算规则	工作内容
011001001	保温隔热屋面	1.保温隔热材料品种、规格、厚度 2.隔气层材料品种、厚度 3.黏结材料种类、做法 4.防护材料种类、做法	m²	按设计图示尺寸以面积计算。扣除面积＞0.3m²孔洞及占位面积	1.基层清理 2.刷黏结材料 3.铺贴保温层 4.铺、刷(喷)防护材料
011001002	保温隔热天棚	1.保温隔热面层材料品种、规格、性能 2.保温隔热材料品种、规格及厚度 3.黏结材料种类及做法 4.防护材料种类及做法		按设计图示尺寸以面积计算。扣除面积＞0.3m²的柱、垛、孔洞所占面积,与天棚相连的梁按展开面积计算,并入天棚工程量内	
011001003	保温隔热墙面	1.保温隔热部位 2.保温隔热方式 3.踢脚线、勒脚线的保温做法 4.龙骨材料品种、规格 5.保温隔热面层材料品种、规格、性能 6.保温隔热材料品种、规格及厚度 7.增强格网及抗裂防水砂浆种类 8.黏结材料种类及做法 9.防护材料种类及做法		按设计图示尺寸以面积计算。扣除门窗洞口以及面积＞0.3m²梁、孔洞所占面积;门窗洞口侧壁以及与其相连的柱,并入保温墙体工程量内	1.基层清理 2.刷界面剂 3.安装龙骨 4.填贴保温材料 5.保温板安装 6.粘贴面层 7.铺设增强格网、抹抗裂防水砂浆面层 8.嵌缝 9.铺、刷(喷)防护材料
011001004	保温柱、梁			按设计图示尺寸以面积计算 1.柱按设计图示柱断面保温层中心线展开长度乘以保温层高度以面积计算,扣除面积＞0.3m²梁所占面积 2.梁按设计图示梁断面保温层中心线展开长度乘以保温层长度以面积计算	

续表 2-76

项目编码	项目名称	项目特征	计量单位	工程量计算规则	工作内容
011001005	保温隔热楼(地)面	1. 保温隔热部位 2. 保温隔热材料品种、规格、厚度 3. 隔气层材料品种、厚度 4. 黏结材料种类、做法 5. 防护材料种类、做法	m²	按设计图示尺寸以面积计算。扣除面积＞0.3m²的柱、垛、孔洞等所占面积。门洞、空圈、暖气包槽、壁龛的开口部分不增加面积	1. 基层清理 2. 刷黏结材料 3. 铺贴保温层 4. 铺、刷(喷)防护材料
011001006	其他保温隔热	1. 保温隔热部位 2. 保温隔热方式 3. 隔气层材料品种、厚度 4. 保温隔热面层材料品种、规格、性能 5. 保温隔热材料品种、规格及厚度 6. 黏结材料种类及做法 7. 增强格网及抗裂防水砂浆种类 8. 防护材料种类及做法		按设计图示尺寸以展开面积计算。扣除面积＞0.3m²孔洞及占位面积	1. 基层清理 2. 刷界面剂 3. 安装龙骨 4. 填贴保温材料 5. 保温板安装 6. 粘贴面层 7. 铺设增强格网、抹抗裂防水砂浆面层 8. 嵌缝 9. 铺、刷(喷)防护材料

注:①保温隔热装饰面层,按相关项目编码列项;仅做找平层时按楼地面装饰工程"平面砂浆找平层"或墙、柱面装饰与隔断、幕墙工程"立面砂浆找平层"项目编码列项。

　　②柱帽保温隔热应并入保温隔热天棚工程量内。

　　③池槽保温隔热应按"其他保温隔热"项目编码列项。

　　④保温隔热方式:内保温、外保温、夹心保温。

　　⑤保温柱、梁适用于不与墙、天棚相连的独立柱、梁。

(1)保温隔热屋面

保温隔热屋面项目适用于各种材料的屋面隔热保温,其工程量按照设计图示尺寸以平方米计量。

女儿墙屋面:

$$S = S_{底} - l_{中} \times 女儿墙厚$$

挑檐屋面：

$$S = S_{底}$$

注意：

①屋面保温隔热层上的防水层应按屋面防水项目单独编码列项。

②预制隔热板屋面的隔热板与砖墩分别按混凝土及钢筋混凝土工程和砌筑工程的相关项目编码列项。

③屋面保温隔热的找坡、找平层应包含在保温隔热项目的报价内（在项目特征中描述其找坡、找平材料品种、厚度），如果屋面防水项目包括找坡、找平，屋面保温隔热工程量不再计算，以免重复。

（2）保温隔热天棚

保温隔热天棚项目适用于各种材料的下贴式或吊顶上搁置式的保温隔热天棚。

注意：

①下贴式如需底层抹灰时，应在项目特征中描述抹灰材料的种类、厚度，其费用包含在保温隔热天棚项目报价内。

②保温隔热材料需加药物防虫剂时，清单编制人应在清单中进行描述。

③柱帽保温隔热应并入保温隔热天棚工程量内。

④保温面层外的装饰面层按装饰装修工程相关项目编码列项。

（3）保温隔热墙面

保温隔热墙面项目适用于工业与民用建筑物外墙、内墙的保温隔热工程。

注意：

①外墙外保温和内保温的面层应包含在保温隔热墙面项目报价内，其装饰层应按装饰装修工程的有关项目编码列项。

②外墙内保温的内墙保温踢脚线应包含在保温隔热墙面项目报价内。

③对于外墙外保温、内保温，内墙保温的基层抹灰或刮腻子应包含在该项目的报价内。

（4）保温柱、梁

保温柱项目适用于各种材料的柱保温。其工程量按设计图示以保温层中心线展开长度乘以保温层厚度（高度）以"m²"计量，其他内容同保温隔热墙面项目。

（5）保温隔热楼（地）面

保温隔热楼（地）面项目适用于各种材料（沥青贴软木、聚苯乙烯泡沫塑料板等）的楼（地）面隔热保温。

注意：池槽保温隔热，池壁、池底应分别编码列项，其中池壁按保温隔热墙面项目编码列项，池底按保温隔热地面项目编码列项。

2.11.2　防腐面层

防腐面层项目包括防腐混凝土面层，防腐砂浆面层，防腐胶泥面层，玻璃钢防腐面层，聚氯乙烯板面层，块料防腐面层，池、槽块料防腐面层七个清单项目（表2-77）。

（1）防腐混凝土面层、防腐砂浆面层、防腐胶泥面层

防腐混凝土（砂浆、胶泥）面层项目适用于平面或立面的水玻璃混凝土（砂浆、胶泥），沥青混凝土（砂浆、胶泥），树脂混凝土（砂浆、胶泥）以及聚合物水泥砂浆等防腐工程。

表 2-77　防腐面层（编号：011002）

项目编码	项目名称	项目特征	计量单位	工程量计算规则	工作内容
011002001	防腐混凝土面层	1.防腐部位 2.面层厚度 3.混凝土种类 4.胶泥种类、配合比	m²	按设计图示尺寸以面积计算 1.平面防腐：扣除凸出地面的构筑物、设备基础以及面积＞0.3m²的孔洞、柱、垛等所占面积。门洞、空圈、暖气包槽、壁龛的开口部分不增加面积 2.立面防腐：扣除门窗洞口以及面积＞0.3m²的孔洞、梁所占面积，门窗洞口侧壁及垛凸出部分按展开面积并入墙面积内	1.基层清理 2.基层刷稀胶泥 3.混凝土制作、运输、摊铺、养护
011002002	防腐砂浆面层	1.防腐部位 2.面层厚度 3.砂浆、胶泥种类和配合比			1.基层清理 2.基层刷稀胶泥 3.砂浆制作、运输、摊铺、养护
011002003	防腐胶泥面层	1.防腐部位 2.面层厚度 3.胶泥种类、配合比			1.基层清理 2.胶泥调制、摊铺
011002004	玻璃钢防腐面层	1.防腐部位 2.玻璃钢种类 3.贴布材料的种类、层数 4.面层材料品种			1.基层清理 2.刷底漆、刮腻子 3.胶浆配制、涂刷 4.黏布、涂刷面层
011002005	聚氯乙烯板面层	1.防腐部位 2.面层材料品种、厚度 3.黏结材料种类			1.基层清理 2.配料、涂胶 3.聚氯乙烯板铺设
011002006	块料防腐面层	1.防腐部位 2.块料品种、规格 3.黏结材料种类 4.勾缝材料种类			1.基层清理 2.铺贴块料 3.胶泥调制、勾缝
011002007	池、槽块料防腐面层	1.防腐池、槽的名称、代号 2.块料品种、规格 3.黏结材料种类 4.勾缝材料种类		按设计图示尺寸以展开面积计算	

注：防腐踢脚线，应按楼地面装饰工程"踢脚线"项目编码列项。

注意：

①因防腐材料不同，其价格差异就会很大，因而清单项目中必须列出混凝土、砂浆、胶泥的材料种类，如水玻璃混凝土、沥青混凝土等。

②如遇池、槽防腐，池底、池壁可合并列项，也可分别编码列项。

③防腐工程中需酸化处理、养护的费用应包含在报价中。

（2）玻璃钢防腐面层

玻璃钢防腐面层项目适用于平面或立面采用玻璃钢作为防腐面层的工程，其包括环氧酚醛玻璃钢、酚醛玻璃钢、环氧煤焦油玻璃钢等。

（3）聚氯乙烯板面层，块料防腐面层，池、槽块料防腐面层

聚氯乙烯板面层、块料防腐面层项目分别适用于平面或立面采用聚氯乙烯板、块料作防腐面层的工程。计算工程量时应注意：平面和立面工程量计算规则与上面四个清单项目规则一致，而踢脚板防腐工程量应扣除门洞所占面积，并相应增加门洞侧壁面积。

2.11.3 其他防腐

其他防腐项目包括隔离层、砌筑沥青浸渍砖、防腐涂料三个清单项目，具体见表2-78。

表2-78 其他防腐（编号：011003）

项目编码	项目名称	项目名称	计量单位	工程量计算规则	工作内容
011003001	隔离层	1.项目特征 2.隔离层材料品种 3.隔离层做法 4.黏结材料种类	m²	按设计图示尺寸以面积计算 1.平面防腐：扣除凸出地面的构筑物、设备基础以及面积＞0.3m²的孔洞、柱、垛等所占面积，门洞、空圈、暖气包槽、壁龛的开口部分不增加面积 2.立面防腐：扣除门窗洞口以及面积＞0.3m²的孔洞、梁所占面积，门窗洞口侧壁、垛凸出部分按展开面积并入墙面积内	1.基层清理、刷油 2.煮沥青 3.胶泥调制 4.隔离层铺设
011003002	砌筑沥青浸渍砖	1.砌筑部位 2.浸渍砖规格 3.胶泥种类 4.浸渍砖砌法	m³	按设计图示尺寸以体积计算	1.基层清理 2.胶泥调制 3.浸渍砖铺砌
011003003	防腐涂料	1.涂刷部位 2.基层材料类型 3.刮腻子的种类、遍数 4.涂料品种、刷涂遍数	m²	按设计图示尺寸以面积计算 1.平面防腐：扣除凸出地面的构筑物、设备基础以及面积＞0.3m²的孔洞、柱、垛等所占面积，门洞、空圈、暖气包槽、壁龛的开口部分不增加面积 2.立面防腐：扣除门窗洞口以及面积＞0.3m²的孔洞、梁所占面积，门窗洞口侧壁、垛凸出部分按展开面积并入墙面积内	1.基层清理 2.刮腻子 3.刷涂料

注：浸渍砖砌法指平砌、立砌。

（1）隔离层

隔离层项目适用于楼地面的沥青类、树脂玻璃钢类防腐工程的隔离层。

（2）砌筑沥青浸渍砖

砌筑沥青浸渍砖项目适用于砌筑沥青浸渍砖的防腐工程。

（3）防腐涂料

防腐涂料项目适用于建筑物、构筑物以及钢结构的防腐工程。

能力训练

某住宅标准层，如图 2-72 所示，墙厚均为 240mm，外墙皮至阳台外皮 1.5m，轴线为墙中心线，阳台不封闭，试计算标准层建筑面积。

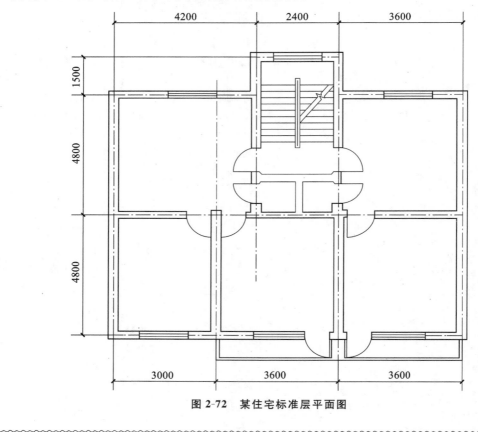

图 2-72　某住宅标准层平面图

学习单元 2.12　楼地面装饰工程

楼地面装饰工程包括整体面层及找平层、块料面层、橡塑面层、其他材料面层、踢脚线、楼梯面层、台阶装饰、零星装饰项目。

2.12.1 整体面层及找平层

整体面层及找平层项目包括水泥砂浆楼地面、现浇水磨石楼地面、细石混凝土楼地面、菱苦土楼地面、自流平楼地面、平面砂浆找平层六个清单项目。整体面层及找平层工程量清单项目的设置、项目特征描述的内容、计量单位及工程量计算规则应按表2-79的规定执行。

表2-79 整体面层及找平层(编号:011101)

项目编码	项目名称	项目特征	计量单位	工程量计算规则	工程内容
011101001	水泥砂浆楼地面	1.垫层材料种类、厚度 2.找平层厚度、砂浆配合比 3.防水层厚度、材料种类 4.面层厚度、砂浆配合比			1.基层清理 2.抹找平层 3.抹面层 4.材料运输
011101002	现浇水磨石楼地面	1.找平层厚度、砂浆配合比 2.面层厚度、水泥石子浆配合比 3.嵌条材料种类、规格 4.石子种类、规格、颜色 5.颜料种类、颜色 6.图案要求 7.磨光、酸洗、打蜡要求			1.基层清理 2.抹找平层 3.面层铺设 4.嵌缝条安装 5.磨光、酸洗、打蜡 6.材料运输
011101003	细石混凝土楼地面	1.找平层厚度、砂浆配合比 2.面层厚度、混凝土强度等级	m²	按设计图示尺寸以面积计算。扣除凸出地面的构筑物、设备基础、室内铁道、地沟等所占面积,不扣除间壁墙及面积≤0.3m²的柱、垛、附墙烟囱及孔洞所占面积。门洞、空圈、暖气包槽、壁龛的开口部分不增加面积	1.基层清理 2.抹找平层 3.面层铺设 4.材料运输
011101004	菱苦土楼地面	1.找平层厚度、砂浆配合比 2.面层厚度 3.打蜡要求			1.基层清理 2.抹找平层 3.面层铺设 4.打蜡 5.材料运输
011101005	自流平楼地面	1.找平层砂浆配合比、厚度 2.界面剂材料种类 3.中层漆材料种类、厚度 4.面层材料种类、厚度			1.基层清理 2.抹找平层 3.涂界面剂 4.涂刷中层漆 5.打磨、吸尘 6.馒涂自流平面漆(浆) 7.拌和自流平浆料 8.面层铺设
011101006	平面砂浆找平层	找平层厚度、砂浆配合比		按设计图示尺寸以面积计算	1.基层清理 2.抹找平层 3.材料运输

楼地面抹灰工程量的计算公式：

$$S = A \times B - S_a \qquad (2-1)$$

式中 S——整体面层及找平层所占面积；

  A——主墙间的净长；

  B——主墙间的净宽；

  S_a——应扣除的面积，扣除凸出地面的构筑物、设备基础、室内铁道、地沟等所占面积之和大于 $0.3m^2$ 的柱、垛、附墙烟囱及孔洞所占面积。

【例 2-24】 图 2-73 所示为某住宅室内的水泥砂浆楼地面的平面图，其做法为：面层为 20mm 厚 1:2 水泥砂浆地面压光；垫层为 80mm 厚 C10 素混凝土垫层（中砂，砾石粒径为 5～40mm）；垫层下为素土夯实。试编制水泥砂浆楼地面工程量清单。

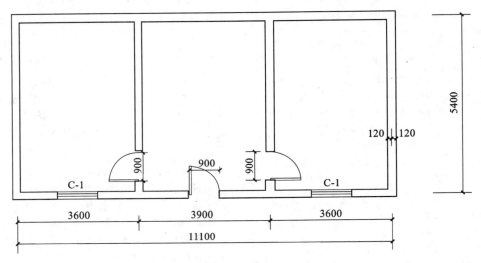

图 2-73 水泥砂浆楼地面平面图

【分析】 根据整体面层及找平层工程量的计算规则，门洞开口部分不增加面积。

【解】 （1）水泥砂浆楼地面工程量＝$(11.1-0.24\times3)\times(5.4-0.24)=53.56m^2$

（2）编制工程量清单

水泥砂浆楼地面工程量清单见表 2-80。

表 2-80 水泥砂浆楼地面工程量清单

项目编码	项目名称	项目特征	计量单位	工程量
011101001001	水泥砂浆楼地面	1.垫层材料种类、厚度：C10 素混凝土、80mm 厚 2.面层厚度、砂浆配合比：20mm 厚 1:2 水泥砂浆	m²	53.56

【例 2-25】 图 2-74 所示为某商铺的楼地面做成水磨石面层的平面图，其做法为：底层为 25mm 厚 1:3 水泥砂浆，面层为 20mm 厚 1:2.5 水泥白石子浆，嵌玻璃条。试编制水磨石楼地面的工程量清单。

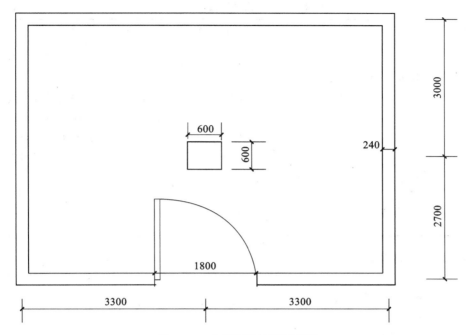

图 2-74　水磨石楼地面平面图

【分析】　根据整体面层及找平层的计算规则,应该扣除面积大于 $0.3m^2$ 柱所占的面积,不扣除门洞所占的面积。

【解】　(1)水磨石面层的工程量＝$(3.3×2－0.24)×(2.7＋3－0.24)－0.6×0.6$

$$＝34.37m^2$$

(2)编制工程量清单

水磨石楼地面工程量清单见表 2-81。

表 2-81　水磨石楼地面工程量清单

项目编码	项目名称	项目特征	计量单位	工程量
011101002001	现浇水磨石楼地面	1.垫层材料种类、厚度:1:3 水泥砂浆,厚 25mm 2.面层厚度、砂浆配合比:20mm 厚 1:2.5水泥白石子浆,嵌玻璃条	m^2	34.37

2.12.2　块料面层

块料面层是用一定规格的块状材料,采用相应的胶结材料或水泥砂浆结合层镶铺而成的面层,如大理石、花岗石、地砖等材料做成的面层。

块料面层项目包括石材楼地面、碎石材楼地面、块料楼地面三个清单项目。块料面层工程量清单项目的设置、项目特征描述的内容、计量单位及工程量计算规则应按表 2-82 的规定执行。

表 2-82　块料面层（编码:011102）

项目编码	项目名称	项目特征	计量单位	工程量计算规则	工程内容
011102001	石材楼地面	1. 找平层厚度、砂浆配合比 2. 结合层厚度、砂浆配合比 3. 面层材料品种、规格、品牌、颜色 4. 嵌缝材料种类 5. 防护层材料种类 6. 酸洗、打蜡要求	m²	按设计图示尺寸以面积计算。门洞、空圈、暖气包槽、壁龛的开口部分并入相应的工程量	1. 基层清理 2. 抹找平层 3. 面层铺设 4. 嵌缝 5. 刷防护材料 6. 酸洗、打蜡 7. 材料运输
011102002	碎石材楼地面				
011102003	块料楼地面				

块料楼地面的计算公式:

$$S = A \times B + S_b \tag{2-2}$$

式中　S——块料面层工程量;

　　　A——主墙间的净长;

　　　B——主墙间的净宽;

　　　S_b——门洞、空圈、暖气包槽、壁龛的开口部分。

【例 2-26】　图 2-75 所示为某建筑平面图,其地面铺贴 600mm×600mm 白色大理石板。试编制大理石地面的工程量清单。

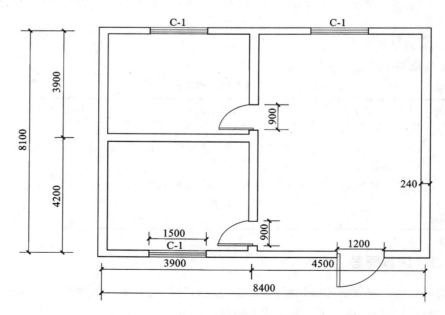

图 2-75　某建筑平面图

【分析】　按照工程量计算规则,按设计图示尺寸以面积计算,门洞开口部分并入相应的工程量内。

【解】 大理石地面的工程量＝(4.5－0.24)×(8.1－0.24)＋(3.9－0.24＋4.2－0.24)×(3.9－0.24)＋(0.9＋0.9＋1.2)×0.24＝62.09m²

编制工程量清单,见表 2-83。

表 2-83　大理石地面工程量清单

项目编码	项目名称	项目特征	计量单位	工程量
011102001001	石材楼地面	面层材料品种、规格、颜色:600mm×600mm 白色大理石	m²	62.09

2.12.3　橡塑面层

橡塑面层包括橡胶板楼地面、橡胶卷材楼地面、塑料板楼地面、塑料卷材楼地面四个清单项目。

橡塑面层工程量清单项目设置、项目特征描述、计量单位及工程量计算规则应按表 2-84 的规定执行。

表 2-84　橡塑面层(编号:011103)

项目编码	项目名称	项目特征	计量单位	工程量计算规则	工程内容
011103001	橡胶板楼地面	1.黏结层厚度、材料种类 2.面层材料品种、规格、品牌、颜色 3.压线条种类	m²	按设计图示尺寸以面积计算。门洞、空圈、暖气包槽、壁龛的开口部分并入相应的工程量内	1.基层清理 2.面层铺贴 3.压线条装钉 4.材料运输
011103002	橡胶卷材楼地面				
011103003	塑料板楼地面				
011103004	塑料卷材楼地面				

2.12.4　其他材料面层

其他材料面层包括地毯楼地面、竹木地板、金属复合地板、防静电活动地板四个清单项目。

其他材料面层工程量清单项目设置、项目特征描述、计量单位及工程量计算规则应按表 2-85 的规定执行。

表 2-85　其他材料面层(编号:011104)

项目编码	项目名称	项目特征	计量单位	工程量计算规则	工程内容
011104001	地毯楼地面	1. 面层材料品种、规格、品牌、颜色 2. 防护材料种类 3. 黏结材料种类 4. 压线条种类	m²	按设计图示尺寸以面积计算。门洞、空圈、暖气包槽、壁龛的开口部分并入相应的工程量内	1. 基层清理 2. 铺贴面层 3. 刷防护材料 4. 装钉压线条 5. 材料运输
011104002	竹木地板	1. 龙骨材料种类、规格、铺设间距 2. 基层材料种类、规格 3. 面层材料品种、规格、品牌、颜色 4. 防护材料种类			1. 基层清理 2. 龙骨铺设 3. 基层铺设 4. 面层铺贴 5. 刷防护材料 6. 材料运输
011104003	金属复合地板	1. 龙骨材料种类、规格、铺设间距 2. 基层材料种类、规格 3. 面层材料品种、规格、品牌 4. 防护材料种类			
011104004	防静电活动地板	1. 支架高度、材料种类 2. 面层材料品种、规格、品牌、颜色 3. 防护材料种类			1. 基层清理 2. 固定支架安装 3. 活动面层安装 4. 刷防护材料 5. 材料运输

【例 2-27】　某住宅的卧室全部铺设木地板,卧室的净面积为 60m²,卧室门洞开口部分尺寸为 0.9m×0.24m,共三处,试计算木地板的工程量。

【分析】　根据计算规则,木地板的工程量应该是房屋的净面积之和并入的门洞工程量之和。

【解】　木地板的工程量=60+0.9×0.24×3=60.65m²

2.12.5　踢脚线

踢脚线,顾名思义,就是脚踢得着的墙面区域,所以较易受到冲击。做踢脚线可以更好地使墙体和地面之间结合牢固,减少墙体变形,避免外力碰撞造成破坏。另外,踢脚线也比较容易擦洗,如果地面溅上脏水,擦洗非常方便。踢脚线除了它本身的保护墙面的功能之外,在家居美观上也起到一定作用。踢脚线起着视觉的平衡作用,利用它们的线性感觉及材质、色彩等在室内相互呼应,可以起到较好的美化装饰效果。

踢脚线项目包括水泥砂浆踢脚线、石材踢脚线、块料踢脚线、塑料踢脚线、木质踢脚线、金属踢脚线、防静电踢脚线七个清单项目。

踢脚线工程量清单项目设置、项目特征描述、计量单位及工程量计算规则应按表 2-86 的规定执行。

表 2-86 踢脚线(编号:011105)

项目编码	项目名称	项目特征	计量单位	工程量计算规则	工程内容
011105001	水泥砂浆踢脚线	1.踢脚线高度 2.底层厚度、砂浆配合比 3.面层厚度、砂浆配合比	1.m² 2.m	1.按设计图示长度乘以高度以面积计算 2.以延长米计算	1.基层清理 2.底层和面层抹灰 3.材料运输
011105002	石材踢脚线	1.踢脚线高度 2.黏结层厚度、材料种类 3.面层材料品种、规格、颜色 4.防护材料种类			1.基层清理 2.底层抹灰 3.面层铺贴、磨边 4.擦缝 5.磨光、酸洗、打蜡 6.刷防护材料 7.材料运输
011105003	块料踢脚线				
011105004	塑料踢脚线	1.踢脚线高度 2.黏结层厚度、材料种类 3.面层材料种类、规格、品牌、颜色			1.基层清理 2.基层铺贴 3.面层铺贴 4.材料运输
011105005	木质踢脚线	1.踢脚线高度 2.基层材料种类、规格 3.面层材料品种、规格、颜色			
011105006	金属踢脚线				
011105007	防静电踢脚线				

【例 2-28】 图 2-76 所示为某建筑平面图,室内水泥砂浆粘贴 150mm 高的石材踢脚线,墙体厚度 240mm,试编制踢脚线的工程量清单。

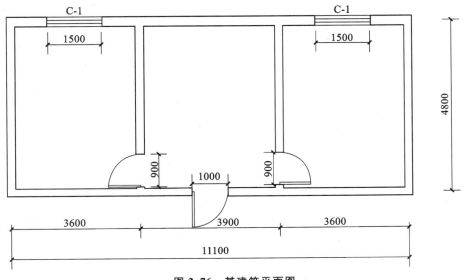

图 2-76 某建筑平面图

【分析】　根据工程量计算规则,踢脚线可以按图示长度乘以高度以面积计算或以延长米计算,不考虑门洞两侧的部分。

【解】　踢脚线工程量＝[(3.6－0.24＋4.8－0.24)×4＋(3.9－0.24＋4.8－0.24)×2－0.9×4－1×1]×0.15＝6.53m²

编制工程量清单,见表2-87。

表 2-87　踢脚线工程量清单

项目编码	项目名称	项目特征	计量单位	工程量
01110501002	石材踢脚线	踢脚线高度:150mm	m²	6.53

2.12.6　楼梯面层

楼梯在建筑物中作为楼层间垂直交通用的构件,用于楼层之间和高差较大时的交通联系。在设有电梯、自动梯作为主要垂直交通手段的多层和高层建筑中也要设置楼梯。高层建筑尽管采用电梯作为主要垂直交通工具,仍然要保留楼梯供火灾时逃生之用。楼梯由连续梯级的梯段(又称梯跑)、平台(休息平台)和围护构件等组成。

楼梯面层项目包括石材楼梯面层、块料楼梯面层、拼碎块料楼梯面层、水泥砂浆楼梯面层、现浇水磨石楼梯面层、地毯楼梯面层、木板楼梯面层、塑胶板楼梯面层、塑料板楼梯面层九个清单项目。

楼梯面层工程量清单项目设置、项目特征描述、计量单位及工程量计算规则应按表2-88的规定执行。

表 2-88　楼梯面层(编号:011106)

项目编码	项目名称	项目特征	计量单位	工程量计算规则	工程内容
011106001	石材楼梯面层	1. 找平层厚度、砂浆配合比 2. 黏结层厚度、材料种类	m²	按设计图示尺寸以楼梯(包括踏步、休息平台及500mm以内的楼梯井)水平投影面积计算。楼梯与楼地面相连时,算至梯口梁内侧边沿;无梯口梁者,算至最上一层踏步边沿加300mm	1. 基层清理 2. 抹找平层 3. 面层铺贴 4. 贴嵌防滑条 5. 勾缝 6. 刷防护材料 7. 酸洗、打蜡 8. 材料运输
011106002	块料楼梯面层	3. 面层材料品种、规格、品牌、颜色 4. 防滑条材料种类、规格 5. 勾缝材料种类 6. 防护层材料种类 7. 酸洗、打蜡要求			
011106003	拼碎块料楼梯面层				
011106004	水泥砂浆楼梯面层	1. 找平层厚度、砂浆配合比 2. 面层厚度、水泥石子浆配合比 3. 防滑条材料种类、规格			1. 基层清理 2. 抹找平层 3. 抹面层 4. 贴嵌防滑条 5. 材料运输

项目编码	项目名称	项目特征	计量单位	工程量计算规则	工程内容
011106005	现浇水磨石楼梯面层	1.找平层厚度、砂浆配合比 2.面层厚度、水泥石子浆配合比 3.防滑条材料种类、规格 4.石子种类、规格、颜色 5.颜料种类、颜色 6.磨光、酸洗、打蜡要求	m²	按设计图示尺寸以楼梯(包括踏步、休息平台及500mm以内的楼梯井)水平投影面积计算。楼梯与楼地面相连时,算至梯口梁内侧边沿;无梯口梁者,算至最上一层踏步边沿加300mm	1.基层清理 2.抹找平层 3.抹面层 4.贴嵌防滑条 5.磨光、酸洗、打蜡 6.材料运输
011106006	地毯楼梯面层	1.基层种类 2.面层材料品种、规格、颜色 3.防护材料种类 4.黏结材料种类 5.固定配件材料种类、规格			1.基层清理 2.铺贴面层 3.固定配件安装 4.刷防护材料 5.材料运输
011106007	木板楼梯面层	1.基层材料种类、规格 2.面层材料品种、规格、颜色 3.黏结材料种类 4.防护材料种类			1.基层清理 2.基层铺贴 3.面层铺贴 4.刷防护材料、油漆 5.材料运输
011106008	塑胶板楼梯面层	1.黏结层厚度、材料种类 2.面层材料品种、规格、颜色 3.压线条种类			1.基层清理 2.面层铺贴 3.压线条装钉 4.材料运输
011106009	塑料板楼梯面层				

【例 2-29】 如图 2-77 所示,某住宅楼梯(无梯口梁)为水磨石面层,试计算水磨石楼梯工程量,并编制工程量清单。

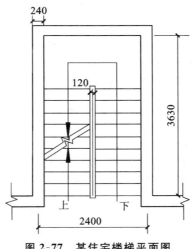

图 2-77 某住宅楼梯平面图

【分析】 根据楼梯面层的工程量按设计图示尺寸以楼梯(包括踏步、休息平台及500mm以内的楼梯井)水平投影面积计算。此图中楼梯井的宽度小于500mm。

【解】 水磨石面层的工程量=(2.4−0.24)×(3.63+0.3)=8.49m²

工程量清单见表2-89。

表 2-89　水磨石楼梯工程量清单

项目编码	项目名称	项目特征	计量单位	工程量
011106005001	水磨石楼梯面层	水磨石面层	m²	8.49

2.12.7 台阶装饰

台阶由平台和踏步两部分组成,其平面形式可根据建筑的功能及周围基础的情况选择。

台阶装饰项目包括石材台阶面、块料台阶面、拼碎块料台阶面、水泥砂浆台阶面、现浇水磨石台阶面、剁假石台阶面六个清单项目。

台阶工程量清单项目设置、项目特征描述、计量单位及工程量计算规则应按表2-90的规定执行。

表 2-90　台阶装饰(编号:011107)

项目编码	项目名称	项目特征	计量单位	工程量计算规则	工程内容
011107001	石材台阶面	1. 找平层厚度、砂浆配合比 2. 黏结层材料种类 3. 面层材料品种、规格、颜色 4. 勾缝材料种类 5. 防滑条材料种类、规格 6. 防护材料种类	m²	按设计图示尺寸以台阶(包括最上层踏步边沿加300mm)水平投影面积计算	1. 基层清理 2. 抹找平层 3. 面层铺贴 4. 贴嵌防滑条 5. 勾缝 6. 刷防护材料 7. 材料运输
011107002	块料台阶面				
011107003	拼碎块料台阶面				
011107004	水泥砂浆台阶面	1. 垫层材料种类、厚度 2. 找平层厚度、砂浆配合比 3. 面层厚度、砂浆配合比 4. 防滑条材料种类			1. 基层清理 2. 铺设垫层 3. 抹找平层 4. 抹面层 5. 贴嵌防滑条 6. 材料运输
011107005	现浇水磨石台阶面	1. 垫层材料种类、厚度 2. 找平层厚度、砂浆配合比 3. 面层厚度、砂浆配合比 4. 防滑条材料种类 5. 石子种类、规格、颜色 6. 颜料种类、规格、颜色 7. 磨光、酸洗、打蜡要求			

项目编码	项目名称	项目特征	计量单位	工程量计算规则	工程内容
011107006	剁假石台阶面	1.垫层材料种类、厚度 2.找平层厚度、砂浆配合比 3.面层厚度、砂浆配合比 4.剁假石要求	m²	按设计图示尺寸以台阶(包括最上层踏步边沿加300mm)水平投影面积计算	1.基层清理 2.铺设垫层 3.抹找平层 4.抹面层 5.剁假石 6.材料运输

【例 2-30】 某教学楼门前台阶示意图见图 2-78,该楼采用大理石台阶面层。试计算大理石台阶面层的工程量,并编制工程量清单。

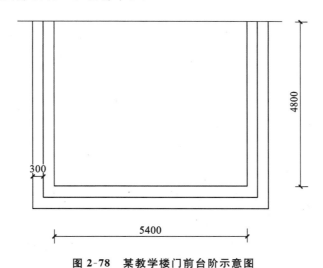

图 2-78 某教学楼门前台阶示意图

【分析】 台阶装饰的工程量按设计图示尺寸以台阶(包括最上层踏步边沿加300mm)水平投影面积计算。

【解】 台阶面层的工程量=(5.4+0.3×4)×(4.8+0.3×2)-(5.4-0.3×2)×(4.8-0.3)=14.04m²

工程量清单见表 2-91。

表 2-91 大理石台阶面层工程量清单

项目编码	项目名称	项目特征	计量单位	工程量
011107001001	石材台阶面	大理石台阶面	m²	14.04

2.12.8 零星装饰项目

零星装饰项目包括石材零星项目、拼碎石材零星项目、块料零星项目、水泥砂浆零星项目四个清单项目。

零星装饰项目工程量清单项目设置、项目特征描述、计量单位及工程量计算规则应按表 2-92 的规定执行。

项目编码	项目名称	项目特征	计量单位	工程量计算规则	工程内容
011108001	石材零星项目	1.工程部位 2.找平层厚度、砂浆配合比 3.黏结层厚度、材料种类 4.面层材料品种、规格、颜色 5.勾缝材料种类 6.防护材料种类 7.酸洗、打蜡要求	m²	按设计图示尺寸以面积计算	1.清理基层 2.抹找平层 3.面层铺贴 4.勾缝 5.刷防护材料 6.酸洗、打蜡 7.材料运输
011108002	拼碎石材零星项目				
011108003	块料零星项目				
011108004	水泥砂浆零星项目	1.工程部位 2.找平层厚度、砂浆配合比 3.面层厚度、砂浆厚度			1.清理基层 2.抹找平层 3.抹面层 4.材料运输

学习单元2.13 墙、柱面装饰与隔断、幕墙工程

本单元中的墙、柱面工程包括墙面抹灰,柱(梁)面抹灰,零星项目抹灰,墙面块料面层,柱(梁)面镶贴块料,镶贴零星块料,墙饰面,柱(梁)饰面,幕墙工程、隔断。

抹灰工程是用灰浆抹涂在房屋建筑的墙、地面、天棚表面的一种传统做法的装饰工程,其通常分为内抹灰与外抹灰两种。

2.13.1 墙面抹灰

墙面抹灰包括墙面一般抹灰,墙面装饰抹灰,墙面勾缝,立面砂浆找平层四个清单项目。

墙面一般抹灰是指以石灰或水泥为胶凝材料的一般墙面抹灰。墙面抹灰一般有石灰砂浆抹灰、混合砂浆抹灰、麻刀灰、纸浆灰、石膏浆罩面等。墙面装饰抹灰包括水刷石抹灰、斩假石抹灰、干粘石抹灰、假面砖墙面抹灰等。

墙面抹灰工程量清单项目的设置、项目特征描述的内容、计量单位及工程量计算规则应按表2-93的规定执行。

表 2-93 墙面抹灰(编号:011201)

项目编码	项目名称	项目特征	计量单位	工程量计算规则	工程内容
011201001	墙面一般抹灰	1.墙体类型 2.底层厚度、砂浆配合比 3.面层厚度、砂浆配合比 4.装饰面材料种类 5.分格缝宽度、材料种类	m²	按设计图示尺寸以面积计算。扣除墙裙、门窗洞口及单个面积为0.3m²以外的孔洞面积,不扣除踢脚线、挂镜线和墙与构件交接处的面积,门窗洞口和孔洞的侧壁及顶面不增加面积。附墙柱、梁、垛、烟囱侧壁并入相应的墙面面积内	1.基层清理 2.砂浆制作、运输 3.底层抹灰 4.抹面层 5.抹装饰面 6.勾分格缝
011201002	墙面装饰抹灰			1.外墙抹灰面积按外墙垂直投影面积计算 2.外墙裙抹灰面积按其长度乘以高度计算	
011201003	墙面勾缝	1.勾缝类型 2.勾缝材料种类		3.内墙抹灰面积按主墙间的净长乘以高度计算: (1)无墙裙的,高度按室内楼地面至天棚底面计算 (2)有墙裙的,高度按墙裙顶至天棚底面计算 (3)有吊顶天棚抹灰的,高度算至天棚底 4.内墙裙抹灰面积按内墙净长乘以高度计算	1.基层清理 2.砂浆制作、运输 3.勾缝
0110201004	立面砂浆找平层	1.基础类型 2.找平层砂浆厚度、配合比			1.基层清理 2.砂浆制作、运输 3.抹灰找平

【例 2-31】 某工程的平面图如图 2-79 所示,墙体的厚度是 240mm,层高 3.6m,室内墙面采用 1:3 的水泥砂浆抹灰,门窗的尺寸分别为:M-1 900mm×2000mm,M-2 1200mm×2000mm,M-3 1000mm×2000mm,C-1 1500mm×1500mm,C-2 1800mm×1500mm,C-3 3000mm×1500mm。试计算内墙抹灰工程量,并编制相应的工程量清单。

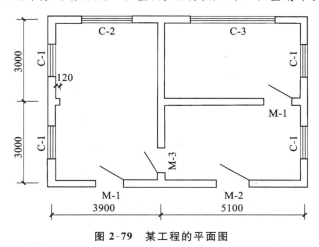

图 2-79 某工程的平面图

【分析】 墙面抹灰工程量按设计图示尺寸以面积计算。扣除墙裙、门窗洞口及单个面积大于 $0.3m^2$ 的孔洞面积,不扣除踢脚线、挂镜线和墙与构件交接处的面积,门窗洞口和孔洞的侧壁及顶面不增加面积,附墙柱、梁、垛、烟囱侧壁并入相应的墙面面积内。

【解】 抹灰工程量 $=[(3.9-0.24+6-0.24)×2+(5.1-0.24+3-0.24)×2×2]×3.6-3×0.9×2-1.2×2-2×1×2-4×1.5×1.5-1.8×1.5-3×1.5=156.46m^2$

工程量清单见表 2-94。

表 2-94　内墙抹灰工程量清单

项目编码	项目名称	项目特征	计量单位	工程量
011201001001	室内一般抹灰	1：3 的水泥砂浆	m^2	156.46

2.13.2 柱(梁)面抹灰

柱(梁)面抹灰包括柱(梁)面一般抹灰、柱(梁)面装饰抹灰、柱(梁)面砂浆找平、柱面勾缝四个清单项目。

柱(梁)面抹灰工程量清单项目的设置、项目特征描述的内容、计量单位及工程量计算规则应按表 2-95 的规定执行。

表 2-95　柱(梁)面抹灰(编号:011202)

项目编码	项目名称	项目特征	计量单位	工程量计算规则	工程内容
011202001	柱(梁)面一般抹灰	1.柱(梁)体类型 2.底层厚度、砂浆配合比 3.面层厚度、砂浆配合比 4.装饰面材料种类 5.分格缝宽度、材料种类	m^2	1.柱面抹灰:按设计图示柱断面周长乘以高度以面积计算 2.梁面抹灰:按设计图示梁断面周长乘以高度以面积计算	1.基层清理 2.砂浆制作、运输 3.底层抹灰 4.抹面层 5.勾分格缝
011202002	柱(梁)面装饰抹灰				
011202003	柱(梁)面砂浆找平	1.柱(梁)体类型 2.找平的砂浆厚度、配合比			1.基层清理 2.砂浆制作、运输 3.抹灰找平
011202004	柱面勾缝	1.勾缝类型 2.勾缝材料种类		按设计图示柱断面周长乘以高度以面积计算	1.基层清理 2.砂浆制作、运输 3.勾缝

【例 2-32】 某学校门口有两根柱子,高度为 4m,截面尺寸为 $800mm×800mm$,试计算抹

灰工程量。

【分析】　柱面抹灰工程量按设计图示柱断面周长乘以高度以面积计算。

【解】　柱面抹灰工程量＝0.8×4×4×2＝25.6m²

2.13.3　零星项目抹灰

零星项目抹灰包括零星项目一般抹灰、零星项目装饰抹灰、零星项目砂浆找平三个清单项目。

零星项目一般抹灰包括墙裙抹灰、窗台抹灰、阳台抹灰、挑檐抹灰等。

零星项目抹灰工程量清单项目的设置、项目特征描述的内容、计量单位及工程量计算规则应按表2-96的规定执行。

表2-96　零星项目抹灰(编号:011203)

项目编码	项目名称	项目特征	计量单位	工程量计算规则	工程内容
011203001	零星项目一般抹灰	1.墙体类型 2.底层厚度、砂浆配合比 3.面层厚度、砂浆配合比	m²	按设计图示尺寸以面积计算	1.基层清理 2.砂浆制作、运输 3.底层抹灰 4.抹面层 5.抹装饰面 6.勾分格缝
011203002	零星项目装饰抹灰	4.装饰面材料种类 5.分格缝宽度、材料种类			
011203003	零星项目砂浆找平	1.基层类型、部位 2.找平的砂浆厚度、配合比			1.基层清理 2.砂浆制作、运输 3.抹灰找平

2.13.4　墙面块料面层

墙面块料面层包括石材墙面、拼碎石材墙面、块料墙面、干挂石材钢骨架四个清单项目。

石材镶贴块料常用的材料有天然大理石、花岗石、人造石饰面材料等。拼碎石材镶贴是指使用裁切石材剩下的边角余料经过分类加工作为填充材料,将水泥作为胶黏剂,经搅拌成型、研磨、抛光等工序组合而成的装饰项目。块料镶贴一般采用釉面砖和陶瓷锦砖。干挂石材是采用金属挂件将石材饰面直接悬挂在主体结构上,形成一种完整的围护结构体系。

墙面块料面层工程量清单项目的设置、项目特征描述的内容、计量单位及工程量计算规则应按表2-97的规定执行。

表 2-97 墙面块料面层(编号:011204)

项目编码	项目名称	项目特征	计量单位	工程量计算规则	工程内容
011204001	石材墙面	1. 墙体类型 2. 安装方式 3. 面层材料品种、规格、品牌、颜色 4. 缝宽、嵌缝材料种类 5. 防护材料种类 6. 磨光、酸洗、打蜡要求	m²	按镶贴表面积计算	1. 基层清理 2. 砂浆制作、运输 3. 粘贴层铺贴 4. 面层安装 5. 嵌缝 6. 刷防护材料 7. 磨光、酸洗、打蜡
011204002	拼碎石材墙面				
011204003	块料墙面				
011204004	干挂石材钢骨架	1. 骨架种类、规格 2. 防锈漆品种、遍数	t	按设计图示尺寸以质量计算	1. 骨架制作、运输、安装 2. 刷骨架油漆

【例 2-33】 某工程平面示意图见图 2-80,层高 3m,门尺寸 1800mm×2400mm,外墙面贴瓷砖。试计算瓷砖工程量。

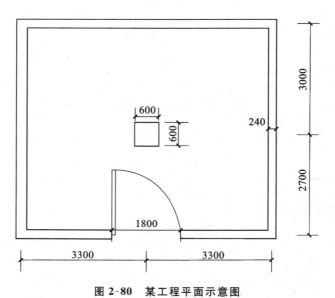

图 2-80 某工程平面示意图

【分析】 块料墙面面层工程量按镶贴表面积计算。

【解】 外墙面砖工程量=(3.3+3.3+0.24+2.7+3+0.24)×2×3-1.8×2.4

$$=72.36m^2$$

2.13.5　柱(梁)面镶贴块料

柱(梁)面镶贴块料包括石材柱面、块料柱面、拼碎石材柱面、石材梁面、块料梁面五个清单项目。

柱(梁)面镶贴块料工程量清单项目的设置、项目特征描述的内容、计量单位及工程量计算规则应按表2-98的规定执行。

表2-98　柱(梁)面镶贴块料(编号:011205)

项目编码	项目名称	项目特征	计量单位	工程量计算规则	工程内容
011205001	石材柱面	1.柱截面类型、尺寸 2.安装方式 3.面层材料品种、规格、颜色 4.缝宽、嵌缝材料种类 5.防护材料种类 6.磨光、酸洗、打蜡要求	m²	按镶贴表面积计算	1.基层清理 2.砂浆制作、运输 3.粘贴层铺贴 4.面层安装 5.嵌缝 6.刷防护材料 7.磨光、酸洗、打蜡
011205002	块料柱面				
011205003	拼碎石材柱面				
011205004	石材梁面	1.安装方式 2.面层材料品种、规格、颜色 3.缝宽、嵌缝材料种类 4.防护材料种类 5.磨光、酸洗、打蜡要求			
011205005	块料梁面				

2.13.6　镶贴零星块料

镶贴零星块料包括石材零星项目、块料零星项目、拼碎石材零星项目三个清单项目。

镶贴零星块料工程量清单项目的设置、项目特征描述的内容、计量单位及工程量计算规则应按表2-99的规定执行。

表 2-99　镶贴零星块料(编号:011206)

项目编码	项目名称	项目特征	计量单位	工程量计算规则	工程内容
011206001	石材零星项目	1.基层类型、部位 2.安装方式 3 面层材料品种、规格、颜色 4.缝宽、嵌缝材料种类 5.防护材料种类 6.磨光、酸洗、打蜡要求	m²	按镶贴表面积计算	1.基层清理 2.砂浆制作、运输 3.面层安装 4.嵌缝 5.刷防护材料 6.磨光、酸洗、打蜡
011206002	块料零星项目				
011206003	拼碎石材零星项目				

2.13.7　墙饰面

常用的墙面装饰板有金属饰面板、塑料饰面板、镜面玻璃装饰板等。

墙饰面包括墙面装饰板、墙面装饰浮雕两个清单项目。

墙饰面工程量清单项目的设置、项目特征描述的内容、计量单位及工程量计算规则应按表 2-100 的规定执行。

表 2-100　墙饰面(编号:011207)

项目编码	项目名称	项目特征	计量单位	工程量计算规则	工程内容
011207001	墙面装饰板	1.龙骨材料种类、规格、中距 2.隔离层材料种类、规格 3.基层材料种类、规格 4.面层材料品种、规格、颜色 5.压线条材料种类、规格	m²	按设计图示墙净长乘以净高以面积计算。扣除门窗洞口及单个面积大于0.3m²的孔洞所占面积	1.基层清理 2.龙骨制作、运输、安装 3.钉隔离层 4.基层铺钉 5.面层铺贴
011207002	墙面装饰浮雕	1.基层类型 2.浮雕材料种类 3.浮雕样式		按设计图示尺寸以面积计算	1.基层清理 2.材料制作、运输 3.安装成型

2.13.8　柱(梁)饰面

柱(梁)饰面包括柱(梁)饰面装饰、成品装饰柱两个清单项目。

柱(梁)饰面工程量清单项目的设置、项目特征描述的内容、计量单位及工程量计算规则应按表 2-101 的规定执行。

表 2-101　柱(梁)饰面(编号:011208)

项目编码	项目名称	项目特征	计量单位	工程量计算规则	工程内容
011208001	柱(梁)饰面装饰	1.龙骨材料种类、规格、中距 2.隔离层材料种类 3.基层材料种类、规格 4.面层材料品种、规格、颜色 5.压线条材料种类、规格	m²	按设计图示饰面外围尺寸以面积计算。柱帽、柱墩并入相应柱饰面工程量内	1.基层清理 2.龙骨制作、运输、安装 3.钉隔离层 4.基层铺钉 5.面层铺贴
011208002	成品装饰柱	1.柱截面、高度尺寸 2.柱材质	1.根 2.m	1.以根计量,按设计数量计算 2.以米计量,按设计长度计算	柱运输、固定、安装

2.13.9　幕墙工程、隔断

这些项目在本单元不做详细介绍,具体内容详见《房屋建筑与装饰工程工程量计算规范》(GB 50854—2013)。

学习单元 2.14　天棚工程

天棚亦称顶棚,在室内是占有人们较大视域的一个空间界面,其装饰处理对于整个室内装饰效果有相当大的影响,同时对于改善室内物理环境也有显著作用。

天棚工程包括天棚抹灰、天棚吊顶、采光天棚、天棚其他装饰工程。

2.14.1　天棚抹灰

天棚抹灰工程是用灰浆涂抹在天棚表面上的一种传统做法的装饰工程。从抹灰级别上可分为普通、中、高三个等级。

天棚抹灰工程量清单项目的设置、项目特征描述的内容、计量单位及工程量计算规则应按表 2-102 的规定执行。

表 2-102 天棚抹灰(编号:011301)

项目编码	项目名称	项目特征	计量单位	工程量计算规则	工程内容
011301001	天棚抹灰	1.基层类型 2.抹灰厚度、材料种类 3.砂浆配合比	m²	按设计图示尺寸以水平投影面积计算。不扣除间壁墙、垛、柱、附墙烟囱、检查口和管道所占的面积,带梁天棚、梁两侧抹灰面积并入天棚面积内,板式楼梯底面抹灰按斜面积计算,锯齿形楼梯底板抹灰按展开面积计算	1.基层清理 2.底层抹灰 3.抹面层

【例 2-34】 图 2-81 所示为某现浇井字梁天棚示意图,采用麻刀石灰浆面层。试计算天棚抹灰工程量,并编制工程量清单。

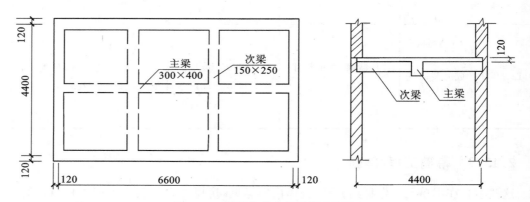

图 2-81 某现浇井字梁天棚示意图

【分析】 天棚抹灰按设计图示尺寸以水平投影面积计算,带梁天棚、梁两侧抹灰面积并入天棚面积内。

【解】 天棚抹灰工程量 $=(6.6-0.24)\times(4.4-0.24)+(0.4-0.12)\times(6.6-0.24-0.15\times2)\times2+(0.25-0.12)\times(4.4-0.3-0.24)\times2\times2+(0.4-0.25)\times0.15\times4$

$=31.95\text{m}^2$

工程量清单见表 2-103。

表 2-103 天棚抹灰工程量清单

项目编码	项目名称	项目特征	计量单位	工程量
011301001001	天棚抹灰	麻刀石灰浆	m²	31.95

2.14.2　天棚吊顶

天棚吊顶根据形式可以分为直接式和悬吊式两种,目前悬吊式吊顶的应用最为广泛。

天棚吊顶包括吊顶天棚、格栅吊顶、吊筒吊顶、藤条造型悬挂吊顶、织物软雕吊顶、装饰网架吊顶六个清单项目。

天棚吊顶工程量清单项目的设置、项目特征描述的内容、计量单位及工程量计算规则应按表 2-104 的规定执行。

表 2-104　天棚吊顶(编号:011302)

项目编码	项目名称	项目特征	计量单位	工程量计算规则	工程内容
011302001	吊顶天棚	1.吊顶形式、吊杆规格、高度 2.龙骨材料种类、规格、中距 3.基层材料种类、规格 4.面层材料品种、规格 5.压条材料种类、规格 6.嵌缝材料种类 7.防护材料种类	m²	按设计图示尺寸以水平投影面积计算。天棚面中的灯槽及跌级吊顶,锯齿形、吊挂式、藻井式天棚的面积不展开计算。不扣除间壁墙、检查口、附墙烟囱、柱、垛和管道所占面积,扣除单个面积大于 0.3m² 的孔洞、独立柱及与天棚相连的窗帘盒所占的面积	1.基层清理、吊杆安装 2.龙骨安装 3.基层板铺贴 4.面层铺贴 5.嵌缝 6.刷防护材料
011302002	格栅吊顶	1.龙骨材料种类、规格、中距 2.基层材料种类、规格 3.面层材料品种、规格 4.防护材料种类		按设计图示尺寸以水平投影面积计算	1.基层清理 2.安装龙骨 3.基层板铺贴 4.面层铺贴 5.刷防护材料
011302003	吊筒吊顶	1.吊筒形状、规格 2.吊筒材料种类 3.防护材料种类			1.基层清理 2.吊筒制作安装 3.刷防护材料
011302004	藤条造型悬挂吊顶	1.骨架材料种类、规格 2.面层材料品种、规格			1.基层清理 2.龙骨安装 3.铺贴面层
011302005	织物软雕吊顶				
011302006	装饰网架吊顶	网架材料品种、规格			1.基层清理 2.网架制作安装

【例 2-35】　图 2-82 所示的天棚,采用的是轻钢龙骨石膏板吊顶。试计算吊顶天棚的工程量,并编制工程量清单。

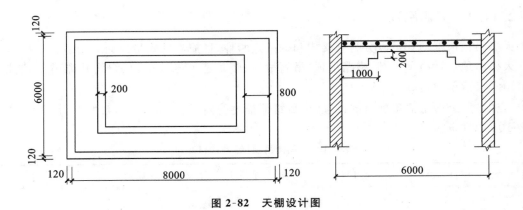

图 2-82　天棚设计图

【分析】　天棚吊顶的工程量按设计图示尺寸以水平投影面积计算。

吊顶天棚的工程量＝主墙间的净长×主墙间的净宽－单个面积大于 0.3m² 的孔洞、独立
柱及与天棚相连的窗帘盒所占的面积

【解】　吊顶天棚的工程量＝（8－0.24）×（6－0.24）＝44.7m²

工程量清单见表 2-105。

表 2-105　吊顶天棚工程量清单

项目编码	项目名称	项目特征	计量单位	工程量
011302001001	吊顶天棚	轻钢龙骨石膏板	m²	44.7

2.14.3　采光天棚

采光天棚工程量清单项目的设置、项目特征描述的内容、计量单位及工程量计算规则应按
表 2-106 的规定执行。

表 2-106　采光天棚（编号：011303）

项目编码	项目名称	项目特征	计量单位	工程量计算规则	工程内容
011303001	采光天棚	1. 骨架类型 2. 固定类型、固定材料品种、规格 3. 面层材料品种、规格 4. 嵌缝、塞口材料种类	m²	按框外围展开面积计算	1. 清理基层 2. 面层制作 3. 嵌缝、塞口 4. 清洗

2.14.4　天棚其他装饰

天棚其他装饰包括灯带，送风口、回风口两个清单项目。

天棚其他装饰工程量清单项目的设置、项目特征描述的内容、计量单位及工程量计算规则
应按表 2-107 的规定执行。

表 2-107   天棚其他装饰(编号:011304)

项目编码	项目名称	项目特征	计量单位	工程量计算规则	工程内容
011304001	灯带	1.灯带形式、尺寸 2.格栅片材料品种、规格 3.安装固定方式	m²	按设计图示尺寸以框外围面积计算	安装、固定
011304002	送风口、回风口	1.风口材料品种、规格 2.安装固定方式 3.防护材料种类	个	按设计图示数量计算	1.安装、固定 2.刷防护材料

学习单元 2.15   油漆、涂料、裱糊工程

油漆、涂料、裱糊工程包括门油漆,窗油漆,木扶手及其他板条、线条油漆、木材面油漆、金属面油漆,抹灰面油漆,喷刷油漆,裱糊工程。

2.15.1   门油漆

门油漆包括木门油漆、金属门油漆两个清单项目。

门油漆工程量清单项目的设置、项目特征描述的内容、计量单位及工程量计算规则应按表 2-108 的规定执行。

表 2-108   门油漆(编号:011401)

项目编码	项目名称	项目特征	计量单位	工程量计算规则	工程内容
011401001	木门油漆	1.门类型 2.门代号及洞口尺寸 3.腻子种类 4.刮腻子要求 5.防护材料种类 6.油漆品种、刷漆遍数	1.樘 2. m²	1.以樘计量,按设计图示数量计算 2.以平方米计量,按设计图示洞口尺寸以面积计算	1.基层清理 2.刮腻子 3.刷防护材料、油漆
011401002	金属门油漆				1.除锈、基层清理 2.刮腻子 3.刷防护材料、油漆

2.15.2   窗油漆

窗油漆包括木窗油漆、金属窗油漆两个清单项目。

窗油漆工程量清单项目的设置、项目特征描述的内容、计量单位及工程量计算规则应按表 2-109 的规定执行。

表 2-109　窗油漆(编号:011402)

项目编码	项目名称	项目特征	计量单位	工程量计算规则	工程内容
011402001	木窗油漆	1.窗类型 2.窗代号及洞口尺寸 3.腻子种类 4.刮腻子要求 5.防护材料种类 6.油漆品种、刷漆遍数	1.樘 2.m²	1.以樘计量,按设计图示数量计算 2.以平方米计量,按设计图示洞口尺寸以面积计算	1.基层清理 2.刮腻子 3.刷防护材料、油漆
011402002	金属窗油漆				1.除锈、基层清理 2.刮腻子 3.刷防护材料、油漆

2.15.3　木扶手及其他板条、线条油漆、木材面油漆、金属面油漆

这些项目在本节不做详细介绍,具体内容详见《房屋建筑与装饰工程工程量计算规范》(GB 50854—2013)。

2.15.4　抹灰面油漆

抹灰面油漆包括抹灰面油漆、抹灰线条油漆、满刮腻子三个清单项目。

抹灰面油漆工程量清单项目的设置、项目特征描述的内容、计量单位及工程量计算规则应按表 2-110 的规定执行。

表 2-110　抹灰面油漆(编号:011406)

项目编码	项目名称	项目特征	计量单位	工程量计算规则	工程内容
011406001	抹灰面油漆	1.基层类型 2.腻子种类 3.刮腻子遍数 4.防护材料种类 5.油漆品种、刷漆遍数	m²	按设计图示尺寸以面积计算	1.基层清理 2.刮腻子 3.刷防护材料、油漆
011406002	抹灰线条油漆	1.线条宽度、道数 2.腻子种类 3.刮腻子遍数 4.防护材料种类 5.油漆品种、刷漆遍数	m	按设计图示尺寸以长度计算	
011406003	满刮腻子	1.基层类型 2.腻子种类 3.刮腻子遍数	m²	按设计图示尺寸以面积计算	1.基层清理 2.刮腻子

【例 2-36】 某卧室的平面图如图 2-83 所示,室内抹灰面刷蓝色乳胶漆两遍,刷漆高度 3m,M-1 的尺寸为 1200mm×2000mm,C-1 的尺寸为 1500mm×1500mm。试计算油漆工程量,并编制工程量清单。

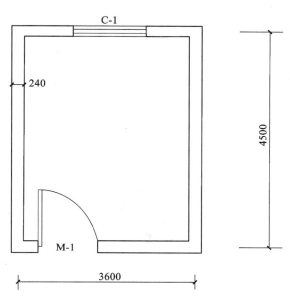

图 2-83 某卧室的平面图

【分析】 抹灰面油漆按设计图示尺寸以面积计算。

【解】 抹灰面油漆＝(4.5－0.24＋3.6－0.24)×2×3－1.2×2－1.5×1.5＝41.07m²
工程量清单见表 2-111。

表 2-111 抹灰面油漆工程量清单

项目编码	项目名称	项目特征	计量单位	工程量
011406001001	抹灰面油漆	蓝色乳胶漆两遍	m²	41.07

2.15.5 喷刷油漆

此项目在本单元不做详细介绍,具体内容详见《房屋建筑与装饰工程工程量计算规范》(GB 50854—2013)。

2.15.6 裱糊工程

裱糊工程包括墙纸裱糊、织锦缎裱糊两个清单项目。

裱糊工程量清单项目的设置、项目特征描述的内容、计量单位及工程量计算规则应按表 2-112 的规定执行。

表 2-112　裱糊工程(编号:011408)

项目编码	项目名称	项目特征	计量单位	工程量计算规则	工程内容
011408001	墙纸裱糊	1. 基层类型 2. 裱糊部位 3. 腻子种类 4. 刮腻子遍数 5. 黏结材料种类 6. 防护材料种类 7. 面层材料品种、规格、颜色	m²	按设计图示尺寸以面积计算	1. 基层清理 2. 刮腻子 3. 面层铺黏 4. 刷防护材料
011408002	织锦缎裱糊				

【例 2-37】　某卧室的平面图如图 2-84 所示,室内有三面墙刷乳胶漆,一面墙贴墙纸,贴墙纸高度 3m,M-1 的尺寸为 1200mm×2000mm,C-1 的尺寸为 1500mm×1500mm。试计算墙纸裱糊工程量。

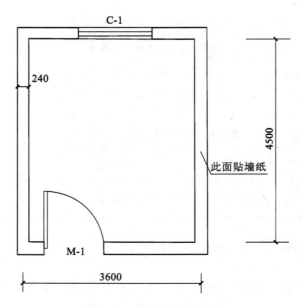

图 2-84　某卧室的平面图

【分析】　墙纸裱糊工程量按设计图示尺寸以面积计算。

【解】　墙纸裱糊工程量=(4.5-0.24)×3=12.78m²

学习单元 2.16　其他装饰工程

其他装饰工程包括柜类、货架，装饰压条、装饰线，扶手、栏杆、栏板装饰、暖气罩，浴侧配件，雨篷、旗杆、招牌灯箱、美术字。

2.16.1　柜类、货架

柜类、货架工程量清单项目的设置、项目特征描述的内容、计量单位及工程量计算规则应按表 2-113 的规定执行。

表 2-113　柜类、货架（编号：011501）

项目编码	项目名称	项目特征	计量单位	工程量计算规则	工程内容
011501001	柜台	1. 台柜规格 2. 材料种类、规格 3. 五金种类、规格 4. 防护材料种类 5. 油漆品种、刷漆遍数	1. 个 2. m 3. m³	1. 以个计量，按设计图示数量计算 2. 以米计量，按设计图示尺寸以延长米计算 3. 以立方米计量，按设计图示尺寸以体积计算	1. 台柜制作、运输、安装（安放） 2. 刷防护材料、油漆 3. 五金件安装
011501002	酒柜				
011501003	衣柜				
011501004	存包柜				
011501005	鞋柜				
011501006	书柜				
011501007	厨房壁柜				
011501008	木壁柜				
011501009	房吊低柜				
011501010	厨房吊柜				
011501011	矮柜				
011501012	吧台背柜				
011501013	酒吧吊柜				
011501014	酒吧台				
011501015	展台				
011501016	收银台				
011501017	试衣间				
011501018	货架				
011501019	书架				
011501020	服务台				

2.16.2　装饰压条、装饰线

装饰压条、装饰线工程量清单项目的设置、项目特征描述的内容、计量单位及工程量计算规则应按表 2-114 的规定执行。

表 2-114　装饰压条、装饰线(编号:011502)

项目编码	项目名称	项目特征	计量单位	工程量计算规则	工程内容
011502001	金属装饰线	1.基层类型 2.线条材料品种、规格、颜色 3.防护材料种类	m	按设计图示尺寸以长度计算	1.线条制作、安装 2.刷防护材料、油漆
011502002	木质装饰线				
011502003	石材装饰线				
011502004	石膏装饰线				
011502005	镜面玻璃线				
011502006	铝塑装饰线				
011502007	塑料装饰线				
011502008	GRC装饰线条	1.基层类型 2.线条规格 3.线条安装部位 4.填充材料种类			线条制作安装

2.16.3　扶手、栏杆、栏板装饰、暖气罩

这些项目在本单元不做详细介绍,具体内容详见《房屋建筑与装饰工程工程量计算规范》(GB 50854—2013)。

2.16.4　浴侧配件

浴侧配件工程量清单项目的设置、项目特征描述的内容、计量单位及工程量计算规则应按表 2-115 的规定执行。

表 2-115　浴侧配件(编号:011505)

项目编码	项目名称	项目特征	计量单位	工程量计算规则	工程内容
011505001	洗漱台	1.材料品种、规格、品牌、颜色 2.支架、配件品种、规格、品牌 3.油漆品种、刷漆遍数	1.m² 2.个	1.按设计图示尺寸以台面外接矩形面积计算。不扣除孔洞、挖弯、削角所占面积,挡板、吊沿板面积并入台面面积内 2.按设计图示数量计算	1.台面及支架运输、安装 2.杆、环、盒、配件安装 3.刷油漆
011505002	晒衣架		个	按设计图示数量计算	
011505003	帘子杆				
011505004	浴缸拉手				
011505005	卫生间扶手				1.台面及支架制作、运输、安装 2.杆、环、盒、配件安装 3.刷油漆
011505006	毛巾杆(架)				
011505007	毛巾环		副		
011505008	卫生纸盒		个		
011505009	肥皂盒				

续表 2-115

项目编码	项目名称	项目特征	计量单位	工程量计算规则	工程内容
011505010	镜面玻璃	1.镜面玻璃品种、规格 2.边框材质、断面尺寸 3.基层材料种类 4.防护材料种类	m²	按设计图示尺寸以边框外围面积计算	1.基层安装 2.玻璃及边框制作、运输、安装
011505011	镜箱	1.箱材质、规格 2.玻璃品种、规格 3.基层材料种类 4.防护材料种类 5.油漆品种、刷漆遍数	个	按设计图示数量计算	1.基层安装 2.箱体制作、运输、安装 3.玻璃安装 4.刷防护材料、油漆

2.16.5 雨篷、旗杆、招牌灯箱、美术字

这些项目在本单元不做详细介绍,具体内容详见《房屋建筑与装饰工程工程量计算规范》(GB 50854—2013)。

【例 2-38】 根据学习单元 2.1 中的某学院办公楼图纸计算出一层相应的门窗工程量,楼地面工程量,墙、柱面的装饰工程量,天棚工程的工程量,油漆工程的工程量,并编制相应的工程量清单(表 2-116)。

表 2-116 某办公楼装饰装修工程工程量清单

序号	项目编码	项目名称	项目特征	计量式	单位	工程量
			一、门窗工程			
1	010802001001	铝合金门	1.洞口尺寸:2400mm×3300mm 2.门框、扇材质:铝合金	2.4×3.3	m²	7.92
2	010801001002	胶合板门	洞口尺寸:1800mm×2400mm	1.8×2.4×2	m²	8.64
3	010801001003	胶合板门	洞口尺寸:1500mm×2400mm	1.5×2.4	m²	3.6
4	010801001004	胶合板门	洞口尺寸:900mm×2400mm	0.9×2.4×2	m²	4.32
5	010807001005	铝合金窗 SC-1524	1.洞口尺寸:1500mm×2400mm 2.框、扇材质:铝合金 3.玻璃品种:蓝色玻璃	1.5×2.4×7	m²	25.20
6	010807001006	铝合金窗 SC-2124	1.洞口尺寸:2100mm×2400mm 2.框、扇材质:铝合金 3.玻璃品种:蓝色玻璃	2.1×2.4×4	m²	20.16
7	010807001007	铝合金窗 SC-1824	1.洞口尺寸:1800mm×2400mm 2.框、扇材质:铝合金 3.玻璃品种:蓝色玻璃	1.8×2.4	m²	4.32
8	010807001008	铝合金窗 SC-1224	1.洞口尺寸:1200mm×2400mm 2.框、扇材质:铝合金 3.玻璃品种:蓝色玻璃	1.2×2.4×4	m²	11.52

序号	项目编码	项目名称	项目特征	计量式	单位	工程量
9	010807001009	铝合金窗 SC-0924	1. 洞口尺寸：900mm×2400mm 2. 框、扇材质：铝合金 3. 玻璃品种：蓝色玻璃	0.9×2.4	m²	2.16
10	010807001010	飘窗 TC1	1. 洞口尺寸：1800mm×2000mm 2. 框、扇材质：铝合金 3. 玻璃品种：蓝色玻璃	$1.8 \times 2.0 \times 2$	m²	7.2
			二、楼地面工程			
11	011102003011	红色地砖（餐厅）	1. 找平层厚度、砂浆配合比：25mm 厚 1:4 干硬性水泥砂浆，面上撒素水泥 2. 结合层厚度、砂浆配合比：素水泥结合层一遍 3. 面层材料品种、规格、颜色：8～10mm 厚 500mm×500mm 防滑地砖铺实拍平 4. 嵌缝材料种类：水泥砂浆	$(7.5+7.5-0.05) \times (12.5-0.3 \times 2)+1.36 \times (3-0.05-0.09)+(2.4-0.09) \times (6+6-0.05)+(0.09-0.06) \times (6-0.05)-(3-0.05+3.03) \times 0.18+1.8 \times 0.18-0.09 \times (4.5+2.1)-(0.5-0.3) \times (1-0.3+1-0.5)-(0.5-0.3) \times 0.5 \times 4-0.5 \times 0.5 \times 2-(0.5/2-0.09) \times 0.5 \times 6+2.4 \times 0.3=207.33$	m²	207.33
12	011102003012	红色地砖（厨房、卫生间）	面层材料品种、规格、颜色：红色地砖，300mm×300mm	$(4.5+2.1-0.05-0.09) \times (6+6-0.05-0.09)+1.8 \times 0.3+(6-0.09-0.05-0.12) \times (3-0.05-0.06)-[(0.5-0.3+(0.5/2-0.09) \times 2] \times 0.5-(0.5-0.3)^2 \times 2+(0.5-0.3) \times (0.5/2-0.18/2) \times 5+0.9 \times 0.12 \times 2=93.18$	m²	93.18
13	011105003013	踢脚线（餐厅、过道）	1. 踢脚线高度：150mm 2. 面层材料品种、颜色：黑色面砖	$0.15 \times [(27-0.05 \times 2+12.5-0.05 \times 2) \times 2+3-0.05-0.09+(3.03-0.09) \times 2+0.5 \times 4 \times 2+(0.5-0.3) \times 7+(0.5/2-0.18/2) \times 12-2.4-1.8 \times 2-1.5-0.9 \times 2]=12.8$	m²	12.8

续表 2-116

序号	项目编码	项目名称	项目特征	计量式	单位	工程量
14	011106002014	红色砖（楼梯）	面层材料品种、规格、颜色：红色地砖，300mm×300mm	（3.08＋1.56）×3－0.5×0.5×0.5－0.05×（3.08＋1.56－0.5/2）－（3－0.5＋3.08＋1.56－0.5/2）×0.09＝12.96	m²	12.96

三、墙、柱面装饰与隔断、幕墙工程

| 15 | 011201001015 | 墙面一般抹灰 | 1.底层厚度、砂浆配合比：15mm 厚 1：3 水泥砂浆 2.面层厚度、砂浆配合比：5mm 厚 1：2 水泥砂浆 | 卫生间：3×（3－0.05－0.06）×4＋（6－0.09－0.05）×2＝46.4 厨房：3.4×[（6＋6－0.05－0.09）×2＋（4.5＋2.1－0.05－0.09）×2＋（0.5－0.3）×2＋（0.5/2－0.18/2）×2]＝127.03 走道、餐厅：（3.4－0.15－1.5）×[（27－0.05×2＋12.5－0.05×2）×2＋（0.5－0.3）×6＋（0.5/2－0.18/2）×11]＋（1.5－0.15－0.9）×（1.5×3＋1.8×2＋2.1×4＋1.2）＋（1.5＋0.15）×（1.8＋1.5＋0.9×2）＝164.42 楼梯间：（8.35－0.15－4.15－1.5－0.15）×[（3.03＋6－0.09－0.05）×2＋（3－0.05－0.09）×2]＝56.4 总工程量：46.4＋127.03＋164.42＋56.4－2.4×3.3－1.5×2.4×9－1.8×2×2－2.1×2.4×4－1.8×2.4×4－1.2×2.4×4－0.9×2.4－0.9×2×4＝288.41 | m² | 288.41 |
| 16 | 011202001016 | 柱面一般抹灰 | 1.底层厚度、砂浆配合比：15mm 厚 1：3 水泥砂浆 2.面层厚度、砂浆配合比：5mm 厚 1：2 水泥砂浆 | 0.5×4×2＝4 | m² | 4.0 |

序号	项目编码	项目名称	项目特征	计量式	单位	工程量
17	011204003017	块料墙面（厨房、卫生间）	面层材料品种、规格、颜色：150mm×200mm，白色暗花	$(8.35-0.15-0.15-4.15)\times[(6\times2-0.05-0.09+4.5+2.1-0.05-0.09)\times2+(6-0.09-0.05-0.12)\times2+(3-0.05-0.06)\times4]-0.9\times2\times2-1.2\times2.4\times2-1.5\times2.4\times5-1.8\times2.4\times2=196.75$	m²	196.75
18	011204003018	块料墙面（餐厅、过道）	面层材料品种、规格、颜色：200mm×300mm，白色暗花	$1.5\times[(27-0.05\times2+12.5-0.05\times2)\times2+(0.5-0.3)\times6+(0.5/2-0.18/2)\times11-1.8-1.5-0.9\times2]-(1.5+0.15-0.9)\times(1.5\times3+1.8\times2+2.1\times4+1.2)=101.42$	m²	101.42
19	011205002019	块料柱面	面层材料品种、规格、颜色：200mm×300mm，白色暗花	$0.5\times4\times2\times1.5=6$	m²	6
四、天棚工程						
20	011301001020	天棚抹灰（楼梯间）	1.抹灰厚度、材料种类：5mm厚水泥砂浆 2.砂浆配合比：1∶2	$(3.03+6-0.18)\times(3-0.05-0.09)+(0.6-0.15)\times(6-0.5)+(0.65-0.15)\times(3-0.5+6-0.5)+(3-0.5)\times(0.45-0.15)=32.54$	m²	32.54
21	011302001021	吊顶天棚（餐厅、走道、厨房、卫生间）	1.龙骨材料种类、规格、中距：轻钢龙骨，主龙骨中距900～1000mm，次龙骨中距500mm或605mm，横龙骨中距605mm 2.面层材料品种、规格：500mm×500mm或600mm×600mm，10～13mm厚石膏装饰板	$(27-0.05\times2)\times(12.5-0.3\times2)-0.5\times0.5\times2-0.18\times(3\times2+3.03+6+6\times2+4.5+2.1)-(3.03+6-0.18)\times(3-0.05-0.09)=288.25$	m²	288.25

续表 2-116

序号	项目编码	项目名称	项目特征	计量式	单位	工程量
			五、油漆工程			
22	011406001022	抹灰面油漆	油漆品种、刷漆遍数：乳胶漆两遍	天棚抹灰(楼梯间)＋楼梯墙面＋餐厅、过道墙面－门窗＝32.54＋56.4＋164.42－1.8×2.4－1.5×2.4×4－1.8×2－2.1×2.4×4－1.2×2.4－0.9×2×2＝204.4	m²	204.4

注:①门窗工程:飘窗的材质与其他的窗一样,尺寸按平面图计算。

　②楼地面工程:楼梯尺寸按平面图示尺寸计算;走道地面未考虑厕所外洗手盆所占的位置;门厅处没尺寸时按3.03m计算;未考虑卫生间内的卫生器具所占的面积。

　③墙柱面装饰工程:墙面抹灰只考虑了内墙抹灰;计算块料墙面时,飘窗按距离地面高度900mm计算。

　④油漆工程:未考虑楼梯间踢脚线所占的面积;刷油漆时只考虑了内墙和天棚。

【例2-39】 根据学习单元2.1中的某学院办公楼图纸计算出整个装饰装修工程的工程量并编制相应的工程量清单(表2-117)。

表2-117　装饰装修工程工程量清单

序号	项目编码	项目名称	项目特征描述	计量单位	工程量
			0108 门窗工程		
1	010801001001	胶合板门 M-0924	洞口尺寸:900mm×2400mm	m²	47.52
2	010801001002	胶合板门 M-1224	洞口尺寸:1200mm×2400mm	m²	5.76
3	010801001003	胶合板门 M-1227	洞口尺寸:1200mm×2700mm	m²	6.48
4	010801001004	胶合板门 M-1524	洞口尺寸:1500mm×2400mm	m²	10.8
5	010801001005	胶合板门 M-1824	洞口尺寸:1800mm×2400mm	m²	8.64
6	010807001006	铝合金窗 SC-0924	1.洞口尺寸:900mm×2400mm 2.框、扇材质:铝合金 3.玻璃品种:蓝色玻璃	m²	2.16
7	010807001007	铝合金窗 SC-0924	1.洞口尺寸:900mm×2400mm 2.框、扇材质:铝合金 3.玻璃品种:蓝色玻璃	m²	4.05
8	010807001008	铝合金窗 SC-1215	1.洞口尺寸:1200mm×1500mm 2.框、扇材质:铝合金 3.玻璃品种:蓝色玻璃	m²	21.6

序号	项目编码	项目名称	项目特征描述	计量单位	工程量
9	010807001009	铝合金窗 SC-1224	1.洞口尺寸:1200mm×2400mm 2.框、扇材质:铝合金 3.玻璃品种:蓝色玻璃	m²	11.52
10	010807001010	铝合金窗 SC-1515	1.洞口尺寸:1500mm×1500mm 2.框、扇材质:铝合金 3.玻璃品种:蓝色玻璃	m²	45
11	010807001011	铝合金窗 SC-1524	1.洞口尺寸:1500mm×2400mm 2.框、扇材质:铝合金 3.玻璃品种:蓝色玻璃	m²	28.8
12	010807001012	铝合金窗 SC-1815	1.洞口尺寸:1800mm×1500mm 2.框、扇材质:铝合金 3.玻璃品种:蓝色玻璃	m²	21.6
13	010807001013	铝合金窗 SC-1824	1.洞口尺寸:1800mm×2400mm 2.框、扇材质:铝合金 3.玻璃品种:蓝色玻璃	m²	8.64
14	010807001014	铝合金窗 SC-2115	1.洞口尺寸:2100mm×1500mm 2.框、扇材质:铝合金 3.玻璃品种:蓝色玻璃	m²	31.5
15	010807001015	铝合金窗 SC-2124	1.洞口尺寸:2100mm×2400mm 2.框、扇材质:铝合金 3.玻璃品种:蓝色玻璃	m²	40.32
16	010802001016	铝合金门 M-1833	洞口尺寸:1800mm×3300mm	m²	5.94
17	010802001017	铝合金门 M-2433	1.洞口尺寸:2400mm×3300mm 2.门框、扇材质:铝合金	m²	7.92
18	010807001018	飘窗 TC1	1.洞口尺寸:2160mm×2000mm 2.框、扇材质:铝合金 3.玻璃品种:蓝色玻璃	m²	8.64
19	010807001019	飘窗 TC2	1.洞口尺寸:2160mm×1500mm 2.框、扇材质:铝合金 3.玻璃品种:蓝色玻璃	m²	12.96
		0111 楼地面装饰工程			
20	011102003020	块料楼地面	1.面层材料品种、规格、颜色:红色地砖,300mm×300mm 2.找平层:1:2.5 水泥砂浆	m²	67

续表 2-117

序号	项目编码	项目名称	项目特征描述	计量单位	工程量
21	011102003021	块料楼地面	1.找平层厚度、砂浆配合比:25mm厚1:4 干硬性水泥砂浆,面上撒素水泥 2.结合层厚度、砂浆配合比:素水泥结合层一遍 3.面层材料品种、规格、颜色:8～10mm 厚防滑地砖铺实拍平,米色,500mm×500mm 4.嵌缝材料种类:水泥砂浆	m²	758.68
22	011102003022	块料楼地面	1.面层材料品种、规格、颜色:红色地砖,300mm×300mm 2.找平层:1:2.5 水泥砂浆	m²	66.32
23	011102003023	块料楼地面	1.找平层厚度、砂浆配合比:25mm厚1:4 干硬性水泥砂浆,面上撒素水泥 2.结合层厚度、砂浆配合比:素水泥结合层一遍 3.面层材料品种、规格、颜色:8～10mm 厚防滑地砖铺实拍平,红色,500mm×500mm 4.嵌缝材料种类:水泥砂浆	m²	295.91
24	011106002024	块料楼梯面层	面层材料品种、规格、颜色:红色地砖,300mm×300mm	m²	36
25	011105003025	块料踢脚线	1.踢脚线高度:150mm 2.找平层:1:2.5 水泥砂浆 3.面层材料品种、颜色:黑色面砖	m²	71.3
0112 墙、柱面装饰与隔断、幕墙工程					
26	011204003026	块料墙面	1.面层材料品种、规格、颜色:200mm×300mm,白色暗花 2.17mm 厚1:3 水泥砂浆 3.1:1 水泥砂浆加 20% 107 胶镶贴	m²	360.38
27	011204003027	块料墙面(卫生间)	面层材料品种、规格、颜色:150mm×200mm,白色暗花	m²	784
28	011205002028	块料柱面	面层材料品种、规格、颜色:200mm×300mm,白色暗花	m²	24
29	011201001029	墙面一般抹灰	1.底层厚度、砂浆配合比:15mm厚1:3 水泥砂浆 2.面层厚度、砂浆配合比:5mm厚1:2 水泥砂浆	m²	1458

序号	项目编码	项目名称	项目特征描述	计量单位	工程量
30	011202001030	柱面一般抹灰	1.底层厚度、砂浆配合比:15mm 厚 1:3 水泥砂浆 2.面层厚度、砂浆配合比:5mm 厚 1:2 水泥砂浆	m²	16
			0113 天棚工程		
31	011302001031	吊顶天棚	1.龙骨材料种类、规格、中距:轻钢龙骨,主龙骨中距 900～1000mm,次龙骨中距 500mm 或 605mm,横龙骨中距 605mm 2.面层材料品种、规格:500mm×500mm 或 600mm×600mm 厚 10～13mm 石膏装饰板	m²	391.6
32	011301001032	天棚抹灰	1.5mm 厚 1:2 水泥砂浆 2.7mm 厚 1:3 水泥砂浆	m²	823
			0114 油漆、涂料、裱糊工程		
33	011406001033	抹灰面油漆	油漆品种、刷漆遍数:乳胶漆两遍	m²	2200

能力训练

(1)某公司的办公室平面图如图 2-85 所示,M-1 是玻璃门,尺寸为 1500mm×2400mm;M-2 是实木装饰门,尺寸为 1500mm×2100mm;M-3 是实木装饰门,尺寸为 900mm×2100mm;窗均为塑钢窗,C-1 尺寸为 7200mm×1800mm,C-2 尺寸为 3600mm×1800mm,C-3 尺寸为 2400mm×1800mm。试计算门窗工程量,并编制工程量清单。

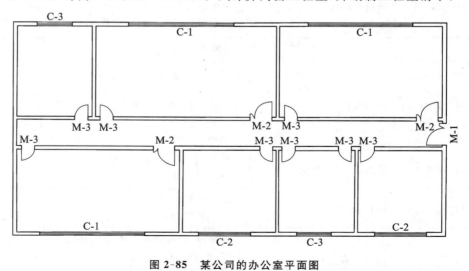

图 2-85 某公司的办公室平面图

（2）某职工宿舍的平面布置图如图 2-86 所示,卧室采用的是实木地板,客厅采用的是黑色的大理石踢脚线,卧室是木夹板踢脚线,踢脚线的高度均为 150mm。试计算楼地面面层、踢脚线的工程量,并编制出相应的工程量清单。

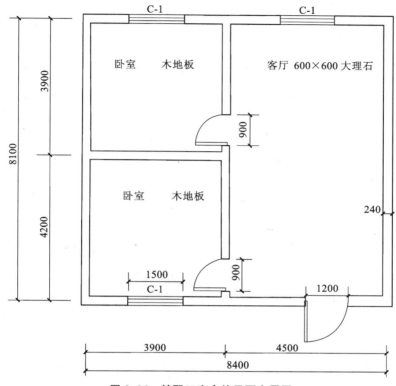

图 2-86　某职工宿舍的平面布置图

（3）某工程的平面图如图 2-87 所示,层高 2.9m,内外墙均采用 1:2.5 水泥砂浆抹灰。门窗尺寸分别为 M-1 1000mm×2000mm,M-2 900mm×2000mm,C-1 900mm×1500mm,C-2 1500mm×1500mm,C-3 1800mm×1500mm。试计算墙面抹灰工程量,并编制工程量清单。

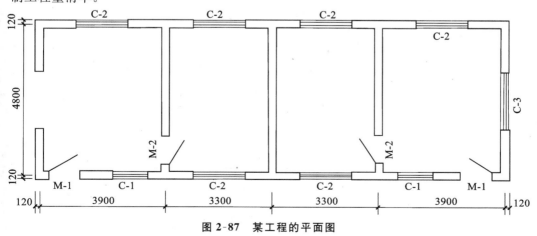

图 2-87　某工程的平面图

(4)图2-88所示为预制钢筋混凝土板底吊不上人型装配式U形轻钢龙骨,龙骨上铺钉中密度板,面层粘贴6mm厚铝塑板。试计算吊顶天棚工程的工程量,并编制工程量清单。

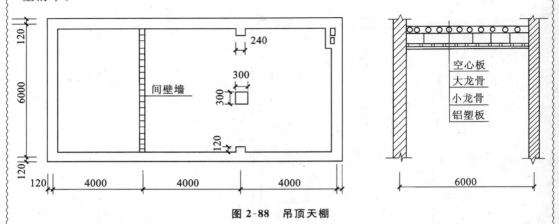

图 2-88 吊顶天棚

(5)某住宅的平面图如图2-89所示,层高3m,厨房和卫生间墙面贴瓷砖,卧室墙面和天棚均贴墙纸,客厅墙面和天棚都刷乳胶漆。已知门窗尺寸分别为 M-1 1200mm×2100mm,M-2 2900mm×2100mm,C-1 2400mm×2100mm,C-2 3600mm×2700mm,C-3 1200mm×1500mm,C-4 900mm×1200mm。试计算墙纸、油漆的工程量,并编制工程量清单。

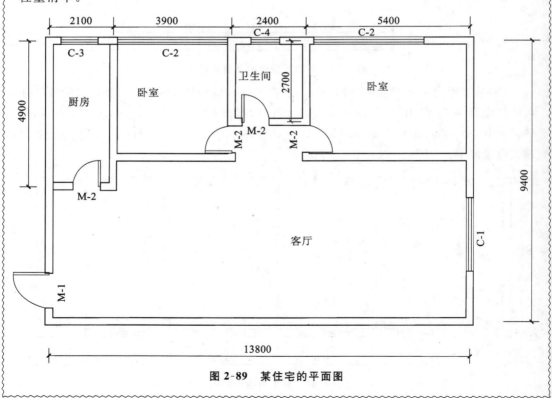

图 2-89 某住宅的平面图

 措施项目工程量计算

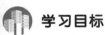 **学习目标**

通过《建设工程工程量清单计价规范》（GB 50500—2013），掌握通用措施项目、专用措施项目的工程量计算规则及方法。

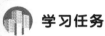 **学习任务**

掌握措施项目清单中的组成，能够计算专用措施项目工程量。

学习单元 3.1　措施项目

3.1.1　基本知识

（1）措施项目清单概述

措施项目清单是指为完成工程项目施工，发生于该工程施工准备和施工过程中的技术、生活、安全、环境保护等方面的非工程实体项目清单。

（2）措施项目清单的分类

措施项目清单应根据拟建工程的实际情况列项，可分为通用措施项目和专用措施项目。通用措施项目是指对所有专业工程都通用的措施项目，专用措施项目是指某个专业工程所特有的措施项目。措施项目一览表见表 3-1。表中通用项目所列内容是指各专业工程（建筑装饰、管道、电气灯等）的"措施项目清单"中均可列的措施项目。表中各专业工程中所列的内容，是指相应专业的措施项目清单中均可列的措施项目。

表 3-1　措施项目一览表

通用措施项目一览表	
序号	项 目 名 称
1	安全文明施工（含环境保护、文明施工、安全施工、临时设施）
2	夜间施工
3	二次搬运
4	冬雨季施工
5	大型机械设备进出场及安拆
6	施工排水
7	施工降水
8	地上、地下设施，建筑物的临时保护设施
9	已完工程及设备保护

序号	项目名称
专用措施项目一览表(建筑工程)	
1	混凝土、钢筋混凝土模板及支架
2	脚手架
3	垂直运输机械
专用措施项目一览表(装饰装修工程)	
1	脚手架
2	垂直运输机械
3	室内空气污染测试

3.1.2 措施项目清单的编制规则

措施项目中可以计算工程量的项目清单,宜采用分部分项工程量清单的方式编制,列出项目编码、项目名称、项目特征、计量单位和工程量计算规则;不能计算工程量的项目清单,以"项"为计量单位,相应数量为1。措施项目清单的编制应考虑多种因素,除工程本身因素外,还涉及水文、气象、环境、安全和施工企业的实际情况等,编制时力求全面。通用措施项目可按表 3-1 选择列项,专业工程的措施项目可按《建设工程工程量清单计价规范》(GB 50500—2013)附录中规定的项目选择列项。若出现规范未列的项目,可根据工程实际情况补充。

一般措施项目的工程量清单项目设置、计量单位、工作内容及包含范围应按表 3-2 的规定执行。

表 3-2 一般措施项目(编号:011701)

项目编码	项目名称	工作内容及包含范围
011701001	安全文明施工(含环境保护、文明施工、安全施工、临时设施)	1. 环境保护包含范围:现场施工机械设备降低噪声、防扰民措施费用;水泥和其他易飞扬细颗粒建筑材料密闭存放或采取覆盖措施等费用;工程防扬尘洒水费用;土石方、建渣外运车辆冲洗、防洒漏等费用;现场污染源的控制、生活垃圾清理外运、场地排水排污措施的费用;其他环境保护措施费用 2. 文明施工包含范围:"五牌一图"的费用;现场围挡的墙面美化(包括内外粉刷、刷白、标语等),压顶装饰费用;现场厕所便槽刷白、贴面砖,水泥砂浆地面或地砖费用,建筑物内临时便溺设施费用;其他施工现场临时设施的装饰装修、美化措施费用;现场生活卫生设施费用;符合卫生要求的饮水设备、淋浴、消毒等设施费用;生活用洁净燃料费用;防煤气中毒、防蚊虫叮咬等措施费用;施工现场操作场地的硬化费用;现场绿化费用、治安综合治理费用;现场配备医药保健器材、物品费用和急救人员培训费用;用于现场工人的防暑降温费用、电风扇、空调等设备及用电费用;其他文明施工措施费用

续表 3-2

项目编码	项目名称	工作内容及包含范围
011701001	安全文明施工(含环境保护、文明施工、安全施工、临时设施)	3.安全施工包含范围:安全资料、特殊作业专项方案的编制,安全施工标志的购置及安全宣传的费用;"三宝"(安全帽、安全带、安全网),"四口"(楼梯口、电梯井口、通道口、预留洞口),"五临边"(阳台围边、楼板围边、屋面围边、槽坑围边、卸料平台两侧),水平防护架、垂直防护架、外架封闭等防护的费用;施工安全用电的费用,包括配电箱三级配电、两级保护装置要求、外电防护措施;起重机、塔吊等起重设备(含井架、门架)及外用电梯的安全防护措施(含警示标志)费用及卸料平台的临边防护、层间安全门、防护棚等设施费用;建筑工地起重机械的检验、检测费用;施工机具防护棚及其围栏的安全保护设施费用;施工安全防护通道的费用;工人的安全防护用品、用具购置费用;消防设施与消防器材的配置费用;电气设备保护、安全照明设施费用;其他安全防护措施费用 4.临时设施包含范围:施工现场采用彩色、定型钢板、砖、混凝土砌块等围挡的安砌、维修、拆除或摊销费用;施工现场临时建筑物、构筑物的搭设、维修、拆除或摊销的费用,如临时宿舍、办公室、食堂、厨房、厕所、诊疗所、临时文化福利用房、临时仓库、加工场、搅拌台、临时简易水塔、水池等。施工现场临时设施的搭设、维修、拆除或摊销的费用,如临时供水管道、临时供电管线、小型临时设施等;施工现场规定范围内临时简易道路铺设,临时排水沟、排水设施安砌、维修、拆除的费用;其他临时设施的搭设、维修、拆除或摊销的费用
011701002	夜间施工	1.夜间固定照明灯具和临时可移动照明灯具的设置、拆除 2.夜间施工时,施工现场交通标志、安全标牌、警示灯等的设置、移动、拆除 3.包括夜间照明设备摊销及照明用电、施工人员夜班补助、夜间施工劳动效率降低等费用
011701003	非夜间施工照明	为保证工程施工正常进行,在地下室等特殊施工部位施工时所采用的照明设备的安拆、维护、摊销及照明用电等费用
011701004	二次搬运	包括由于施工场地条件限制而发生的材料、成品、半成品等一次运输不能到达堆放地点,必须进行二次或多次搬运的费用
011701005	冬雨季施工	1.冬雨(风)季施工时增加的临时设施(防寒保温、防雨、防风设施)的搭设、拆除 2.冬雨(风)季施工时对砌体、混凝土等采用的特殊加温、保温和养护措施 3.冬雨(风)季施工时,施工现场的防滑处理、对影响施工的雨雪的清除 4.包括冬雨(风)季施工时增加的临时设施的摊销、施工人员的劳动保护用品、冬雨(风)季施工劳动效率降低等费用

续表 3-2

项目编码	项目名称	工作内容及包含范围
011701006	大型机械设备进出场及安拆	1.大型机械设备进出场包括施工机械整体或分体自停放场地运至施工现场,或由一个施工地点运至另一个施工地点所发生的施工机械进出场运输及转移费用,由机械设备的装卸、运输及辅助材料费等构成 2.大型机械设备安拆费包括施工机械在施工现场进行安装、拆卸所需的人工费、材料费、机械费、试运转费和安装所需的辅助设施的费用
011701007	施工排水	包括排水沟槽开挖、砌筑、维修,排水管道的铺设、维修,排水的费用以及专人值守的费用等
011701008	施工降水	包括成井及井管安装、排水管道安拆及摊销、降水设备的安拆及维护的费用,抽水的费用以及专人值守的费用等
011701009	地上、地下设施,建筑物的临时保护设施	在工程施工过程中,对已建成的地上、地下设施和建筑物采取的遮盖、封闭、隔离等必要保护措施所发生的费用
011701010	已完工程及设备保护	对已完工程及设备采取的覆盖、包裹、封闭、隔离等必要保护措施所发生的费用

注:①安全文明施工费是指工程施工期间按照国家现行的环境保护、建筑施工安全、施工现场环境与卫生标准和有关规定,购置和更新施工安全防护用具及设施、改善安全生产条件和作业环境所需要的费用。

②施工排水是指为保证工程在正常条件下施工所采取的排水措施所发生的费用。

③施工降水是指为保证工程在正常条件下施工所采取的降低地下水位措施所发生的费用。

脚手架工程的工程量清单项目设置、项目特征描述的内容、计量单位及工程量计算规则,应按表 3-3 的规定执行。

表 3-3　脚手架工程(编号:011702)

项目编码	项目名称	项目特征	计量单位	工程量计算规则	工程内容
011702001	综合脚手架	1.建筑结构形式 2.檐口高度	m²	按建筑面积计算	1.场内、场外材料搬运 2.搭、拆脚手架,斜道,上料平台 3.安全网的铺设 4.选择附墙点与主体连接 5.测试电动装置、安全锁等 6.拆除脚手架后材料的堆放

续表 3-3

项目编码	项目名称	项目特征	计量单位	工程量计算规则	工程内容
011702002	外脚手架	1.搭设方式 2.搭设高度 3.脚手架材质	m²	按所服务对象的垂直投影面积计算	1.场内、场外材料搬运 2.搭、拆脚手架,斜道、上料平台 3.安全网的铺设 4.拆除脚手架后材料的堆放
011702003	里脚手架				
011702004	悬空脚手架	1.搭设方式 2.悬挑宽度 3.脚手架材质		按搭设的水平投影面积计算	
011702005	挑脚手架		m	按搭设长度乘以搭设层数以延长米计算	
011702006	满堂脚手架	1.搭设方式 2.搭设高度 3.脚手架材质		按搭设的水平投影面积计算	
011702007	整体提升架	1.搭设方式及启动装置 2.搭设高度	m²	按所服务对象的垂直投影面积计算	1.场内、场外材料搬运 2.选择附墙点与主体连接 3.搭、拆脚手架,斜道、上料平台 4.安全网的铺设 5.测试电动装置、安全锁等 6.拆除脚手架后材料的堆放
011702008	外装饰吊篮	1.升降方式及启动装置 2.搭设高度及吊篮型号		按所服务对象的垂直投影面积计算	1.场内、场外材料搬运 2.吊篮的安装 3.测试电动装置、安全锁、平衡控制器等 4.吊篮的拆卸

注:①使用综合脚手架时,不再使用外脚手架、里脚手架等单项脚手架;综合脚手架适用于能够按《建筑工程建筑面积计算
规范》(GB/T 50353—2013)计算建筑面积的建筑工程脚手架,不适用于房屋加层、构筑物及附属工程脚手架。
②同一建筑物有不同檐高时,按建筑物竖向切面分别按不同檐高编列清单项目。
③整体提升架已包括2m高的防护架体设施。
④建筑面积按《建筑工程建筑面积计算规范》(GB/T 50353—2013)计算。
⑤脚手架材质可以不描述,但应注明由投标人根据工程实际情况按照《建筑施工扣件式钢管脚手架安全技术规范》
(JGJ 130—2011)、《建筑施工附着升降脚手架管理暂行规定》(建建〔2000〕230 号)等规范自行确定。

　　混凝土模板及支架(撑)的工程量清单项目设置、项目特征描述的内容、计量单位、工程量
计算规则及工作内容,应按表 3-4 的规定执行。

表 3-4　混凝土模板及支架(撑)(编号:011703)

项目编码	项目名称	项目特征	计量单位	工程量计算规则	工程内容
011703001	垫层	基础形状	m²	按模板与现浇混凝土构件的接触面积计算。 ①现浇钢筋混凝土墙、板单孔面积≤0.3m²的孔洞不予扣除,洞侧壁模板亦不增加;若单孔面积>0.3m²时应予扣除,洞侧壁模板面积并入墙、板工程量内计算 ②现浇框架分别按梁、板、柱的有关规定计算;附墙柱、暗梁、暗柱并入墙内工程量计算 ③柱、梁、墙、板相互连接的重叠部分,均不计算模板面积 ④构造柱按图示外露部分计算模板面积	1.模板制作 2.模板安装、拆除、整理堆放及场内外运输 3.清理模板黏结物及模内杂物、刷隔离剂等
011703002	带形基础				
011703003	独立基础				
011703004	满堂基础				
011703005	设备基础				
011703006	桩承台基础				
011703007	矩形柱	梁截面			
011703008	构造柱				
011703009	异形柱				
0117030010	基础梁				
0117030011	矩形梁				
0117030012	异形梁				
0117030013	圈梁				
0117030014	过梁				
0117030015	弧形、拱形梁				
0117030016	直形墙	墙厚度			
0117030017	弧形墙				
0117030018	短肢剪力墙、电梯井壁				
0117030019	有梁板	板厚度			
0117030020	无梁板				
0117030021	平板				
0117030022	拱板				
0117030023	薄壳板				
0117030024	栏板				
0117030025	其他板				
0117030026	天沟、檐沟	构件类型		按模板与现浇混凝土构件的接触面积计算。按图示外挑部分尺寸的水平投影面积计算,挑出墙外的悬臂梁及板边不另计算	
0117030027	雨篷、悬挑板、阳台板	1.构件类型 2.板厚度			

续表 3-4

项目编码	项目名称	项目特征	计量单位	工程量计算规则	工程内容
0117030028	直形楼梯	形状	m²	按楼梯（包括休息平台、平台梁、斜梁和楼层板的连接梁）的水平投影面积计算，不扣除宽度≤500mm的楼梯井所占面积，楼梯踏步、踏步板、平台梁等侧面模板不另计算，伸入墙内部分亦不增加	1. 模板制作 2. 模板安装、拆除、整理堆放及场内外运输 3. 清理模板黏结物及模内杂物、刷隔离剂等
0117030029	弧形楼梯				
0117030030	其他现浇构件	构件类型		按模板与现浇混凝土构件的接触面积计算	
0117030031	电缆沟、地沟	1. 沟类型 2. 沟截面		按模板与电缆沟、地沟接触的面积计算	
0117030032	台阶	形状		按图示台阶水平投影面积计算，台阶端头两侧不另计算模板面积。架空式混凝土台阶，按现浇楼梯的水平投影面积计算	
0117030033	扶手	扶手断面尺寸		按模板与扶手的接触面积计算	
0117030034	散水	坡度		按模板与散水的接触面积计算	
0117030035	后浇带	后浇带部位		按模板与后浇带的接触面积计算	
0117030036	化粪池底	化粪池规格		按模板与混凝土的接触面积计算	
0117030037	化粪池壁				
0117030038	化粪池顶				
0117030039	检查井底	检查井规格		按模板与混凝土的接触面积计算	
0117030040	检查井壁				
0117030041	检查井顶				

注：①原槽浇灌的混凝土基础、垫层，不计算模板。

②此混凝土模板及支撑（架）项目，只适用于以"平方米"计量；按模板与混凝土构件的接触面积计算，以"立方米"计量时，模板及支撑（架）不再单列，按混凝土及钢筋混凝土实体项目执行，综合单价中应包含模板及支架。

③采用清水模板时，应在特征中注明。

垂直运输的工程量清单项目设置、项目特征描述的内容、计量单位、工程量计算规则应按表 3-5 的规定执行。

表 3-5　垂直运输(编号:011704)

项目编码	项目名称	项目特征	计量单位	工程量计算规则	工程内容
011704001	垂直运输	1. 建筑物建筑类型及结构形式 2. 地下室建筑面积 3. 建筑物檐口高度、层数	1. m² 2. 天	1. 按《建筑工程建筑面积计算规范》(GB/T 50353—2013)的规定计算建筑物的建筑面积 2. 按施工工期日历天数计算	1. 垂直运输机械的固定装置、基础制作、安装 2. 行走式垂直运输机械轨道的铺设、拆除、摊销

注:①建筑物的檐口高度是指设计室外地坪至檐口滴水的高度(平屋顶系指屋面板底高度),凸出主体建筑物屋顶的电梯机房、楼梯出口间、水箱间、瞭望塔、排烟机房等不计入檐口高度。

②垂直运输机械指施工工程在合理工期内所需垂直运输的机械。

③同一建筑物有不同檐高时,按建筑物的不同檐高做纵向分割,分别计算建筑面积,以不同檐高分别编码列项。

超高施工增加的工程量清单项目设置、项目特征描述的内容、计量单位、工程量计算规则应按表 3-6 的规定执行。

表 3-6　超高施工增加(编号:011705)

项目编码	项目名称	项目特征	计量单位	工程量计算规则	工程内容
011705001	超高施工增加	1. 建筑物建筑类型及结构形式 2. 建筑物檐口高度、层数 3. 单层建筑物檐口高度超过 20m,多层建筑物超过 6 层部分的建筑面积	m²	按《建筑工程建筑面积计算规范》(GB/T 50353—2013)的规定计算建筑物超高部分的建筑面积	1. 建筑物超高引起的人工工效降低以及由于人工工效降低引起的机械降效 2. 高层施工用水加压水泵的安装、拆除及工作台班 3. 通信联络设备的使用及摊销

注:①单层建筑物檐口高度超过 20m、多层建筑物超过 6 层时,可按超高部分的建筑面积计算超高施工增加。计算层数时,地下室不计入层数。

②同一建筑物有不同檐高时,可按不同高度的建筑面积分别计算建筑面积,以不同檐高分别编码列项。

【例 3-1】　某工程平面示意图如图 3-1 所示。主楼为砖混结构,层高 3.5m,檐口标高 21.530m,门厅位于主楼前部,单层,天棚高 6.6m,檐高为 7.0m,左部大厅为单层,天棚高 6.6m,室外地坪标高为 −0.600m,求该工程的室内天棚脚手架费用。(内外墙均为一砖墙,图中均为中轴尺寸)

【解】　大厅和门厅需要计算天棚装饰超高脚手架。由于采用吊顶天棚,因此需要计算满堂脚手架。根据定额规定,天棚高度在 3.6～5.2m 之间时按满堂脚手架基本层计算费用;超过 5.2m 的部分,计算增加层。

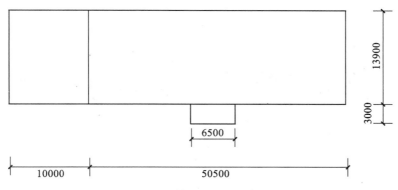

图 3-1 某工程平面示意图

$S_{满堂}=(10-0.24)\times(13.9-0.24)+(6.5-0.24)\times(3-0.24)=150.60m^2$

增加层数$=(6.6-5.2)\div1.2\approx1.2$,小数点后面小数小于或等于 0.5 的均舍去,所以按增加一层计算。

能力训练

某三层建筑顶层结构平面布置如图 3-2 所示。已知楼板为预应力空心楼板,KJ、LL、L 的梁底净高分别为 3.32m、3.32m、3.42m,柱子断面尺寸为 600mm×600mm,梁宽均为 250mm。试计算第三层框架梁柱的脚手架工程量。

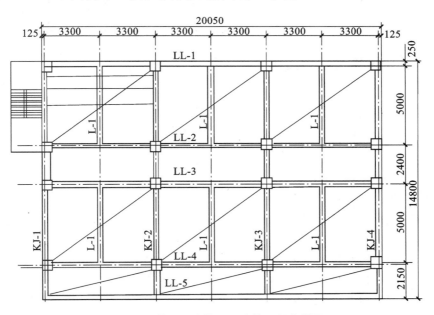

图 3-2 某三层建筑顶层结构平面布置图

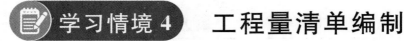 学习情境 4　　工程量清单编制

 学习目标

　　《建设工程工程量清单计价规范》(GB 50500—2013)规定中,工程量清单编制、招标控制价编制的表格组成、格式;分部分项工程量清单的编制方法;措施项目清单的编制方法;其他项目清单的编制方法。

 学习任务

　　能够陈述工程量清单的组成;掌握建筑工程的清单项目编码、项目名称、项目特征描述和工程内容。

学习单元 4.1　工程量清单计价表格

　　根据中华人民共和国住房和城乡建设部规定,《建设工程工程量清单计价规范》(GB 50500—2013)自 2013 年 7 月 1 日起正式实施,原国家标准《建设工程工程量清单计价规范》(GB 50500—2008)同时作废。本单元按照国家最新标准介绍工程量清单编制的要求。

4.1.1　工程量清单计价表格

(1)封面
①招标工程量清单:封 1。
②招标控制价:封 2。
(2)扉页
①招标工程量清单:扉页 1。
②招标控制价:扉页 2。
(3)总说明:表 1
(4)汇总表
①建设项目招标控制价汇总表:表 2。
②单项工程招标控制价汇总表:表 3。
③单位工程招标控制价汇总表:表 4。
(5)分部分项工程和措施项目表
①分部分项工程和单价措施项目清单与计价表:表 5。
②综合单价分析表:表 6。
③总价措施项目清单与计价表:表 7。

（6）其他项目计价表

①其他项目清单与计价汇总表：表8。

②暂列金额明细表：表8-1。

③材料（工程设备）暂估单价及调整表：表8-2。

④专业工程暂估价及结算表：表8-3。

⑤计日工表：表8-4。

⑥总承包服务费计价表：表8-5。

⑦规费、税金项目清单与计价表：表9。

4.1.2 计价表格使用规定

工程量清单与计价宜采用统一格式。各省、自治区、直辖市建设主管部门和行业建设主管部门可根据本地区、本行业的实际情况，在本规范计价表格的基础上补充完善。

4.1.3 工程量清单的编制应符合的规定

（1）工程量清单编制使用的表格包括：封1、扉页1、表1、表5、表7、表8、表9。

（2）扉页应按规定的内容填写、签字、盖章，由造价员编制的工程量清单应由负责审核的造价工程师签字、盖章。受委托编制的工程量清单，应有造价工程师签字、盖章以及工程造价咨询人盖章。

（3）总说明应按下列内容填写：

①工程概况：建设规模、工程特征、计划工期、施工现场实际情况、自然地理条件、环境保护要求等。

②工程招标和专业工程分包范围。

③工程量清单编制依据。

④工程质量、材料、施工等的特殊要求。

⑤其他需要说明的问题。

4.1.4 招标控制价的编制应符合的规定

（1）招标控制价使用表格：封2、扉页2、表1、表2、表3、表4、表5、表6、表7、表8、表9。

（2）扉页应按规定的内容填写、签字、盖章，除承包人自行编制的投标报价和竣工结算外，受委托编制的招标控制价、投标报价、竣工结算，由造价员编制的应有负责审核的造价工程师签字、盖章以及工程造价咨询人盖章。

（3）总说明应按下列内容填写：

①工程概况：建设规模、工程特征、计划工期、合同工期、实际工期、施工现场及变化情况、施工组织设计的特点、自然地理条件、环境保护要求等。

②编制依据等。

4.1.5 其他要求

投标人应按招标文件的要求，附工程量清单综合单价分析表。

工程量清单与计价表中列明的所有需要填写的单价和合价，均应由投标人填写，未填写的单价和合价，视为此项费用已包含在工程量清单的其他单价和合价中。

4.1.6 计价表格

招标工程量清单封面（封1）。

_____工程

招标工程量清单

招标人：_____
　　　　　　　（单位盖章）

造价咨询人：_____
　　　　　　　　　（单位盖章）

年　　　月　　　日

招标控制价封面（封 2）。

$\underline{\qquad\qquad\qquad\qquad\qquad}$工程

招标控制价

招标人：$\underline{\qquad\qquad\qquad\qquad}$

（单位盖章）

造价咨询人：$\underline{\qquad\qquad\qquad\qquad}$

（单位盖章）

年　　　月　　　日

招标工程量清单（扉页1）。

_____工程

招标工程量清单

招标人：_____
（单位盖章）

工程造价
咨询人：_____
（单位资质专用章）

法定代表人
或其授权人：_____
（签字或盖章）

法定代表人
或其授权人：_____
（签字或盖章）

编　制　人：_____
（造价人员签字盖专用章）

复　核　人：_____
（造价工程师签字盖专用章）

编制时间：　年　月　日　　复核时间：　年　月　日

招标控制价（扉页 2）。

_____工程

招标控制价

招标控制价（小写）：_____

（大写）：_____

招标人：_____

（单位盖章）

工程造价

咨询人：_____

（单位资质专用章）

法定代表人

或其授权人：_____

（签字或盖章）

法定代表人

或其授权人：_____

（签字或盖章）

编　制　人：_____

（造价人员签字盖专用章）

复　核　人：_____

（造价工程师签字盖专用章）

编制时间：　　年　　月　　日　　复核时间：　　年　　月　　日

工程计价总说明（表1）。

总 说 明

工程名称：   第 页 共 页

建设项目招标控制价汇总表(表2)。

建设项目招标控制价汇总表

工程名称： 第 页 共 页

序号	单项工程名称	金额(元)	其中		
			暂估价(元)	安全文明施工费(元)	规费(元)
合 计					

注:本表用于工程项目招标控制价或投标报价汇总。

单项工程招标控制价汇总表(表3)。

单项工程招标控制价汇总表

工程名称：　　　　　　　　　　　　　　　　　　　　　　　　　第 页　共 页

序号	单项工程名称	金额(元)	其　　　中		
			暂估价(元)	安全文明施工费 (元)	规费(元)
	合　　　计				

注:本表用于单项工程项目招标控制价或投标报价汇总。暂估价包括分部分项工程中的暂估价和专业工程暂估价。

单位工程招标控制价汇总表(表4)。

单位工程招标控制价汇总表

工程名称：　　　　　　　　标段　　　　　　　　第 页 共 页

序号	汇 总 内 容	金额(元)	其中:暂估价(元)
1	分部分项工程		
1.1			
1.2			
1.3			
1.4			
1.5			
2	措施项目		
2.1	安全文明施工费		
3	其他项目		
3.1	暂列金额		
3.2	专业工程暂估价		
3.3	计日工		
3.4	总承包服务费		
4	规费		
5	税金		
招标控制价合计＝1＋2＋3＋4＋5			

注:本表用于单位工程招标控制价或投标报价的汇总,如无单位工程的划分,单项工程也可使用本表的汇总。

分部分项工程和单价措施项目清单与计价表(表5)。

分部分项工程和单价措施项目清单与计价表

工程名称：　　　　　　　　　　标段　　　　　　　　第　页　共　页

序号	项目编码	项目名称	项目特征描述	计量单位	工程量	金额（元）		
						综合单价	合价	其中：暂估价
本 页 小 计								
合　　　计								

注：为计取规费等的使用，可在表中增设"其中：定额人工费"。

综合单价分析表（表 6）。

综合单价分析表

工程名称：　　　　　　　　　　　标段　　　　　　　　第　页　共　页

项目编码		项目名称					计量单位			
清单综合单价组成明细										
定额编号	定额名称	定额单位	数量	单价				合价			
				人工费	材料费	机械费	管理费和利润	人工费	材料费	机械费	管理费和利润
人工单价		小　计									
元/工日		未计价材料费									
清单项目综合单价											

材料费明细	主要材料名称、规格、型号	单位	数量	单价（元）	合价（元）	暂估单价（元）	暂估合价（元）
	其他材料费			—		—	
	材料费小计			—		—	

注：1. 如不使用省级或行业建设主管部门发布的计价依据，可不填定额项目、编号等。

　　2. 招标文件提供了暂估单价的材料，按照暂估单价填入表内"暂估单价"栏及"暂估合价"栏。

总价措施项目清单与计价表(表7)。

总价措施项目清单与计价表

工程名称： 标段 第 页 共 页

序号	项目编码	项目名称	计算基础	费率（%）	金额（元）	调整费率（%）	调整后金额（元）	备注
		安全文明施工费						
		夜间施工增加费						
		二次搬运费						
		冬雨季施工增加费						
		已完工程及设备保护费						
		合　　计						

注：1."计算基础"中安全文明施工费可为"定额基价""定额人工费"或"定额人工费＋定额机械费"，其他项目可为"定额人工费"或"定额人工费＋定额机械费"。

2.按施工方案计算的措施费，若无"计算基础"和"费率"的数值，也可只填"金额"数值，但应在备注栏说明施工方案出处或计算方法。

其他项目清单与计价汇总表(表8)。

其他项目清单与计价汇总表

工程名称:　　　　　　　　　标段　　　　　　　　　第　页　共　页

序号	项目名称	金额(元)	结算金额(元)	备注
1	暂列金额			明细详见表8-1
2	暂估价			
2.1	材料(工程设备)暂估价/结算价	—		明细详见表8-2
2.2	专业工程暂估价/结算价			明细详见表8-3
3	计日工			明细详见表8-4
4	总承包服务费			明细详见表8-5
5	索赔与现场签证	—		略
合　　计				—

注:材料暂估单价计入清单项目综合单价,此处不汇总。

暂列金额明细表(表 8-1)。

暂列金额明细表

工程名称：   标段   第 页 共 页

序号	项目名称	计量单位	暂列金额(元)	备注
1				
2				
3				
4				
5				
6				
7				
8				
9				
10				
11				
合　计				—

注：此表由招标人填写，如不能详列，也可只列暂列金额总额，投标人应将上述暂列金额计入投标总价中。

材料(工程设备)暂估单价及调整表(表 8-2)。

材料(工程设备)暂估单价及调整表

工程名称：　　　　　　　　　　标段　　　　　　　　　　第　页　共　页

序号	材料(工程设备)名称、规格、型号	计量单位	数量		暂估(元)		确认(元)		差额±(元)		备注
			暂估	确认	单价	合计	单价	合计	单价	合计	

注：此表由招标人填写"暂估单价"，并在"备注"栏说明暂估价的材料、工程设备拟用在哪些清单项目上，投标人应将上述材料、工程设备暂估单价计入工程量清单综合单价报价中。

专业工程暂估价及结算表(表8-3)。

专业工程暂估价及结算表

工程名称：　　　　　　　　　　标段　　　　　　　　第　页　共　页

序号	工程名称	工程内容	暂估金额(元)	结算金额(元)	差额±(元)	备注
	合　　计					

注:此表"暂估金额"由招标人填写,投标人应将"暂估金额"计入投标总价中,结算时按合同约定的结算金额填写。

计日工表（表8-4）。

计 日 工 表

工程名称：　　　　　　　　　　　标段　　　　　　　　　　第　页　共　页

编号	项目名称	单位	暂定数量	实际数量	综合单价（元）	合价	
						暂定	实际
一	人工						
1							
2							
	人工小计						
二	材料						
1							
2							
	材料小计						
三	施工机械						
1							
2							
	施工机械小计						
四	企业管理费和利润						
	总　计						

注：此表"项目名称""暂定数量"由招标人填写，编制招标控制价时，单价由招标人按有关计价规定确定；投标时，单价由投标人自主报价，按暂定数量计算合价并计入投标总价中。结算时，按发承包双方确认的实际数量计算合价。

总承包服务费计价表（表 8-5）。

总承包服务费计价表

工程名称：　　　　　　　　　　　标段　　　　　　　第　页　共　页

序号	项目名称	项目价值（元）	服务内容	计算基础	费率（%）	金额（元）
1	发包人发包专业工程					
2	发包人供应材料					
合　计		—	—		—	

注：此表"项目名称""服务内容"由招标人填写，编制招标控制价时，"费率"栏及"金额"栏由招标人按有关计价规定确定；投标时，"费率"栏及"金额"栏由投标人自主报价，计入投标总价中。

规费、税金项目清单与计价表(表9)。

规费、税金项目清单与计价表

工程名称：　　　　　　　　　标段　　　　　　　第 页　共 页

序号	项目名称	计算基础	计算基数	费率(%)	金额(元)
1	规费				
1.1	工程排污费	按工程所在地环境保护部门收取标准,按实计入			
1.2	社会保障费				
(1)	养老保险费	定额人工费			
(2)	失业保险费	定额人工费			
(3)	医疗保险费	定额人工费			
(4)	工伤保险费	定额人工费			
(5)	生育保险费	定额人工费			
1.3	住房公积金	定额人工费			
2	税金	分部分项工程费＋措施项目费＋其他项目费＋规费－按规定不计税的工程设备金额			
合　　计					

学习单元4.2 分部分项工程量清单的编制

4.2.1 分部分项工程量清单包括的内容及编制原则

构成一个分部分项工程项目清单的五个要件包括项目编码、项目名称、项目特征、计量单位和工程量,这五个要件在分部分项工程项目清单的组成中缺一不可。分部分项工程量清单的编制原则是在《建设工程工程量清单计价规范》(GB 50500—2013)规定的统一原则下按照下列规定编制的:

(1)项目编码

分部分项工程量清单项目编码以五级编码设置,用十二位阿拉伯数字表示。一、二、三、四级编码为全国统一;第五级编码应根据拟建工程的工程量清单项目名称设置。各级编码代表的含义如下:

①第一级表示专业工程代码(分二位):房屋建筑与装饰工程(01)、仿古建筑工程(02)、通用安装工程(03)、市政工程(04)、园林绿化工程(05);矿山工程(06);构筑物工程(07);城市轨道交通工程(08);爆破工程(09)。

②第二级表示附录分类顺序码(分二位)。

③第三级表示分部工程顺序码(分二位)。

④第四级表示分项工程项目名称顺序码(分三位)。

⑤第五级表示工程量清单项目名称顺序码(分三位)。

项目编码结构如图4-1所示。

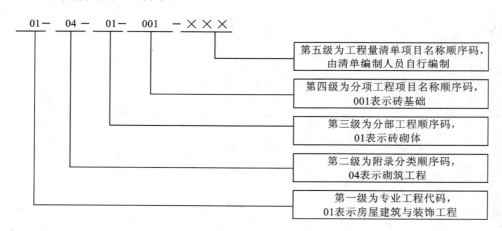

图4-1 工程量清单项目编码结构

当同一标段(或合同段)的一份工程量清单中含有多个单位工程且工程量清单是以单位工程为编制对象时,应特别注意对项目编码十至十二位的设置不得有重号的规定。例如一个标段(或合同段)的工程量清单中含有三个单位工程,每个单位工程中都有项目特征相同的实心砖墙砌体。在工程量清单中需反映三个不同单位工程的实心砖墙砌体工程量时,第一个单位工程的实心砖墙的项目编码应为010401003001,第二个单位工程的实心砖墙的项目编码应为

010401003002,第三个单位工程的实心砖墙的项目编码应为 010401003003,并分别列出各单位工程实心砖墙的工程量。

(2)项目名称

分部分项工程量清单的项目名称应按计价规范附录的项目名称结合拟建工程的实际确定。计价规范附录表中的"项目名称"为分项工程项目名称,是形成分部分项工程量清单项目名称的基础,在编制分部分项工程量清单时可予以适当调整或细化,例如"墙面一般抹灰"这一分项工程在形成工程量清单项目名称时可以细化为"外墙面抹灰""内墙面抹灰"等。清单项目名称应表达详细、准确。计价规范中的分项工程项目名称如有缺陷,招标人可作补充,并报当地工程造价管理机构(省级)备案。

(3)项目特征

项目特征是对项目的准确描述,是确定一个清单项目综合单价不可缺少的重要依据,也是区分清单项目的依据,还是履行合同义务的基础。

分部分项工程量清单项目特征应按附录中规定的项目特征,结合拟建工程项目的实际予以描述,满足确定综合单价的需要。在进行项目特征描述时,可掌握以下要点:

①必须描述的内容:

a.涉及正确计量的内容:如门窗洞口尺寸或框外围尺寸。

b.涉及结构要求的内容:如混凝土构件的混凝土强度等级。

c.涉及材质要求的内容:如油漆的品种、管材的材质等。

d.涉及安装方式的内容:如管道工程中的钢管的连接方式。

②可以不描述的内容:

a.对计量计价没有实质影响的内容:如对现浇混凝土柱的高度、断面大小等特征可以不描述。

b.应由投标人根据施工方案确定的内容:如对石方的预裂爆破的单孔深度及装药量的特征规定。

c.应由投标人根据当地材料和施工要求确定的内容:如对混凝土构件中的混凝土拌合料使用的石子种类及粒径、砂的种类的特征规定。

d.应由施工措施解决的内容:如对现浇混凝土板、梁的标高的特征规定。

③可以不详细描述的内容:

a.无法准确描述的内容:如土壤类别,可考虑将土壤类别描述为综合,注明由投标人根据地勘资料自行确定土壤类别后再决定报价。

b.施工图纸、标准图集标注明确的:对这些项目可描述为见××图集××页号及节点大样等。

c.清单编制人在项目特征描述中应注明由投标人自行确定:如土方工程中的"取土运距""弃土运距"等。

对项目特征的准确描述还必须把握实质意义。例如,计价规范在"实心砖墙"的"项目特征"栏及"工程内容"栏内均包含有"勾缝",但两者的性质完全不同。"项目特征"栏的"勾缝"体现的是实心砖墙的实体特征,体现的是用什么材料勾缝。而"工程内容"栏内的"勾缝"表述的是操作工序或称为操作行为,体现的是怎么做。因此,如果需要勾缝,就必须在项目特征中描述,而不能因工程内容中有而不描述,否则,将视为清单项目漏项而可能在施工中引起索赔。

（4）计量单位

计量单位应采用基本单位，除各专业另有特殊规定外均按以下单位计量：

①以重量计算的项目：吨或千克（t 或 kg）。

②以体积计算的项目：立方米（m³）。

③以面积计算的项目：平方米（m²）。

④以长度计算的项目：米（m）。

⑤以自然计量单位计算的项目：个、套、块、樘、组、台等。

⑥没有具体数量的项目：宗、项等。

各专业有特殊计量单位的，另外加以说明，当计量单位有两个或两个以上时，应根据所编工程量清单项目的特征要求，选择最适宜表现该项目特征并方便计量的单位。如在计价规范中"零星砌砖"（编号：010401012）项目有"m³""m²""m""个"四个单位可供选择。砖砌台阶的单位用"m²"、砖砌地垄墙的单位用"m"、砖砌锅台的单位用"个"、砖砌花台或花池的单位用"m³"。

分部分项工程量清单的计量单位的有效位数应遵守下列规定：

①以"吨"为单位，应保留三位小数，第四位小数四舍五入。

②以"立方米""平方米""米""千克"为单位，应保留两位小数，第三位小数四舍五入。

③采用"个""项"等自然计量单位时，应取整数。

（5）工程数量的计算

工程数量主要通过工程量计算规则计算得到。工程量计算规则是指对清单项目工程量的计算规定。除另有说明外，所有清单项目的工程量应以实体工程量为准，并以完成后的净值计算；投标人投标报价时，应在单价中考虑施工中的各种损耗和需要增加的工程量。

工程量计算规范附录中给出了各类别工程的项目设置和工程量计算规则，包括房屋建筑与装饰工程、仿古建筑工程、通用安装工程、市政工程、园林绿化工程、矿山工程、构筑物工程、城市轨道交通工程和爆破工程，共九个部分。

（6）项目补充

编制工程量清单时若出现附录中未包括的项目，编制人应作补充，并报省级或行业工程造价管理机构备案，省级或行业工程造价管理机构应汇总后上报住房城乡建设部标准定额研究所。补充项目的编码由附录的顺序码与字母 B 及三位阿拉伯数字组成，并应从 ××B001 起按顺序编码，不得重号。如《房屋建筑与装饰工程工程量计算规范》（GB 50854—2013）从 01B001起按顺序编码。工程量清单中需附有补充项目的名称、项目特征、计量单位、工程量计算规则、工作内容。

4.2.2　分部分项工程量清单的编制依据

（1）《建设工程工程量清单计价规范》（GB 50500—2013）；

（2）国家或省级、行业建设主管部门颁发的计价依据和办法；

（3）建设工程设计文件；

（4）与建设工程项目有关的标准、规范、技术资料；

（5）招标文件及其补充通知、答疑纪要；

（6）施工现场情况、工程特点及常规施工方案；

（7）其他相关资料。

4.2.3　分部分项工程量清单的编制步骤

分部分项工程量清单的编制依据也就是工程量清单项目的设置与工程量计算的依据。工程范围、工作责任的划分一般是通过招标文件来规定的。施工组织设计与施工技术方案可提供分部分项工程的施工方法，从而弄清楚其工程内容。工程施工规范及工程验收规范，可提供生产工艺对分部分项工程的质量要求，为分部分项工程综合工程内容列项，以及为综合工程内容的工程量计算提供数据和参考，也就决定了分部分项工程实施过程中必须要完成的工作内容。在编制工程量清单时可以按照如下步骤进行：

(1)参阅设计文件，读取项目内容，对照计价规范项目名称以及用于描述项目名称的项目特征，确定具体的分部分项工程名称和项目特征。

在名称设置时应考虑三个因素：一是附录中规定的项目名称；二是附录中规定的项目特征；三是拟建工程的实际情况。即在编制时，以附录中的项目名称为主体，考虑该项目的规格、型号、材质等特征要求，结合拟建工程的实际情况，使其工程量清单项目名称具体化、细化，能够反映影响工程造价的主要因素。

在"项目特征"一栏中很多以"名称"作为特征，它是同类实体的统称，在设置具体清单项目时，要用该实体的本名称。

(2)设置项目编码。例如编制挖带形基础土方清单时，在规范中找到对应挖基础土方的编码为"010101003"，再加上给带形基础土方自定义的三位码"001"，挖带形基础土方的编码确定为"010101003001"。假如该清单中还有另外一处挖带形基础土方，则编码确定为"010101003002"。

(3)计量单位。工程量清单中一律以单位量"1"为计量单位，不能出现 10、100、1000 等倍数的计量单位。

(4)按《建设工程工程量清单计价规范》(GB 50500—2013)规定的工程量计算规则，读取设计文件数据计算工程数量，所有清单项目的工程量应以实体工程量为准，小数点后小数位采用四舍五入的方法保留。

(5)组合分部分项工程量清单的综合工程内容。清单项目是按实体设置的，应包括完成该实体的全部内容，是由多个工程综合而成的。对清单项目可能发生的工程项目均须做提示并列在"工程内容"一栏内，供清单编制人员对项目描述进行修改。

(6)按照上述五步内容填写"分部分项工程量清单"表格。

学习单元 4.3　措施项目清单的编制

4.3.1　措施项目清单概述

《建设工程工程量清单计价规范》(GB 50500—2013)中将实体项目划分为分部分项工程量清单项目，将非实体项目划分为措施项目。措施项目清单是指为完成工程项目施工，发生于该工程施工前和施工过程中的技术、生活、文明、安全等方面的非工程实体项目清单，具体组成见学习情境 3 的表 3-1。

表 3-1 中共列出"通用措施项目"9 项，"建筑工程"3 项，"装饰装修工程"3 项，其中"通用

措施项目"是指各专业的"措施项目清单"中共用的措施项目。各专业工程中所列的内容,是指相应在各专业的"措施项目清单"中可列的措施项目。各专业在工程中的实际措施性项目可以根据工程的实际情况进行列项。

不能计算工程量的措施项目清单以"项"为计量单位,相应数量为"1"。

措施项目清单应根据拟建工程的实际情况列项。通用措施项目可按"措施项目一览表"选择列项,专业工程的措施项目可按附录中规定的项目选择列项。若出现本规范未列的项目,可根据工程实际情况补充。

4.3.2 措施项目清单编制规则

措施项目中可以计算工程量的项目清单宜采用分部分项工程量清单的方式编制,列出项目编码、项目名称、项目特征、计量单位和工程量计算规则;不能计算工程量的项目清单,以"项"为计量单位。根据《建设工程工程量清单计价规范》(GB 50500—2013)规定,将能采用"单价法"计算投资的措施项目与分部分项工程量清单中的实体项目合并,统一计入"分部分项工程和单价措施项目清单与计价表"中。

4.3.3 措施项目清单编制依据

(1)拟建工程的施工组织设计;
(2)拟建工程的施工技术方案;
(3)与拟建工程相关的施工规范与工程验收规范;
(4)招标文件;
(5)设计文件。

4.3.4 措施项目清单编制步骤

(1)参考拟建工程的施工组织设计,以确定环境保护、安全文明施工、材料的二次搬运等项目。

(2)参阅施工技术方案,以确定夜间施工、大型机械设备进出场及安拆、混凝土模板与支架、脚手架、施工排水、施工降水、垂直运输机械等项目。

(3)参阅相关的施工规范与工程验收规范,以确定施工技术方案中未表述,但是为了实现施工规范与工程验收规范要求而必须发生的技术措施。

(4)确定招标文件中提出的某些必须通过一定的技术措施才能实现的要求。

(5)确定设计文件中一些不足以写进技术方案,但通过一定的技术措施才能实现的内容。

4.3.5 措施项目清单表的填写

总价措施项目清单与计价表适用于以"项"计价的措施项目。

①编制工程量清单时,表中的项目可根据工程实际情况进行增减。

②编制招标控制价时,计费基础、费率应按省级或行业建设主管部门的规定计取。

③编制投标报价时,除"安全文明施工费"必须按本规范的强制性规定及省级或行业建设主管部门的规定计取外,其他措施项目均可根据投标施工组织设计自主报价。

学习单元 4.4   其他项目清单的编制

4.4.1   其他项目清单概述

其他项目清单是指除分部分项工程量清单、措施项目清单所包含的内容以外,因招标人的特殊要求而发生的与拟建工程有关的其他费用项目和相应数量的清单。

工程建设标准的高低、工程的复杂程度、工程的工期长短、工程的组成内容、发包人对工程管理要求等都直接影响其他项目清单的具体内容,其他项目清单宜按照《建设工程工程量清单计价规范》(GB 50500—2013)的格式编制,若出现未包含在表格中内容的项目,可根据工程实际情况补充。

4.4.2   其他项目清单列项及填写

(1)暂列金额明细表

暂列金额是指招标人暂定并包括在合同中的一笔款项。不管采用何种合同形式,在实际履约过程中可能发生,也可能不发生。本表要求招标人能将暂列金额与拟用项目列出明细,但若确实不能详列,也可只列暂定金额总额,投标人应将上述暂列金额计入投标总价中。

(2)暂估价

暂估价是指招标阶段直至签订合同协议时,招标人在招标文件中提供的用于支付必然要发生但暂时不能确定价格的材料以及专业工程的金额,包括材料暂估价、专业工程暂估价。

①材料暂估单价表

暂估价是在招标阶段预见肯定要发生,只是因为标准不明确或者需要由专业承包人完成,暂时无法确定的具体价格。暂估价数量和拟用项目应当在本表"备注"栏给予补充说明。

本规范要求招标人针对每一类暂估价给出相应的拟用项目,即按照材料设备的名称分别给出,这样的材料设备暂估价能够纳入项目综合单价中。

②专业工程暂估价表

专业工程暂估价应在表内填写工程名称、工程内容、暂估金额,投标人应将上述金额计入投标总价中。

(3)计日工计价表

计日工是为了解决现场发生的零星工作的计价而设立的。计日工对完成零星工作所消耗的人工工时、材料数量、施工机械台班进行计量,并按照计日工表中填报的适用项目的单价进行计价支付。计日工适用的所谓零星工作一般是指合同约定之外的或者因变更而产生的、工程量清单中没有相应项目的额外工作,尤其是那些难以事先商定价格的额外工作。

①编制工程量清单时,"项目名称""计量单位""暂估数量"由招标人填写。

②编制招标控制价时,人工、材料、机械台班单价由招标人按有关计价规定填写并计算合价。

③编制投标报价时,人工、材料、机械台班单价由投标人自主确定,按已给暂估数量计算合价并计入投标总价中。

（4）总承包服务费计价表

总承包服务费是为了解决招标人在法律、法规允许的条件下进行专业工程发包，以及自行供应材料、设备，并需要总承包人对发包的专业工程提供协调和配合服务，对供应的材料、设备提供收、发和保管服务以及进行施工现场管理时发生，并向总承包人支付的费用。招标人应预计该项费用，并按投标人的投标报价向投标人支付该项费用。

①编制工程量清单时，招标人应将拟定进行专业分包的专业工程、自行采购的材料设备等确定清楚，再填写项目名称、服务内容，以便投标人决定报价。

②编制招标控制价时，招标人按有关计价规定计价。

③编制投标报价时，由投标人根据工程量清单中的总承包服务内容自行报价。

4.4.3　规费项目清单编制、税金项目清单编制

规费项目清单应按照下列内容列项：工程排污费；社会保障费，包括养老保险费、失业保险费、医疗保险费、工伤保险费、生育保险费；住房公积金。出现但未包含在上述规范中的项目，应根据省级政府或省级有关行政部门的规定列项。

税金项目清单应包括以下内容：营业税，城市建设维护税，教育费附加。如国家税法发生变化，税务部门依据职权增加了税种，应对税金项目清单进行补充。

学习单元4.5　工程量清单编制实例

根据本书学习单元2.1某学院办公楼案例图纸，编制该工程的工程量清单。

<u>　　　　某学院办公楼　　　　　</u>工程

招标工程量清单

招　标　人：<u>　　　　×××　　　　</u>

（单位盖章）

造价咨询人：<u>　　　　×××　　　　</u>

（单位盖章）

编制时间：　　年　　月　　日　　复核时间：　　年　　月　　日

<u>　　　　　某学院办公楼　　　　　</u>工程

招标工程量清单

招　标　人：<u>　　　×××　　　</u>　　　造价咨询人：<u>　　　×××　　　</u>

　　　　　　　（单位盖章）　　　　　　　　　　　　（单位资质专用章）

法定代表人　　　　　　　　　　　　法定代表人

或其授权人：<u>　　　×××　　　</u>　　　或其授权人：<u>　　　×××　　　</u>

　　　　　　　（签字或盖章）　　　　　　　　　　　　（签字或盖章）

编　制　人：<u>　　　×××　　　</u>　　　复　核　人：<u>　　　×××　　　</u>

　　　（造价人员签字盖专用章）　　　　　（造价工程师签字盖专用章）

编制时间：　　年　　月　　日　　　复核时间：　　年　　月　　日

总　说　明

工程名称：某学院办公楼

（1）工程概况

　　建设规模：本工程的建筑面积为 1418.56m²。

　　工程特征：

　　计划工期：

　　施工现场及变化情况：

　　自然地理条件：

　　环境保护要求：

（2）工程招标和分包范围

（3）工程量清单编制依据：《房屋建筑与装饰工程工程量计算规范》（GB 50854—2013）

（4）工程质量、材料、施工等的特殊要求

（5）其他需说明的问题

分部分项工程和单价措施项目清单与计价表

工程名称:某学院办公楼(建筑工程)　　　　　　标段:　　　　　　　第　页　共　页

序号	项目编码	项目名称	项目特征描述	计量单位	工程量	金额(元)		
						综合单价	合价	其中:暂估价
1	010101001001	平整场地	1.土壤类别:三类土 2.弃、取土运距:投标人自行考虑	m²	343.75			
2	010101003025	挖沟槽土方	1.土壤类别:三类土 2.挖土深度:根据图示要求 3.弃土运距:投标人自行考虑	m³	72.67			
3	010101004002	挖基坑土方	1.土壤类别:三类土 2.基础类型:柱下独立基础 3.弃土运距:投标人自行考虑	m³	910.99			
4	010103001026	回填方	1.密实度要求 2.填方材料品种:三类土 3.填方粒径要求 4.填方来源:开挖料	m³	888.51			
5	010103002027	余方弃置	1.废弃料品种:开挖回填余料 2.运距:投标人自行考虑	m³	94.15			
6	010401001003	砖基础	1.砖品种:红砖 2.基础类型:条形基础 3.砂浆强度等级:M5 4.防潮层材料种类:20mm厚1:2防水砂浆防潮层	m³	19.93			
7	010401003004	实心砖墙	1.砖品种:红砖 2.墙体类型:内隔墙 3.砂浆强度等级、配合比:M10水泥砂浆	m³	19.25			
8	010401008005	地下室填充墙	1.砖品种:红砖 2.墙体类型:地下室填充墙 3.填充材料种类及厚度:300mm厚红砖 4.砂浆强度等级、配合比:M5混合砂浆	m³	12.76			

工程名称:某学院办公楼(建筑工程)　　　　　　　　　标段:　　　　　第　页　共　页

序号	项目编码	项目名称	项目特征描述	计量单位	工程量	综合单价	合价	其中:暂估价
9	010401008006	填充墙	1.砖品种:石渣空心砖 2.墙体类型:内、外填充墙 3.砂浆强度等级、配合比:M5 混合砂浆	m³	233.91			
10	010401008007	女儿墙	1.砖品种、规格、强度等级:240mm 厚石渣空心砖 2.墙体类型:女儿墙 3.砂浆强度等级、配合比:M5 混合砂浆	m³	7.46			
11	010401012024	零星砌砖	1.零星砌砖部位:台阶 2.砖品种、规格、强度等级:MU7.5,标准砖 3. 砂浆强度等级:M5	m²	44.78			
12	010501001008	垫层	垫层材料种类、配合比、厚度:100mm 厚 C10 商品混凝土	m³	14.41			
13	010501003009	独立基础	1.混凝土种类:商品混凝土 2.混凝土强度等级:C20	m³	69.04			
14	010502001010	矩形柱	1.混凝土种类:商品混凝土 2.混凝土强度等级:C30	m³	75.425			
15	010502003011	异形柱	1.柱形状:L 形、圆形 2.混凝土种类:商品混凝土 3. 混凝土强度等级:C30	m³	12.585			
16	010503001012	基础梁	1.混凝土种类:商品混凝土 2. 混凝土强度等级:C20	m³	24.013			
17	010503005013	过梁	1.混凝土种类:商品混凝土 2. 混凝土强度等级:C30	m³	11.93			

建筑工程计量与计价

工程名称:某学院办公楼(建筑工程)　　　　　　　　标段:　　　　　　第 页 共 页

序号	项目编码	项目名称	项目特征描述	计量单位	工程量	金额(元)		
						综合单价	合价	其中:暂估价
18	010504004014	剪力墙	1.混凝土种类:商品混凝土 2.混凝土强度等级:C30	m³	9.36			
19	010505001015	有梁板	1.混凝土种类:商品混凝土 2.混凝土强度等级:C30	m³	290.83			
20	010505007016	挑檐板	1.混凝土种类:商品混凝土 2.混凝土强度等级:C30	m³	3.06			
21	010506001017	直形楼梯	1.混凝土种类:商品混凝土 2.混凝土强度等级:C30	m²	67			
22	010507001018	散水	1.垫层材料种类、厚度:60mm厚中砂铺垫 2.面层厚度:20mm厚1:2.5水泥砂浆抹面压光 3.结合层:60mm厚C15混凝土	m²	42.96			
23	010505008023	雨篷、悬挑板、阳台板	1.混凝土种类:商品混凝土 2.混凝土强度等级:C30	m³	3.47			
24	010507004022	台阶	1.踏步高、宽 2.混凝土种类 3.混凝土强度等级	m²	44.78			
25	010515001019	现浇构件钢筋	钢筋种类、规格	t	62.782			
26	010902001020	屋面卷材防水(不上人)	1.卷材品种、规格、厚度:4mm厚APP改性沥青防水卷材 2.刷基层处理剂一遍 3.表面带页岩保护层 4.20mm厚1:2.5水泥砂浆找平层	m²	256.6			

工程名称：某学院办公楼（建筑工程）　　　　　　　　标段：　　　　　　　第　页　共　页

序号	项目编码	项目名称	项目特征描述	计量单位	工程量	金额（元）		
						综合单价	合价	其中：暂估价
27	010902003021	屋面刚性层（上人）	1.刚性层厚度：30mm厚 250mm×250mm C20预制混凝土板 2.嵌缝材料种类：缝宽3～5mm，1：1水泥砂浆填缝 3.20mm厚1：2.5水泥砂浆找平层 4.刷基层处理剂一遍 5.干铺150mm加气混凝土砌块	m²	125			
28	011701001001	综合脚手架	1.建筑结构形式：框架结构 2.檐口高度：18m	m²	1434			
29	011702001001	基础模板	基础类型	m²	144.54			
30	011702002001	矩形柱模板	基础类型	m²	600.12			
31	011702004001	异形柱模板	柱截面形状	m²	120			
32	011702005001	基础梁模板	梁截面形状	m²	100			
33	011702006001	矩形梁模板	支撑高度	m²	500			
34	011702009001	过梁模板	1.梁截面形状 2.支撑高度	m²	111.76			
35	010504004	剪力墙模板	1.混凝土种类 2.混凝土强度等级	m³	9.36			
36	011702014001	有梁板模板	支撑高度	m²	1226.88			
37	011702023001	雨篷、悬挑板、阳台板	1.构件类型 2.板厚度	m²	51.78			
38	011702024001	楼梯	类型	m²	70.96			
39	011705001001	大型机械设备进出场及安拆	1.机械设备名称 2.机械设备规格型号	台次	4			
合　计								

总价措施项目清单计价表

工程名称:某学院办公楼　　　　　　　　　　　　　标段:

序号	项目编码	项目名称	计算基础	费率(%)	金额(元)	调整费率(%)	调整后金额(元)	备注
1	011707001001	安全文明施工						
1.1		环境保护	分部分项定额人工费					
1.2		文明施工	分部分项定额人工费					
1.3		安全施工	分部分项定额人工费					
1.4		临时设施	分部分项定额人工费					
2	011707002001	夜间施工	分部分项定额人工费					
3	011707003001	非夜间施工照明						
4	011707004001	二次搬运	分部分项定额人工费					
5	011707005001	冬雨季施工	分部分项定额人工费					
6	011707006001	地上、地下设施、建筑物的临时保护设施						
7	011707007001	已完工程及设备保护						
合　　计								

其他项目清单与计价汇总表

工程名称:某学院办公楼　　　　　　　　　　　　　标段:

序号	项目名称	金额(元)	结算金额(元)	备注
1	暂列金额			
2	暂估价			
2.1	材料(工程设备)暂估价	—		
2.2	专业工程暂估价			
3	计日工			
4	总承包服务费			
合　　计				—

规费、税金项目清单与计价表

工程名称：某学院办公楼 标段：

序号	项目名称	计算基础	计算基数	计算费率(%)	金额(元)
1	规费				
1.1	社会保障费				
(1)	养老保险费	分部分项定额人工费＋措施项目定额人工费			
(2)	失业保险费	分部分项定额人工费＋措施项目定额人工费			
(3)	医疗保险费	分部分项定额人工费＋措施项目定额人工费			
(4)	工伤保险费	分部分项定额人工费＋措施项目定额人工费			
(5)	生育保险费	分部分项定额人工费＋措施项目定额人工费			
1.2	住房公积金	分部分项定额人工费＋措施项目定额人工费			
1.3	工程排污费	按工程所在地环境保护部门收取标准,按实计入			
2	税金	分部分项工程费＋措施项目工程费＋其他项目费＋规费－按规定不计税的工程设备金额			
合　计					

分部分项工程和单价措施项目清单与计价表

工程名称：某学院综合楼(装饰装修工程) 标段： 第 页 共 页

序号	项目编码	项目名称	项目特征描述	计量单位	工程量	金额(元)		
						综合单价	合价	其中：暂估价
1	010801001001	胶合板门 M-0924	洞口尺寸:900mm×2400mm	m²	47.52			
2	010801001002	胶合板门 M-1224	洞口尺寸:1200mm×2400mm	m²	5.76			
3	010801001003	胶合板门 M-1227	洞口尺寸:1200mm×2700mm	m²	6.48			
4	010801001004	胶合板门 M-1524	洞口尺寸:1500mm×2400mm	m²	10.8			

序号	项目编码	项目名称	项目特征描述	计量单位	工程量	金额(元)		
						综合单价	合价	其中:暂估价
5	010801001005	胶合板门 M-1824	洞口尺寸:1800mm×2400mm	m²	8.64			
6	010807001006	铝合金窗 SC-0924	1.洞口尺寸:900mm×2400mm 2.框、扇材质:铝合金 3.玻璃品种:蓝色玻璃	m²	2.16			
7	010807001007	铝合金窗 SC-0924	1.洞口尺寸:900mm×2400mm 2.框、扇材质:铝合金 3.玻璃品种:蓝色玻璃	m²	4.05			
8	010807001008	铝合金窗 SC-1215	1.洞口尺寸:1200mm×1500mm 2.框、扇材质:铝合金 3.玻璃品种:蓝色玻璃	m²	21.6			
9	010807001009	铝合金窗 SC-1224	1.洞口尺寸:1200mm×2400mm 2.框、扇材质:铝合金 3.玻璃品种:蓝色玻璃	m²	11.52			
10	010807001010	铝合金窗 SC-1515	1.洞口尺寸:1500mm×1500mm 2.框、扇材质:铝合金 3.玻璃品种:蓝色玻璃	m²	45			
11	010807001011	铝合金窗 SC-1524	1.洞口尺寸:1500mm×2400mm 2.框、扇材质:铝合金 3.玻璃品种:蓝色玻璃	m²	28.8			
12	010807001012	铝合金窗 SC-1815	1.洞口尺寸:1800mm×1500mm 2.框、扇材质:铝合金 3.玻璃品种:蓝色玻璃	m²	21.6			
13	010807001013	铝合金窗 SC-1824	1.洞口尺寸:1800mm×2400mm 2.框、扇材质:铝合金 3.玻璃品种:蓝色玻璃	m²	8.64			
14	010807001014	铝合金窗 SC-2115	1.洞口尺寸:2100mm×1500mm 2.框、扇材质:铝合金 3.玻璃品种:蓝色玻璃	m²	31.5			
15	010807001015	铝合金窗 SC-2124	1.洞口尺寸:2100mm×2400mm 2.框、扇材质:铝合金 3.玻璃品种:蓝色玻璃	m²	40.32			

工程名称:某学院综合楼(装饰装修工程)　　　　　　　　标段:　　　　　　第　页　共　页

序号	项目编码	项目名称	项目特征描述	计量单位	工程量	金额(元)		
						综合单价	合价	其中:暂估价
16	010802001016	铝合金门 M-1833	洞口尺寸:1800mm×3300mm	m²	5.94			
17	010802001017	铝合金门 M-2433	1.洞口尺寸 2400mm×3300mm 2.框、扇材质:铝合金	m²	7.92			
18	010807001018	飘窗 TC1	1.洞口尺寸:2160mm×2000mm 2.框、扇材质:铝合金 3.玻璃品种:蓝色玻璃	m²	8.64			
19	010807001019	飘窗 TC2	1.洞口尺寸:2160mm×1500mm 2.框、扇材质:铝合金 3.玻璃品种:蓝色玻璃	m²	12.96			
20	011102003020	块料楼地面	1.面层材料品种、规格、颜色:红色地砖,300mm×300mm 2.找平层:1∶2.5 水泥砂浆	m²	67			
21	011102003021	块料楼地面	1.找平层厚度、砂浆配合比:25mm 厚 1∶4 干硬性水泥砂浆,面上撒素水泥 2.结合层:素水泥结合层一遍 3.面层材料品种、规格、颜色:8~10mm 厚防滑地砖铺实拍平,米色,500mm×500mm 4.嵌缝材料种类:水泥砂浆	m²	758.68			
22	011102003022	块料楼地面	1.面层材料品种、规格、颜色:红色地砖,300mm×300mm 2.找平层:1∶2.5 水泥砂浆	m²	66.32			
23	011102003023	块料楼地面	1.找平层厚度、砂浆配合比:25mm 厚 1∶4 干硬性水泥砂浆,面上撒素水泥 2.结合层:素水泥结合层一遍 3.面层材料品种、规格、颜色:8~10mm 厚防滑地砖铺实拍平,红色,500mm×500mm 4.嵌缝材料种类:水泥砂浆	m²	295.91			
24	011106002024	块料楼梯面层	面层材料品种、规格、颜色:红色地砖,300mm×300mm	m²	36			

序号	项目编码	项目名称	项目特征描述	计量单位	工程量	金额(元)		
						综合单价	合价	其中:暂估价
25	011105003025	块料踢脚线	1.踢脚线高度:150mm 2.找平层:1:2.5水泥砂浆 3.面层材料品种、颜色:黑色面砖	m²	71.3			
26	011204003026	块料墙面	1.面层材料品种、规格、颜色:200mm×300mm,白色暗花 2.17mm厚1:3的水泥砂浆 3.1:1水泥砂浆加20%107胶镶贴	m²	360.38			
27	011204003027	块料墙面(卫生间)	面层材料品种、规格、颜色:150mm×200mm,白色暗花	m²	784			
28	011205002028	块料柱面	面层材料品种、规格、颜色:200mm×300mm,白色暗花	m²	24			
29	011201001029	墙面一般抹灰	1.底层厚度、砂浆配合比:15mm厚1:3水泥砂浆 2.面层厚度、砂浆配合比:5mm厚1:2水泥砂浆	m²	1458			
30	011202001030	柱面一般抹灰	1.底层厚度、砂浆配合比:15mm厚1:3水泥砂浆 2.面层厚度、砂浆配合比:5mm厚1:2水泥砂浆	m²	16			
31	011302001031	吊顶天棚	1.龙骨材料种类、规格、中距:轻钢龙骨,主龙骨中距900～1000mm,次龙骨中距500mm或605mm,横龙骨中距605mm 2.面层材料品种、规格:500mm×500mm或600mm×600mm,10～13mm厚石膏装饰板	m²	391.6			
32	011301001032	天棚抹灰	1.5mm厚1:2水泥砂浆 2.7mm厚1:3水泥砂浆	m²	823			
33	011406001033	抹灰面油漆	油漆品种、刷漆遍数:乳胶漆两遍	m²	2200			
合　计								

能力训练

（1）简述工程量清单编制使用的表格组成。

（2）简述招标控制价使用的表格组成。

（3）简述工程量清单项目编码的设置要求及含义。

（4）简述项目特征描述的要求。

（5）简述工程量清单计量单位的规定要求。

（6）简述分部分项工程量清单的编制步骤。

（7）简述措施项目清单的编制步骤。

学习情境 5 **工程量清单计价**

学习单元 5.1　工程量清单计价

5.1.1　工程量清单计价的基本过程

工程量清单计价是在工程建设过程中,招标人按照《建设工程工程量清单计价规范》(GB 50500—2013)和专业计量规范的要求及施工图,提供招标工程量清单,由投标人依据工程量清单、施工图、企业定额、市场价格自主报价,经评审后合理、低价中标的工程造价计价方式。

5.1.2　工程量清单计价的方法

采用工程量清单计价时,建筑安装工程造价由分部分项工程费、措施项目费、其他项目费、规费和税金组成。在工程量清单计价中,如按分部分项工程单价组成来分,工程量清单计价主要有三种形式:①工料单价法;②综合单价法;③全费用综合单价法。

$$工料单价 = 人工费 + 材料费 + 施工机具使用费$$

$$综合单价 = 人工费 + 材料费 + 施工机具使用费 + 管理费 + 利润 + 风险$$

$$全费用综合单价 = 人工费 + 材料费 + 施工机具使用费 + 管理费 + 利润 + 规费 + 税金$$

计价规范规定,分部分项工程量清单应采用综合单价计价。利用综合单价法计价需分项计算清单项目,再汇总得到工程总造价。

$$分部分项工程费 = \sum 分部分项工程量 \times 分部分项工程综合单价$$

$$措施项目费 = \sum 措施项目工程量 \times 措施项目综合单价 + 单项措施费$$

$$其他项目费 = 暂列金额 + 暂估价 + 计日工 + 总承包服务费 + 其他$$

$$单位工程造价 = 分部分项工程费 + 措施项目费 + 其他项目费 + 规费 + 税金$$

$$单项工程造价 = \sum 单位工程造价$$

$$总造价 = \sum 单项工程报价$$

5.1.3　分部分项工程费计算

利用综合单价法计算分部分项工程费需要解决两个核心问题,即确定各分部分项工程的工程量及其综合单价。

(1)分部分项工程量的确定

招标文件中的工程量清单标明的工程量是招标人编制招标控制价和投标人投标报价的共

同基础,它是工程量清单编制人按施工图图示尺寸和工程量清单计算规则计算得到的工程净量。但该工程量不能作为承包人在履行合同义务中应予以完成的实际和准确的工程量,发承包双方进行工程竣工结算时的工程量应按发承包双方在合同中约定应予计量且实际完成的工程量确定;该工程量的计算也应严格遵照工程量清单计算规则,以实体工程量为准。

(2)综合单价的确定

综合单价是指完成一个规定清单项目所需的人工费、材料和工程设备费、施工机具使用费和企业管理费、利润以及一定范围内的风险费用。该定义并不是真正意义上的全费用综合单价,而是一种狭义上的综合单价,规费和税金等不可竞争的费用并不包括在项目单价中。综合单价的计算通常采用定额组价的方法,即以计价定额为基础进行组合计算。由于计价规范与"定额"中的工程量计算规则、计量单位、工程内容不尽相同,综合单价的计算不是简单地将其所含的各项费用进行汇总,而是要通过具体计算后综合而成。综合单价的计算可以概括为以下步骤:

①确定组合定额子目

清单项目一般以一个"综合实体"考虑,包括了较多的工程内容,计价时可能出现一个清单项目对应多个定额子目的情况。因此,计算综合单价的第一步就是将清单项目的工程内容与定额项目的工程内容进行比较,结合清单项目的特征描述,确定拟组价清单项目应该由哪几个定额子目来组合。如"预制预应力 C20 混凝土空心板"项目,计量规范规定此项目包括制作、运输、吊装及接头灌浆,若定额分别列有制作、安装、吊装及接头灌浆,则应用这四个定额子目来组合综合单价,又如"M5 水泥砂浆砌砖基础"项目,计价规范不仅包括主项"砖基础"子目,还包括附项"混凝土基础垫层"子目。

②计算定额子目工程量

由于一个清单项目可能对应几个定额子目,而清单工程量计算的是主项工程量,与各定额子目的工程量可能并不一致;即便一个清单项目对应一个定额子目,也可能由于清单工程量计算规则与所采用的定额工程量计算规则之间的差异,而导致两者的计价单位和计算出来的工程量不一致。因此,清单工程量不能直接用于计价,在计价时必须考虑施工方案等各种影响因素,根据所采用的计价定额及相应的工程量计算规则重新计算各定额子目的施工工程量。定额子目工程量的具体计算方法,应严格按照与所采用的定额相对应的工程量计算规则计算。

③测算人、料、机消耗量

人、料、机的消耗量一般参照定额进行确定。在编制招标控制价时一般参照政府颁发的消耗量定额;编制投标报价时一般采用反映企业水平的企业定额,投标企业没有企业定额时可参照消耗量定额进行调整。

④确定人、料、机单价

人工单价、材料价格和施工机械台班单价,应根据工程项目的具体情况及市场资源的供求状况进行确定,采用市场价格作为参考,并考虑一定的调价系数。

⑤计算清单项目的人、料、机总费用

按确定的分项工程人工、材料和施工机械台班的消耗量及询价获得的人工单价、材料单价、施工机械台班单价,与相应的计价工程量相乘得到各定额子目的人、料、机总费用,将各定额子目的人、料、机总费用汇总后算出清单项目的人、料、机总费用。

人、料、机总费用＝$\sum$计价工程量×（人工消耗量×人工单价＋材料消耗量×材料单价

＋机械台班消耗量×机械台班单价）

⑥计算清单项目的管理费和利润

企业管理费及利润通常根据各地区规定的费率乘以规定的计价基础得出。

⑦计算清单项目的综合单价

将清单项目的人、料、机总费用、管理费及利润汇总得到该清单项目合价,将该清单项目合价除以清单项目的工程量即可得到该清单项目的综合单价。

综合单价＝（人、料、机总费用＋管理费＋利润）/清单项目的工程量

【例5-1】 某外墙装饰如表5-1描述,根据《建设工程工程量清单计价规范》（GB 50500—2013）及《贵州省建筑与装饰工程计价定额》（2016版）进行综合单价组价,计算该清单项目的综合单价。

表5-1 某外墙装饰清单项目

序号	项目编码	项目名称	项目特征描述	计量单位	工程量	综合单价（元/m²）	合价（元）
1	011204003001	块料墙面	外墙贴砖 1.12mm厚1：3水泥砂浆打底； 2.6mm厚1：2.5水泥砂浆找平； 3.4mm厚聚合物水泥砂浆黏结层； 4.贴45mm×100mm面砖（釉面）； 5.1：1聚合物水泥砂浆勾缝	m²	187.29	134.89	25263.55

【解】 (1)外墙面砖清单工程量计算规则与定额工程量计算规则相同,即定额工程量（清单工程量）$S＝187.29m^2$。

(2)依据《建设工程工程量清单计价规范》（GB 50500—2013）的规定,综合单价由人工费、材料费、机械台班费、管理费、利润组成。

(3)综合单价的确定,根据《贵州省建筑与装饰工程计价定额》（2016版）组价,并依据管理费及利润费用,以人工费为计费基数计算产生。

(4)本清单项目综合单价为134.89元/m²,其中人工费57.39元/m²；材料费50.68元/m²（其中面砖主材费50元/m²）；机械台班费0.88元/m²；管理费和利润25.94元/m²。

(3)综合单价的确定方法

由于计价规范与消耗量定额的工程量计算规则、计量单位、项目内容不尽相同,综合单价的确定方法有以下几种：

①直接套用定额组价

单项定额组价是指一个分项工程的单价仅由一个定额组合而成。

项目特点:内容比较简单；计价规范与所使用的定额工程量计算规则相同,项目内容也相同。

组价方法:直接使用相应定额中消耗量组合单价。步骤如下：

第一步,直接套用定额的消耗量。

第二步,计算人工费、材料费、机械费。

$$人、料、机总费用=\sum 计价工程量×(人工消耗量×人工单价+材料消耗量×材料单价$$
$$+机械台班消耗量×机械台班单价)$$

第三步,计算管理费和利润。

管理费和利润的计算,按照各地费用定额确定的基础和费率取费计算,通常分为以下三种情况:

a. 以直接工程费(人工、材料、机械台班费)为计算基础
$$管理费=直接工程费×管理费率$$
$$利润=(直接工程费+管理费)×利润率$$

b. 以人工费和机械费合计为计算基础
$$管理费=(人工费+机械台班费)×管理费率$$
$$利润=(人工费+机械台班费)×利润率$$

c. 以人工费为计算基础
$$管理费=人工费×管理费率$$
$$利润=人工费×利润率$$

第四步,汇总计算综合单价。

$$综合单价=(人、料、机总费用+管理费+利润)/清单工程量$$

【例5-2】 某砖墙工程清单项目如表5-2所示,根据《建设工程工程量清单计价规范》(GB 50500—2013)及《贵州省建筑与装饰工程计价定额》(2016版)进行综合单价组价,计算该清单项目的综合单价。

表5-2 某砖墙工程清单项目

序号	项目编码	项目名称	项目特征描述	计量单位	工程量	综合单价(元/m³)	合价(元)
1	010401004002	多孔砖墙	一砖承重砖墙 1. KP1承重多孔砖; 2. M7.5混合砂浆	m³	18.48	343.95	6356.2

【解】 (1)清单工程量计算规则与定额工程量计算规则相同,即定额工程量(清单工程量)$S=18.48m^3$。

(2)依据《建设工程工程量清单计价规范》(GB 50500—2013)的规定,综合单价由人工费、材料费、机械台班费、管理费、利润组成。

(3)综合单价的确定,根据《贵州省建筑与装饰工程计价定额》(2016版)组价,并依据管理费及利润费用,以人工费为计费基数计算产生。

(4)本清单项目综合单价为343.95元/m³,其中人工费130.35元/m³;材料费150.24元/m³(其中多孔砖主材费为350元/千块);机械台班费4.44元/m³;管理费和利润58.92元/m³。

②重新计算定额工程量(计价工程量)组价

重新计算定额工程量组价是指工程量清单给出的分项项目与所用的消耗量定额的单位不

同,或工程量计算规则不同,需要按照消耗量定额的工程量计算规则重新计算工程量来计算综合单价。

a.组价项目特点:内容比较复杂;计价规范与所使用的定额计量单位或工程量计算规则不相同。

b.组价方法步骤如下:

第一步,重新计算定额工程量(或计价工程量)。

第二步,计算人工费、材料费、机械台班费。

$$人、料、机总费用 = \sum 定额工程量 \times (人工消耗量 \times 人工单价 + 材料消耗量 \times 材料单价 + 机械台班消耗量 \times 机械台班单价)$$

第三步,计算管理费和利润(同上)。

第四步,汇总计算综合单价。

【例5-3】 某土方工程清单项目如表5-3所示,根据《建设工程工程量清单计价规范》(GB 50500—2013)及《贵州省建筑与装饰工程计价定额》(2016版)进行综合单价组价,计算该清单项目的综合单价。

表5-3 某土方工程清单项目

序号	项目编码	项目名称	项目特征描述	计量单位	工程量	综合单价(元/m²)	合价(元)
1	010101001001	平整场地	人工平整场地 1.土类:三类; 2.现场挖、填、找平	m²	103.10	3.15	324.77

【解】 (1)清单工程量计算规则与定额工程量计算规则相同,即定额工程量(清单工程量) $S = 103.10\text{m}^2$。

(2)依据《建设工程工程量清单计价规范》(GB 50500—2013)的规定,综合单价由人工费、材料费、机械台班费、管理费、利润组成。

(3)综合单价的确定,根据《贵州省建筑与装饰工程计价定额》(2016版)组价,并依据管理费及利润费用,以人工费为计费基数计算产生。

(4)本清单项目综合单价为3.15元/m²,其中人工费为2.86元/m²;管理费和利润为0.29元/m²。

③复合组价

复合组价是指工程量清单给出的分项项目,要根据多个定额项目组合而成。这种组价方法较为复杂。

a.组价项目特点:内容复杂;需根据多项定额项目进行组合计算。

b.组价方法:通过实例来介绍这种组价方法。

【例5-4】 某地面工程清单项目如表5-4所示,根据《建设工程工程量清单计价规范》(GB 50500—2013)及《贵州省建筑与装饰工程计价定额》(2016版)进行综合单价组价,计算该清单项目的综合单价。

表 5-4　某地面工程清单项目

序号	项目编码	项目名称	项目特征描述	计量单位	工程量	综合单价（元/m²）	合价（元）
1	011102003001	块料楼地面	一层块料地面 1.150mm 厚 3∶7 灰土； 2.60mm 厚 C15 混凝土垫层； 3.面贴 600mm×600mm 地砖	m²	90.78	150.61	13672.38

【解】　（1）清单工程量计算规则与定额工程量计算规则相同，即定额工程量（清单工程量）$S＝90.78m^2$。

（2）依据《建设工程工程量清单计价规范》（GB 50500—2013）的规定，综合单价由人工费、材料费、机械台班费、管理费、利润组成。

（3）综合单价的确定，根据《贵州省建筑与装饰工程计价定额》（2016 版）组价，并依据管理费及利润费用，以人工费为计费基数计算产生。

（4）本清单项目综合单价为 150.61 元/m²；其中人工费 44.29 元/m²；材料费 84.36 元/m²（其中 600mm×600mm 地砖主材费为 60 元/m²）；机械台班费 1.93 元/m²；管理台班费和利润 20.02 元/m²。

5.1.4　措施项目费计算

措施项目清单计价应根据建设工程的施工组织设计，可以计算工程量的措施项目应按分部分项工程量清单的方式采用综合单价计价；其余的不能算出工程量的措施项目，则采用总价项目的方式，以"项"为单位计价，应包括除规费、税金外的全部费用。措施项目清单中的安全文明施工费应按照国家或省级、行业建设主管部门的规定计价，不得作为竞争性费用。措施项目费的计算方法一般有以下几种：

（1）综合单价法

这种方法与分部分项工程综合单价的计算方法一样，就是根据需要消耗的实物工程量与实物单价计算措施费，适用于可以计算工程量的措施项目，主要是指一些与工程实体有紧密联系的项目，如混凝土模板、脚手架、垂直运输等。与分部分项工程不同，并不要求每个措施项目的综合单价必须包含人工费、材料费、施工机具费、管理费和利润中的每一项。

$$措施项目费＝\sum（单价措施项目工程量×单价措施项目综合单价）$$

【例 5-5】　某模板工程清单项目如表 5-5 所示，根据《建设工程工程量清单计价规范》（GB 50500—2013）及《贵州省建筑与装饰工程计价定额》（2016 版）进行综合单价组价，计算该清单项目的综合单价。

表 5-5　某模板工程清单项目

序号	项目编码	项目名称	项目特征描述	计量单位	工程量	综合单价（元/m²）	合价（元）
1	011702002001	矩形柱模板	框架柱模板 1.柱截面：500mm×500mm 2.柱高：3.6m	m²	100.00	57.82	5782.00

【解】 (1)清单工程量计算规则与定额工程量计算规则相同,即定额工程量(清单工程量)$S=100.00\text{m}^2$。

(2)依据《建设工程工程量清单计价规范》(GB 50500—2013)的规定,综合单价由人工费、材料费、机械台班费、管理费、利润组成。

(3)综合单价的确定,根据《贵州省建筑与装饰工程计价定额》(2016 版)组价,并依据管理费及利润费用,以人工费为计费基数计算产生。

(4)本清单项综合单价为 57.82 元/m²,其中人工费 27.11 元/m²;材料费 17.07 元/m²;机械台班费 1.39 元/m²;管理费和利润 12.25 元/m²。

(2)参数法计价

参数法计价是指按一定的基数乘以系数的方法或自定义公式进行计算。这种方法简单明了,但公式的科学性、准确性难以把握。这种方法主要适用于施工过程中必须发生,但很难具体分项预测,又无法单独列出项目内容的措施项目,如夜间施工费、二次搬运费、冬雨期施工的计价均可以采用该方法,计算公式如下:

①安全文明施工费

$$安全文明施工费=计算基数×安全文明施工费率(\%)$$

计算基数应为定额基价(定额分部分项工程费+定额中可以计量的措施项目费)、定额人工费(或定额人工费+定额机械费),其费率由工程造价管理机构根据各专业工程的特点综合确定。

②夜间施工增加费

$$夜间施工增加费=计算基数×夜间施工增加费率(\%)$$

③二次搬运费

$$二次搬运费=计算基数×二次搬运费率(\%)$$

④冬雨期施工增加费

$$冬雨期施工增加费=计算基数 ×冬雨期施工增加费率(\%)$$

⑤已完工程及设备保护费

$$已完工程及设备保护费=计算基数×已完工程及设备保护费率(\%)$$

上述②至⑤项措施项目的计费基数应为定额人工费(或定额人工费+定额机械费),其费率由工程造价管理机构根据各专业工程特点和调查资料综合分析后确定。

【例 5-6】 某人工土石方工程的分部分项工程费为 28000 元,其中人工费为 13500 元;一般土建工程的分部分项工程费为 32000 元;装饰工程分部分项工程费为 30000 元,按照《贵州省建筑与装饰工程计价定额》(2016 版)相关总价措施计价费率,二次搬运、冬雨季施工、定位放线取费计算如表 5-6 所示。

表 5-6　某人工土石方工程清单项目

序号	项目编码	项目名称	计算基数(元)	费率(%)	金额(元)
1	11707004001	二次搬运费			
		人工土方	13500	0.95	128.25
		一般土建	32000	0.95	304.00
		装饰工程	30000	0.95	285.00

续表 5-6

序号	项目编码	项目名称	计算基数（元）	费率（%）	金额（元）
2	11707005001	冬雨季、夜间施工措施费			
		人工土方	13500	0.47	63.45
		一般土建	32000	0.47	150.40
		装饰工程	30000	0.47	141.00
3	01B001	工程定位复测费			
		人工土方	13500	0.19	25.65
		一般土建	32000	0.19	60.80
		装饰工程	30000	0.19	57.00

（3）分包法计价

在分包价格的基础上增加投标人的管理费及风险费进行计价的方法称为分包法计价，这种方法适用于可以分包的独立项目，如室内空气污染测试等。有时招标人要求对措施项目费进行明细分析，这时采用参数法组价和分包法组价都是先计算该措施项目的总费用，这就需人为地用系数或比例的办法分摊人工费、材料费、机械台班费、管理费及利润。

5.1.5　其他项目费计算

其他项目费由暂列金额、暂估价、计日工、总承包服务费等内容构成。暂列金额和暂估价由招标人按估算金额确定。招标人在工程量清单中提供的暂估价的材料、工程设备和专业工程，若属于依法必须招标的，由承包人和招标人共同通过招标确定材料、工程设备单价与专业工程分包价；若材料、工程设备不属于依法必须招标的，经发承包双方协商确认单价后计价，若专业工程不属于依法必须招标的，由发包人、总承包人与分包人按有关计价依据进行计价。计日工和总承包服务费由承包人根据招标人提出的要求，按估算的费用确定。

5.1.6　规费与税金的计算

规费和税金应按国家或省级、行业建设主管部门的规定计算，不得作为竞争性费用。每一项关于规费和税金的规定文件中，对其计算方法都有明确的说明，故可以按各项法规和规定的计算方式计取。具体计算时，一般按国家及有关部门规定的计算公式和费率标准进行计算。

5.1.7　风险费用的确定

风险是一种客观存在的、可能会带来损失的、不确定的状态，工程风险是指一项工程在设计、施工、设备调试以及移交运行等项目全寿命周期全过程中可能发生的风险。这里的风险具体是指工程建设施工阶段承发包双方在招投标活动和合同履约及施工中所面临的涉及工程计价方面的风险。建设工程发承包，必须在招标文件、合同中明确计价中的风险内容及其范围，不得采用"无限风险""所有风险"或类似语句规定计价中的风险内容及范围。

学习单元5.2 招标控制价的编制

5.2.1 招标控制价的概念

招标控制价是招标人根据国家以及当地有关规定的计价依据和计价办法、招标文件、市场行情，并按工程项目设计施工图纸等具体条件调整编制的，对招标工程项目限定的最高工程造价，也可称其为拦标价、预算控制价或最高报价等。

对于招标控制价及其规定，应注意从以下方面理解：

（1）国有资金投资的建设工程招标，招标人必须编制招标控制价。根据《中华人民共和国招标投标法》规定，国有资金投资的工程项目进行招标时，招标人可以设标底。当招标人不设标底时，为有利于客观、合理地评审投标报价和避免哄抬标价，造成国有资产流失，招标人必须编制招标控制价，作为投标人的最高投标限价及招标人能够接受的最高交易价格。

（2）招标控制价超过批准的概算时，招标人应将其报原概算审批部门审核。因为我国对国有资金投资项目实行的是投资概算审批制度，国有资金投资的工程项目原则上不能超过批准的投资概算。

（3）投标人的投标报价高于招标控制价的，其投标应予以拒绝。国有资金投资的工程项目，招标人编制并公布的招标控制价相当于招标人的采购预算，同时要求其不能超过批准的概算，因此，招标控制价是招标人在工程招标时能接受投标人报价的最高限价，投标人的投标报价不能高于招标控制价，否则，其投标将被拒绝。

（4）招标控制价应由具有编制能力的招标人或受其委托具有相应资质的工程造价咨询人编制和复核。工程造价咨询人不得同时接受招标人和投标人对同一工程的招标控制价和投标报价的编制。

（5）招标控制价应在招标文件中公布，不应上调或下浮，招标人应将招标控制价及有关资料报送工程所在地工程造价管理机构备查。招标控制价的作用决定了招标控制价不同于标底，无须保密。为体现招标的公平、公正，防止招标人有意抬高或压低工程造价，招标人应在招标文件中如实公布招标控制价各组成部分的详细内容，不得对所编制的招标控制价进行上调或下浮。

5.2.2 招标控制价的计价依据

招标控制价的计价依据有：

（1）《建设工程工程量清单计价规范 》（GB 50500—2013）；

（2）国家或省级、行业建设主管部门颁发的计价定额和计价办法；

（3）建设工程设计文件及相关资料；

（4）拟定的招标文件及招标工程量清单；

（5）与建设项目相关的标准、规范、技术资料；

（6）施工现场情况、工程特点及常规施工方案；

（7）工程造价管理机构发布的工程造价信息，当工程造价信息没有发布时，可参照市场价；

（8）其他的相关资料。

5.2.3　招标控制价的编制内容

采用工程量清单计价时,招标控制价的编制内容包括:分部分项工程费、措施项目费、其他项目费、规费和税金。

(1)分部分项工程费的编制

分部分项工程费采用综合单价的方法编制。采用的分部分项工程量应是招标文件中工程量清单提供的工程量;综合单价应根据招标文件中的分部分项工程量清单的特征描述及有关要求、行业建设主管部门颁发的计价定额和计价办法等编制依据进行编制。为使招标控制价与投标报价所包含的内容一致,综合单价中应包括招标文件中招标人要求投标人承担的风险内容及其范围(幅度)产生的风险费用,可以风险费率的形式进行计算。招标文件提供了暂估单价的材料,应按暂估单价计入综合单价。

(2)措施项目费的编制

措施项目费应依据招标文件中提供的措施项目清单和拟建工程项目的施工组织设计进行确定。可以计算工程量的措施项目,应按分部分项工程量清单的方式采用综合单价计价;其余的措施项目可以"项"为单位计价,应包括除规费、税金外的全部费用。措施项目费中的安全文明施工费应当按照国家或行业建设主管部门的规定标准计价。

(3)其他项目费

①暂列金额:应按招标工程量清单中列出的金额填写。

②暂估价:暂估价中的材料、工程设备单价、控制价应按招标工程量清单列出的单价计入综合单价;暂估价专业工程金额应按招标工程量清单中列出的金额填写。

③计日工:编制招标控制价时,对计日工中的人工单价和施工机械台班单价应按省级、行业建设主管部门或其授权的工程造价管理机构公布的单价计算,材料应按工程造价管理机构发布的工程造价信息中的材料单价计算,若工程造价信息中未发布材料单价的材料,其价格应按市场调查确定的单价计算。

④总承包服务费:编制招标控制价时,总承包服务费应按照省级或行业建设主管部门的规定,并根据招标文件列出的内容和要求估算。在计算时可参考以下标准:a.招标人仅要求总包人对其发包的专业工程进行施工现场协调和统一管理、对竣工材料进行统一汇总整理等服务时,总承包服务费按发包的专业工程估算造价的1.5%左右计;b.招标人要求总包人对其发包的专业工程既进行总承包管理和协调,又要求提供相应的配合服务时,总承包服务费应根据招标文件列出的配合服务内容,按发包的专业工程估算造价的3%~5%计算;c.招标人自行供应材料、设备的,按招标人供应材料、设备价值的1%计算。

(4)规费和税金

规费和税金必须按国家或省级、行业建设主管部门规定的标准计算,不得作为竞争性费用。

5.2.4　编制招标控制价应注意的问题

编制招标控制价时,应该注意以下问题:

(1)《建设工程工程量清单计价规范》(GB 50500—2013)规定:国有资金投资的工程建设招投标,必须编制招标控制价。

（2）招标控制价的表格格式等应按《建设工程工程量清单计价规范》（GB 50500—2013）的有关规定编制。

（3）一般情况下，编制招标控制价所采用的材料价格应是工程造价管理机构通过工程造价信息发布的材料单价，工程造价信息未发布材料单价的材料，其材料价格应通过市场调查确定。另外，未采用工程造价管理机构发布的工程造价信息时，需在招标文件或答疑补充文件中对招标控制价采用的与造价信息不一致的市场价格予以说明，采用的市场价格则应通过调查、分析确定，有可靠的信息来源。

（4）施工机械设备的选型直接关系到基价综合单价水平，应根据工程项目特点和施工条件，本着经济实用、先进高效的原则确定。

（5）应该正确、全面地使用行业和地方的计价定额以及相关文件。

（6）不可竞争的措施项目和规费、税金等费用的计算均属于强制性条款，编制招标控制价时应该按国家有关规定计算。

（7）不同工程项目、不同施工单位会有不同的施工组织方法，所发生的措施费也会有所不同。因此，对于竞争性的措施费用的编制，应该首先编制施工组织设计或施工方案，然后依据经过专家论证后的施工方案，合理地确定措施项目与费用。

5.2.5 招标控制价的编制程序

编制招标控制价时应当遵循如下程序：

(1)了解编制要求与范围；

(2)熟悉工程图纸及有关设计文件；

(3)熟悉与建设工程项目有关的标准、规范、技术资料；

(4)熟悉拟订的招标文件及其补充通知、答疑纪要等；

(5)了解施工现场情况、工程特点；

(6)熟悉工程量清单；

(7)掌握工程量清单涉及计价要素的信息价格和市场价格，依据招标文件确定其价格；

(8)进行分部分项工程量清单计价；

(9)论证并拟定常规的施工组织设计或施工方案；

(10)进行措施项目工程量清单计价；

(11)进行其他项目、规费项目、税金项目的清单计价；

(12)工程造价汇总、分析、审核；

(13)成果文件签认、盖章；

(14)提交成果文件。

5.2.6 投诉与处理

《建设工程工程量清单计价规范》（GB 50500—2013)对招标人不按规范的规定编制招标控制价进行投诉的权利，具体规定如下：

(1)投标人经复核认为招标人公布的招标控制价未按照《建设工程工程量清单计价规范》(GB 50500—2013)的规定进行编制的，应在招标控制价公布后 5 天内向招投标监督机构和工程造价管理机构投诉。

（2）投诉人投诉时，应当提交由单位盖章和法定代表人或其委托人签名或盖章的书面投诉书。投诉书包括下列内容：

①投诉人与被投诉人的名称、地址及有效联系方式；

②投诉的招标工程名称、具体事项及理由；

③投诉依据及有关证明材料；

④相关的请求及主张。

（3）投诉人不得进行虚假、恶意投诉，阻碍招投标活动的正常进行。

（4）工程造价管理机构在接到投诉书后应在两个工作日内进行审查，对有下列情况之一的，不予受理：

①投诉人不是所投诉招标工程的招标文件的收受人；

②投诉书提交的时间不符合上述第（1）条规定的；

③投诉书不符合上述第（2）条规定的；

④投诉事项已进入行政复议或行政诉讼程序的。

（5）工程造价管理机构应在不迟于结束审查的次日将是否受理投诉的决定书面通知投诉人、被投诉人以及负责该工程招投标监督的招投标管理机构。

（6）工程造价管理机构受理投诉后，应立即对招标控制价进行复查，组织投诉人、被投诉人或其委托的招标控制价编制人等单位人员对投诉问题逐一核对。有关当事人应当予以配合，并应保证所提供资料的真实性。

（7）工程造价管理机构应当在受理投诉的 10 天内完成复查，特殊情况下可适当延长，并做出书面结论通知投诉人、被投诉人及负责该工程招投标监督的招投标管理机构。

（8）当招标控制价复查结论与原公布的招标控制价误差大于±3%的，应当责成招标人改正。

（9）招标人根据招标控制价复查结论需要重新公布招标控制价的，其最终公布的时间至招标文件要求提交投标文件的截止时间不足 15 天的，应相应延长提交投标文件的截止时间。

学习单元 5.3　投标报价的编制

5.3.1　投标报价的概念

《建设工程工程量清单计价规范》（GB 50500—2013）规定，投标价是投标人参与工程项目投标时报出的工程造价。即投标价是指在工程招标发包过程中，由投标人或受其委托具有相应资质的工程造价咨询人按照招标文件的要求以及有关计价规定，依据发包人提供的工程量清单、施工设计图纸，结合工程项目特点、施工现场情况及企业自身的施工技术、装备和管理水平等，自主确定的工程造价。

投标价是投标人希望达成工程承包交易的期望价格，但不能高于招标人设定的招标控制价。投标报价的编制是指投标人对拟承建工程项目所要发生的各种费用的计算过程。作为投标计算的必要条件，应预先确定施工方案和施工进度，此外，投标计算还必须与采用的合同形式相一致。

5.3.2 投标报价的编制原则

报价是投标的关键性工作，报价是否合理直接关系到投标工作的成败。在计价规范下编制投标报价的原则如下：

（1）投标报价由投标人自主确定，但必须执行《建设工程工程量清单计价规范》（GB 50500—2013）的强制性规定。投标报价应由投标人或受其委托具有相应资质的工程造价咨询人编制。

（2）投标人的投标报价不得低于工程成本。

（3）投标人必须按招标工程量清单填报价格。实行工程量清单招标时，招标人在招标文件中提供工程量清单，其目的是使各投标人在投标报价中具有共同的竞争平台。因此，为避免出现差错，要求投标人必须按招标人提供的招标工程量清单填报投标价格，填写的项目编码、项目名称、项目特征、计量单位、工程量必须与招标工程量清单一致。

（4）投标报价要以招标文件中设定的承发包双方责任划分，作为设定投标报价费用项目和费用计算的基础。承发包双方的责任划分不同，会导致合同风险分摊不同，从而导致投标人报价不同；不同的工程承发包模式会直接影响工程项目投标报价的费用内容和计算深度。

（5）应该以施工方案、技术措施等作为投标报价计算的基本条件。企业定额反映企业技术和管理水平，是计算人工、材料和机械台班消耗量的基本依据；更要充分利用现场考察、调研成果、市场价格信息和行情资料等编制基础标价。

（6）报价计算方法要科学严谨，简明适用。

5.3.3 投标报价的编制依据

（1）《建设工程工程量清单计价规范》（GB 50500—2013）；

（2）国家或省级、行业建设主管部门颁发的计价办法；

（3）企业定额，国家或省级、行业建设主管部门颁发的计价定额和计价办法；

（4）招标文件、招标工程量清单及其补充通知、答疑纪要；

（5）建设工程设计文件及相关资料；

（6）施工现场情况、工程特点及投标时拟定的施工组织设计或施工方案；

（7）与建设项目相关的标准、规范等技术资料；

（8）市场价格信息或工程造价管理机构发布的工程造价信息；

（9）其他的相关资料。

5.3.4 投标报价的编制与审核

在编制投标报价之前，需要先对清单工程量进行复核。因为工程量清单中的各分部分项工程量并不十分准确，若设计深度不够则可能有较大的误差，而工程量的多少是选择施工方法、安排人力和机械、准备材料必须要考虑的因素，自然也会影响分项工程的单价，因此一定要对工程量进行复核。

投标报价的编制过程，应首先根据招标人提供的工程量清单编制分部分项工程量清单计价表、措施项目清单计价表、其他项目清单计价表、规费和税金项目清单计价表，计算完毕后汇总而得到单位工程投标报价汇总表，再层层汇总，分别得出单项工程投标报价汇总表和工程项目投标总价汇总表。

（1）综合单价

综合单价中应包括招标文件中划分的应由投标人承担的风险范围及其费用，招标文件中没有明确的，应提请招标人明确。

（2）单价项目

分部分项工程和措施项目中的单价项目，最主要的是确定综合单价，应根据拟定的招标文件和招投标工程量清单项目中的特征描述及有关要求确定综合单价计算，包括：

①工程量清单项目特征描述

确定分部分项工程和措施项目中的单价项目的综合单价的最重要依据之一是该清单项目的特征描述，投标人投标报价时应依据招标工程量清单项目的特征描述确定清单项目的综合单价。在招投标过程中，若出现工程量清单特征描述与设计图纸不符时，投标人应以招标工程量清单的项目特征描述为准，确定投标报价的综合单价，若施工中施工图纸或设计变更与招标工程量清单项目特征描述不一致，发承包双方应按实际施工的项目特征依据合同约定重新确定综合单价。

②企业定额

企业定额是施工企业根据本企业具有的管理水平、拥有的施工技术和施工机械装备水平而编制的，完成一个规定计量单位的工程项目所需的人工、材料、施工机械台班的消耗标准，是施工企业内部进行施工管理的标准，也是施工企业投标报价确定综合单价的依据之一。投标企业没有企业定额时可根据企业自身情况参照消耗量定额进行调整。

③资源的可获取价格

综合单价中的人工费、材料费、机械台班费是以企业定额的人、料、机消耗量乘以人、料、机的实际价格得出的，因此投标人拟投入的人、料、机等资源的可获取价格直接影响综合单价的高低。

④企业管理费率、利润率

企业管理费率可由投标人根据本企业近年的企业管理费核算数据自行测定，当然也可以参照当地造价管理部门发布的平均参考值。利润率可由投标人根据本企业当前盈利情况、施工水平、拟投标工程的竞争情况以及企业当前经营策略自主确定。

⑤风险费用

招标文件中要求投标人承担的风险费用，投标人应在综合单价中予以考虑，通常以风险费率的形式进行计算。风险费率的测算应根据招标大要求结合投标企业当前风险控制水平进行定量测算。在施工过程中，当出现的风险内容及其范围（幅度）在招标文件规定的范围（幅度）内时，综合单价不得变动，合同价款不作调整。

⑥材料、工程设备暂估价

招标工程量清单中提供了暂估单价的材料、工程设备，按暂估的单价计入综合单价。

（3）总价项目

由于各投标人拥有的施工设备、技术水平和采用的施工方法有所差异，因此投标人应根据自身编制的投标施工组织设计或施工方案确定措施项目。根据投标施工组织设计或施工方案调整和确定的措施项目应通过评标委员会的评审。

①措施项目中的总价项目应采用综合单价方式报价，包括除规费、税金外的全部费用；

②措施项目中的安全文明施工费应按照国家或省级、行业建设主管部门的规定计算确定。

（4）其他项目费

①暂列金额应按照招标工程量清单中列出的金额填写，不得变动。

②暂估价不得变动和更改。暂估价中的材料、工程设备必须按照暂估单价计入综合单价；专业工程暂估价必须按照招标工程量清单中列出的金额填写。

③计日工应按照招标工程量清单列出的项目和估算的数量，自主确定各项综合单价并计算费用。

④总承包服务费应根据招标工程量列出的专业工程暂估价内容和供应材料、设备情况，按照招标人提出的协调、配合与服务要求和施工现场管理需要自主确定。

（5）规费和税金

规费和税金必须按国家或省级、行业建设主管部门规定的标准计算，不得作为竞争性费用。

（6）投标总价

投标人的投标总价应当与组成招标工程量清单的分部分项工程费、措施项目费、其他项目费和规费、税金的合计金额相一致，即投标人在进行工程项目工程量清单招标的投标报价时，不能进行投标总价优惠（或降价、让利），投标人对投标报价的任何优惠（或降价、让利）均应反映在相应清单项目的综合单价中。

学习单元 5.4　招标工程量清单与招标控制价的编制实例

5.4.1　设计说明及图纸

（1）土壤类别为三类土，土方堆放在坑边。标高±0.000以下采用MU10标准机制红砖，M10水泥砂浆砌筑。标高±0.000以上框架部分（轴线①—②、含轴线②）为非承重多孔砖、M5混合砂浆，标高±0.000以上砖混部分（轴线②—④）采用KP1承重多孔砖，规格240mm×115mm×90mm，M7.5混合砂浆砌筑。

（2）现浇混凝土等级：基础垫层为C15混凝土，梁、柱为C25混凝土，其余均为C20混凝土，门窗过梁不考虑。钢筋φ10内圆钢筋1.25t，φ10外圆钢筋0.75t，φ10外螺纹钢筋3.50t。构造柱按图示断面计算，生根于灰土垫层顶，柱、构造柱不伸入女儿墙。

（3）地面及台阶做法：素土回填、150mm厚3：7灰土垫层、60mm厚C15混凝土垫层、素水泥浆（掺建筑胶）一道、20mm厚1：3水泥砂浆结合层、5mm厚1：2.5水泥砂浆黏结层、铺10mm厚600mm×600mm地砖。

（4）散水做法：150mm厚3：7灰土垫层宽出面层300mm、60mm厚C15混凝土垫层、20mm厚1：2水泥砂浆抹面。

（5）屋面做法：1：6水泥陶粒找坡最薄处30mm厚（平均厚度70mm），50mm厚挤塑聚苯板，20mm厚1：2.5水泥砂浆找平、涂刷基层处理剂，2mm厚SBS防水卷材一道上翻300mm，20mm厚1：3水泥砂浆保护层。

（6）外砖墙面做法：12mm厚1：3水泥砂浆打底、6mm厚1：2.5水泥砂浆找平、4mm厚聚合物水泥砂浆黏结层，粘贴6mm厚45mm×100mm面砖，1：1聚合物水泥砂浆勾缝。

（7）内砖墙面做法：10mm厚1∶1∶6水泥石灰砂浆打底,6mm厚1∶0.3∶2.5水泥石灰砂浆抹面,满刮大白粉腻子一遍,刷乳胶漆两遍。

（8）天棚做法：素水泥浆（掺建筑胶）一道,5mm厚1∶0.3∶3水泥石灰砂浆打底,5mm厚1∶0.3∶2.5水泥石灰砂浆抹面,满刮白水泥腻子一遍,刷乳胶漆两遍。

（9）门窗洞口尺寸如表5-7所示,不考虑门锁。

（10）图中未注明的墙厚均为240mm,所有轴线居墙中,门均居开启方向墙的内皮安装,窗均居墙中安装,未注明门的大头角为250mm。

表5-7　门窗代号及洞口尺寸

名称	洞口尺寸（mm）	数量	类　别
CL-1	1500×1800	2	铝合金推拉窗、带纱窗
CL-2	2100×1800	2	
M-1	900×2100	3	成品实木门、免漆
M-2	1000×2400	1	

5.4.2　招标工程量清单

（1）清单工程量计算表（表5-8）

表5-8　清单工程量计算表

序号	项目名称	计量单位	工程量	计　算　式
				一、土石方工程
				$L_{外}=(7+2.4+4.8+0.24+6.9+0.24)×2=43.16\text{m}$
				$L_{中}=(7+2.4+4.8+6.9)×2=42.2\text{m}$
				$S_{底}=(7+2.4+4.8+0.24)×(6.9+0.24)=103.1\text{m}^2$
1	平整场地	m²	103.1	$S=(7+2.4+4.8+0.24)×(6.9+0.24)=103.1\text{m}^2$
2	挖KZ柱基础土方	m³	8.1	$V_1=1.5×1.5×(1.2-0.3)×4=8.1\text{m}^3$
3	挖砖基础土方	m³	27.82	$V_2=1.2×(1.2-0.3)×[(2.4+4.8-0.5-0.12)×2+6.9+6.9-1.2]=1.2×0.9×25.76=27.82\text{m}^3$
4	基础回填（KZ柱部分）	m³	4.0	$V=8.1-(1.52×0.1+1.32×0.3+0.92×0.3+0.52×0.2)×4=8.1-4.1=4.0\text{m}^3$
5	基础回填（砖混部分）	m³	12.18	$V=27.82-\underline{1.2×0.3×[(2.4+4.8-0.5-0.12)×2+6.9+6.9-1.2]}-0.24×(1.2-0.3-0.3+0.394)$ 3∶7灰土垫层 $×[(2.4+4.8-0.5-0.12)×2+6.9+6.9-0.24]=27.82-9.27-6.37=12.18\text{m}^3$
6	室内回填	m³	4.94	$V=(0.3-0.245)×[(7-0.24)×(6.9-0.24)+(2.4-0.24)×(6.9-0.24)+(4.8-0.24)×(6.9-0.24)]=4.94\text{m}^3$

建筑工程计量与计价

续表 5-8

序号	项目名称	计量单位	工程量	计 算 式
二、砌筑工程				
1	砖基础（±0.000以下）	m³	6.86	$V=0.24\times(1.2-0.3+0.394)\times[\underset{}{(2.4+4.8-0.12)\times2+6.9+6.9-0.24}]-\underset{GZ}{0.24^2\times(1.2-0.3)\times4}-0.24\times0.24\times[\underset{DQL}{(2.4+4.8-0.12)\times2+6.9+6.9-0.24-0.24\times4}]=6.86m^3$
2	非承重一砖墙（240mm框架部分）	m³	16.27	$V=0.24\times[\underset{A+B}{(3.7-0.6)\times(7+0.24-0.5\times2)\times2}+\underset{①}{(3.7-0.65)\times(6.9+0.24-0.5\times2)\times2}-\underset{CL-1}{1.5\times1.8}-\underset{CL-2}{2.1\times1.8}-\underset{M-1}{6.9\times2.1}]=16.27m^3$
3	一砖承重砖墙（砖混部分）	m³	18.48	$V=0.24\times\{(3.7-0.35)\times[(2.4+4.8-0.12)\times2+6.9+6.9-0.24]-0.9\times2.1\times2-1\times2.4-1.5\times1.8-2.1\times1.8\}-\underset{GZ}{0.24^2\times(3.7-0.35)\times4}=18.48m^3$
4	半砖内墙	m³	1.83	$V=0.12\times[(3.7-0.35)\times(4.8-0.24)]=1.83m^3$
5	女儿墙	m³	6.08	$V=0.24\times0.6\times[\underset{L_{中}}{(7+2.4+4.8+6.9)\times2}]=6.08m^3$
三、混凝土工程				
1	框架柱基础混凝土	m³	3.0	$V=(1.32\times0.3+0.92\times0.3)\times4=3.0m^3$
2	Z1混凝土	m³	4.2	$V=0.52\times(0.5+3.7)\times4=4.2m^3$
3	KL1混凝土	m³	1.87	$V=0.25\times0.6\times(7+0.24-0.5\times2)\times2=1.87m^3$
4	KL2混凝土	m³	2.0	$V=0.25\times0.65\times(6.9+0.24-0.5\times2)\times2=2.0m^3$
5	GZ混凝土	m³	4.45	$V=0.24^2\times(0.9+3.7)\times4=4.45m^3$
6	DQL混凝土	m³	1.54	$V=0.24^2\times[(2.4+4.8-0.12)\times2+6.9+6.9-0.24-0.24\times4]=1.54m^3$
7	QL混凝土	m³	2.25	$V=0.24\times0.35\times[(2.4+4.8-0.12)\times2+6.9+6.9-0.24-0.24\times4]=2.25m^3$
8	L-1混凝土	m³	1.01	$V=0.25\times0.6\times(7+0.24-0.25\times2)=1.01m^3$

续表 5-8

序号	项目名称	计量单位	工程量	计 算 式
9	L-2 混凝土	m³	0.32	$V=0.2\times0.35\times(4.8-0.24)=0.32\text{m}^3$
10	B-1 混凝土	m³	5.14	$V=0.12\times[(7.24-0.25\times2)\times(6.9+0.24-0.25\times3)-0.252\times4]=5.14\text{m}^3$
11	B-2 混凝土	m³	1.44	$V=0.1\times[(2.4-0.24)\times(6.9-0.24)]=1.44\text{m}^3$
12	B-3 和 B-4 混凝土	m³	2.36	$V=0.08\times[(4.8-0.24)\times(6.9-0.24-0.2)]=2.36\text{m}^3$
13	混凝土散水	m²	25.68	$S=\underbrace{(14.2+0.24+6.9+0.24)\times2\times0.6+4\times0.62-}_{L_{外}}$ $(2.4-0.24+0.3\times2)\times0.6$ $=[43.16-(2.4-0.24+0.3\times2)]\times0.6+4\times0.62$ $=25.68\text{ m}^2$
14	台阶	m²	2.38	$S=(2.4-0.24+0.3\times2)\times1.2-(2.4-0.24-0.3\times2)\times(1.2-0.6)=2.38\text{m}^2$
15	DL 混凝土	m³	2.97	$V=0.24\times0.5\times[(7+0.24-0.5\times2+6.9+0.24-0.5\times2)\times2]=2.97\text{m}^3$

四、屋面及保温工程

1	找坡层	m²	92.97	$S=103.1-0.24\times42.2=92.97\text{m}^2$
2	保温层	m²	92.97	$S=103.1-0.24\times42.2=92.97\text{m}^2$
3	屋面防水	m²	105.34	$S=103.1-0.24\times42.2+0.3\times(42.2-0.24\times4)=105.34\text{m}^2$

五、装饰工程

24	一层块料地面	m²	90.78	$S=(7-0.24)\times(6.9-0.24)-0.262\times4+(2.4-0.24)\times(6.9-0.24)+(4.8-0.24)\times(6.9-0.12-0.24)+0.24\times(0.9\times3+1)+(2.4-0.24-0.3\times2)\times(1.2-0.6)$ $=44.75+14.39+29.82+0.888+0.936$ $=90.78\text{m}^2$
25	外墙贴面砖	m²	187.29	$S=43.16\times(3.7+0.3+0.6)-1.5\times1.8\times2-2.1\times1.8\times2-1\times2.4-(2.4-0.24+0.3)\times0.3+0.12\times[(1.5+1.8)\times2\times2+(2.1+1.8)\times2\times2]+0.24\times(1+2.4\times2)$ $=183.18-0.738+4.848=187.29\text{m}^2$
26	内墙抹灰	m²	246.27	$S=(7-0.24+6.9-0.24)\times2\times(3.7-0.12)+(2.4-0.24+6.9-0.24)\times2\times(3.7-0.1)+(4.8-0.24+2.7-0.18)\times2\times(3.7-0.08)+(4.8-0.24+4.2-0.18)\times2\times(3.7-0.08)-1.5\times1.8\times2-2.1\times1.8\times2-1\times2.4-0.9\times2.1\times3\times2=96.087+63.504+51.26+62.12-26.7$ $=246.27\text{m}^2$

续表 5-8

序号	项目名称	计量单位	工程量	计 算 式
27	天棚抹灰	m²	96.25	$S=(7-0.24)\times(6.9-0.24)+(0.6-0.12)\times(7.24-0.25\times2)\times2+(2.4-0.24)\times(6.9-0.24)+(4.8-0.24)\times(6.9-0.24)=96.25\text{m}^2$
28	M-1	m²	5.67	$S=0.9\times2.1\times3=5.67\text{m}^2$
29	M-2	m²	2.4	$S=1\times2.4=2.4\text{m}^2$
30	CL-1	m²	5.4	$S=1.5\times1.8\times2=5.4\text{m}^2$
31	CL-2	m²	7.56	$S=2.1\times1.8\times2=7.56\text{m}^2$

(2)分部分项工程和单价措施项目清单与计价表(表 5-9)

表 5-9 分部分项工程和单价措施项目清单与计价表

序号	项目编码	项目名称	项目特征描述	计量单位	工程量	金额(元)		
						综合单价	合价	其中 暂估价
			A.1 土石方工程					
1	010101001001	平整场地	人工平整场地 1. 土类:三类 2. 现场挖、填、找平	m²	103.1	3.15	324.77	
2	010101004001	挖基坑土方	框架柱基础 1. 土类:三类 2. 挖深:0.9m 3. 开挖方式:人工	m³	8.1	55.35	448.34	
3	010101003001	挖沟槽土方	砖基础部分 1. 土类:三类 2. 挖深:0.9m 3. 开挖方式:人工	m³	27.82	55.35	1539.84	
4	010103001001	回填方	基础回填 1. 回填夯实素土 2. 取土坑边 3. 回填方式:人工回填	m³	12.18	19.55	238.12	
5	010103001002	回填方	室内加填 1. 回填夯实素土 2. 取土坑边 3. 回填方式:人工回填	m³	4.94	14.95	73.85	

续表 5-9

| 序号 | 项目编码 | 项目名称 | 项目特征描述 | 计量单位 | 工程量 | 金额（元） | | 其中 |
						综合单价	合价	暂估价
			A.4 砌筑工程					
6	010401001001	砖基础	1. MU10 机制红砖 2. M10 水泥砂浆	m³	6.86	411.12	2820.28	
7	010401004001	多孔砖墙	非承重一砖墙（框架部分） 1. 非承重黏土多孔砖 2. M5 混合砂浆	m³	16.27	341.43	5555.07	
8	010401004002	多孔砖墙	一砖承重砖墙 1. KP1 承重多孔砖 2. M7.5 水泥砂浆	m³	18.48	343.95	6356.2	
9	010401004003	多孔砖墙	半砖内墙 1. KP1 承重多孔砖 2. M7.5 水泥砂浆	m³	1.83	343.95	629.43	
10	010401004004	多孔砖墙	女儿墙 1. KP1 承重多孔砖 2. M7.5 水泥砂浆	m³	6.08	343.95	2091.22	
			A.5 混凝土工程					
11	010501003001	独立基础	Z1 基础混凝土 C20 商品混凝土（普通）	m³	3.0	334.75	1004.25	
12	010502001001	矩形柱	Z1 混凝土 C25 商品混凝土（普通）	m³	4.2	475.87	1998.65	
13	010503002001	矩形梁	KL1 混凝土 C25 商品混凝土（普通）	m³	1.87	405.39	758.08	
14	010503002002	矩形梁	KL2 混凝土 C25 商品混凝土（普通）	m³	2.0	405.4	810.8	
15	010502002001	构造柱	GZ 混凝土 C25 现拌混凝土（普通）	m³	1.06	526.21	557.78	
16	010503001001	基础梁	DL 混凝土 C25 商品混凝土（普通）	m³	2.97	403.78	1199.23	
17	010503004001	圈梁	DQL 混凝土 C25 商品混凝土（普通）	m³	1.54	403.79	621.84	
18	010503004002	圈梁	DL 混凝土 C25 商品混凝土（普通）	m³	2.25	507.08	1140.93	
19	010505001001	有梁板	L-1 混凝土 C25 商品混凝土（普通）	m³	1.01	407.98	412.06	

续表 5-9

| 序号 | 项目编码 | 项目名称 | 项目特征描述 | 计量单位 | 工程量 | 金额(元) | | 其中 |
						综合单价	合价	暂估价
20	010505001002	有梁板	B-1 混凝土 C20 商品混凝土(普通)	m³	5.14	343.89	1767.59	
21	010505001003	有梁板	B-2 混凝土 C20 商品混凝土(普通)	m³	1.44	343.9	495.22	
22	010505001004	有梁板	B-3、B-4 混凝土 C20 商品混凝土(普通)	m³	2.39	343.9	821.92	
23	010507001001	散水、坡道	混凝土散水 1.150mm 厚 3:7 灰土垫层 2.60mm 厚 C15 混凝土面层 3.20mm 厚 1:2 水泥砂浆抹面	m²	25.68	62.08	1594.21	
A.9 屋面及保温工程								
24	011001001001	保温隔热屋面	找坡层 1:6 水泥炉渣找坡(平均厚度 70mm)	m²	92.97	27.9	2593.86	
25	011001001002	保温隔热屋面	保温层 50mm 厚挤塑聚苯板	m²	92.97	45.17	4199.45	
26	010902001001	屋面卷材防水	2mm 厚 SBS 防水卷材(热熔法)	m²	105.34	35	3686.9	
装饰工程								
27	011102003001	块料楼地面	一层块料地面 1.150mm 厚 3:7 灰土 2.60mm 厚 C15 混凝土垫层 3. 面贴 600mm×600mm 地砖	m²	90.78	150.99	13706.87	
28	011204003001	块料墙面	外墙贴面砖 1.12mm 厚 1:3 水泥砂浆打底 2.6mm 厚 1:2.5 水泥砂浆找平 3.4mm 厚聚合物水泥砂浆黏结层 4. 贴 45mm×100mm 面砖(釉面) 5.1:1 聚合物水泥砂浆勾缝	m²	187.29	275.21	51544.08	

续表 5-9

序号	项目编码	项目名称	项目特征描述	计量单位	工程量	综合单价	合价	其中暂估价
29	011201001001	墙面一般抹灰	内墙抹灰 1.10mm 厚 1：1：6 水泥石灰砂浆打底 2.6m 厚 1：0.3：2.5 水泥石灰砂浆抹面 3.满刮腻子一遍 4.刷乳胶漆两遍	m²	246.27	47.23	11631.33	
30	011301001001	天棚抹灰	1.5mm 厚 1：0.3：3 水泥石灰砂浆打底 2.5mm 厚 1：0.3：2.5 水泥石灰砂浆抹面 3.满刮腻子一遍 4.刷乳胶漆两遍	m²	96.25	53.5	5149.38	
31	010807001001	金属(塑钢、断桥)窗	CL-1 1.铝合金推拉窗(带纱) 2.洞口尺寸:1500mm×1800mm	m²	5.4	309.67	1672.22	
32	010807001002	金属(塑钢、断桥)窗	CL-2 1.铝合金推拉窗(带纱) 2.洞口尺寸:2100mm×1800mm	m²	7.56	309.67	2341.11	
33	010801001001	木质门	M-1 1.成品木门 2.洞口尺寸:900mm×2100mm	m²	5.67	392.71	2226.67	
34	010801001002	木质门	M-2 1.成品木门 2.洞口尺寸:1000mm×2400mm	m²	2.4	392.7	942.48	
合　　计							132954.03	

(3)综合单价分析表见表 5-10。

表 5-10　综合单价分析表

项目编码	010101001001	项目名称	平整场地	计量单位	m²	工程量	103.1

清单综合单价组成明细

定额编号	定额项目名称	定额单位	数量	单价(元)				合价(元)			
				人工费	材料费	机械费	管理费和利润	人工费	材料费	机械费	管理费利润
A1-112	人工场地平整	100m²	0.01	286.32	0	0	28.46	2.86	0	0	0.28
人工单价			小　计					2.86	0	0	0.28
一类综合用工 80 元/工日			未计价材料费					0			
		清单项目综合单价						3.14			

材料费明细	主要材料名称、规格、型号	单位	数量	单价(元)	合价(元)	暂估单价(元)	暂估合价(元)
	一类综合用工	工日	0.0358	80	2.86		
	管理费	元	0.1414	1	0.14		
	利润	元	0.1432	1	0.14		

续表 5-10

项目编码	010101004001			项目名称		挖基坑土方		计量单位	m³		工程量	8.1
清单综合单价组成明细												
定额编号	定额项目名称	定额单位	数量	单价（元）				合价（元）				
				人工费	材料费	机械费	管理费和利润	人工费	材料费	机械费	管理费和利润	
A1-9	人工挖沟槽、基坑 深度≤2m；三、四类土 沟槽宽≤3m或基坑底面面积≤20m²	100m³	0.01	5026.8	0	8.7	499.61	50.27	0	0.09	5	
人工单价			小　计					50.27	0	0.09	5	
一类综合用工 80 元/工日			未计价材料费					0				
		清单项目综合单价						55.36				
材料费明细	主要材料名称、规格、型号			单位	数量	单价（元）	合价（元）		暂估单价（元）	暂估合价（元）		
	一类综合用工			工日	0.6284	80	50.27					
	电动夯实机 250（N·m）			台班	0.0035	24.85	0.09					
	管理费			元	2.4827	1	2.48					
	利润			元	2.5134	1	2.51					

续表 5-10

项目编码	010103001001	项目名称	回填方	计量单位	m³	工程量	12.18

清单综合单价组成明细

定额编号	定额项目名称	定额单位	数量	单价（元）				合价（元）			
				人工费	材料费	机械费	管理费和利润	人工费	材料费	机械费	管理费和利润
A1-121	夯填土人工槽坑	100m³	0.01	1773.2	5.56	0	176.24	17.73	0.06	0	1.76
人工单价	小 计							17.73	0.06	0	1.76
一类综合用工 80 元/工日	未计价材料费										
	清单项目综合单价							19.55			

材料费明细	主要材料名称、规格、型号	单位	数量	单价（元）	合价（元）	暂估单价（元）	暂估合价（元）
	一类综合用工	工日	0.2217	80	17.74		
	水	m³	0.0155	3.59	0.06		
	管理费	元	0.8758	1	0.88		
	利润	元	0.8866	1	0.89		
	其他材料费			—	0.06	—	0
	材料费小计			—	0.06	—	0

续表 5-10

项目编码	010401001001	项目名称	砖基础	计量单位	m³	工程量	6.86

清单综合单价组成明细

定额编号	定额项目名称	定额单位	数量	单价(元)				合价(元)			
				人工费	材料费	机械费	管理费和利润	人工费	材料费	机械费	管理费和利润
A4-1换	砖基础现拌砂浆 换为水泥砂浆 M10	10m³	0.1	1315.2	2144.27	57.22	594.51	131.52	214.43	5.72	59.45
人工单价	小　计							131.52	214.43	5.72	59.45
二类综合用工 120 元/工日	未计价材料费								178.38		
	清单项目综合单价								411.12		

材料费明细	主要材料名称、规格、型号	单位	数量	单价(元)	合价(元)	暂估单价(元)	暂估合价(元)
	二类综合用工	工日	1.096	120	131.52		
	水	m³	0.105	3.59	0.38		
	机制红砖 240mm×115mm×53mm	千块	0.5262	339	178.38		
	水泥砂浆 M10	m³	0.2399	148.68	35.67		
	灰浆搅拌机拌筒容量 200L	台班	0.04	143.06	5.72		
	管理费	元	29.543	1	29.54		
	利润	元	29.908	1	29.91		
	其他材料费			—	36.05		0
	材料费小计			—	214.43		0

续表 5-10

项目编码	010401004001		项目名称		多孔砖墙			计量单位	m³	工程量	0.1

清单综合单价组成明细

定额编号	定额项目名称	定额单位	数量	单价(元)				合价(元)			
				人工费	材料费	机械费	管理费和利润	人工费	材料费	机械费	管理费和利润
A4-9换	多孔砖墙 现拌砂浆 换为混合砂浆 M5.0	10m³	0.1	1303.56	1477.14	44.35	589.24	130.36	147.71	4.44	58.92
人工单价	小　计							130.36	147.71	4.44	58.92
二类综合用工 120元/工日	未计价材料费							124.26			
	清单项目综合单价							341.43			

材料费明细	主要材料名称、规格、型号	单位	数量	单价(元)	合价(元)	暂估单价(元)	暂估合价(元)
	二类综合用工	工日	1.0863	120	130.36		
	多孔砖 240mm×115mm×90mm	千块	0.3219	350	112.67		
	普通砖 240mm×115mm×53mm	千块	0.0342	339	11.59		
	水	m³	0.118	3.59	0.42		
	混合砂浆 M5.0	m³	0.1804	127.67	23.03		
	灰浆搅拌机拌筒容量 200L	台班	0.031	143.06	4.43		
	管理费	元	29.281	1	29.28		
	利润	元	29.643	1	29.64		
	其他材料费			—	—	23.46	0
	材料费小计			—	—	147.71	0

续表 5-10

项目编码	010501003001		项目名称	独立基础		计量单位	m³	工程量	3.0

清单综合单价组成明细

定额编号	定额项目名称	定额单位	数量	单价（元）				合价（元）			
				人工费	材料费	机械费	管理费和利润	人工费	材料费	机械费	管理费和利润
A5-6换	现浇混凝土独立基础中混凝土换为预拌混凝土C20	10m³	0.1	336.12	2851.52	7.97	151.93	33.61	285.15	0.8	15.19
人工单价		小　计						33.61	285.15	0.8	15.19
二类综合用工120元/工日		未计价材料费						0			
		清单项目综合单价						334.75			

材料费明细	主要材料名称、规格、型号	单位	数量	单价（元）	合价（元）	暂估单价（元）	暂估合价（元）
	二类综合用工	工日	0.2801	120	33.61		
	水	m³	0.1125	3.59	0.4		
	塑料薄膜	m²	1.5927	0.24	0.38		
	预拌混凝土 C20	m³	1.01	281.55	284.37		
	混凝土振捣器（插入式）	台班	0.077	10.35	0.8		
	管理费	元	7.55	1	7.55		
	利润	元	7.643	1	7.64		
	其他材料费			—	0.79		0
	材料费小计			—	285.15		0

项目编码	010502001001	项目名称	矩形柱	计量单位	m³	工程量	4.2

清单综合单价组成明细

定额编号	定额项目名称	定额单位	数量	单价(元)				合价(元)			
				人工费	材料费	机械费	管理费和利润	人工费	材料费	机械费	管理费和利润
A5-13	现浇混凝土矩形柱中混凝土换为预拌混凝土 C25	10m³	0.1	865.32	3489.26	12.94	391.14	86.53	348.93	1.29	39.11
人工单价											
二类综合用工 120 元/工日	小 计							86.53	348.93	1.29	39.11
	未计价材料费							348.18			
	清单项目综合单价							475.86			

材料费明细	主要材料名称、规格、型号	单位	数量	单价(元)	合价(元)	暂估单价(元)	暂估合价(元)
	二类综合用工	工日	0.7211	120	86.53		
	水	m³	0.0911	3.59	0.33		
	预拌水泥砂浆	m³	0.0303	336	10.18		
	土工布	m²	0.0912	4.62	0.42		
	预拌混凝土 C25	m³	0.9797	345	338		
	混凝土振捣器(插入式)	台班	0.125	10.35	1.29		
	管理费	元	19.437	1	19.44		
	利润	元	19.677	1	19.68		
	其他材料费			—	0.75	—	0
	材料费小计			—	348.93	—	0

续表 5-10

项目编码	010503002001	项目名称	矩形梁	计量单位	m³	工程量	1.87

清单综合单价组成明细

定额编号	定额项目名称	定额单位	数量	单价(元)				合价(元)			
				人工费	材料费	机械费	管理费和利润	人工费	材料费	机械费	管理费和利润
A5-19	现浇混凝土矩形梁中混凝土换为预拌混凝土C25	10m³	0.1	362.04	3515.3	12.94	163.65	36.2	351.53	1.29	16.37
人工单价		小计						36.2	351.53	1.29	16.37
二类综合用工 120元/工日		未计价材料费							348.45		
	清单项目综合单价								405.39		

材料费明细	主要材料名称、规格、型号	单位	数量	单价(元)	合价(元)	暂估单价(元)	暂估合价(元)
	二类综合用工	工日	0.3017	120	36.2		
	水	m³	0.309	3.59	1.11		
	塑料薄膜	m²	2.975	0.24	0.71		
	土工布	m²	0.272	4.62	1.26		
	预拌混凝土 C25	m³	1.01	345	348.45		
	混凝土振捣器(插入式)	台班	0.125	10.35	1.29		
	管理费	元	8.132	1	8.13		
	利润	元	8.233	1	8.23		
	其他材料费			—	3.08	—	0
	材料费小计			—	351.53	—	0

续表 5-10

项目编码	010505001004	项目名称	有梁板	计量单位	m³	工程量	2.39

清单综合单价组成明细

定额编号	定额项目名称	定额单位	数量	单价(元)				合价(元)			
				人工费	材料费	机械费	管理费和利润	人工费	材料费	机械费	管理费和利润
A5-32换	现浇混凝土有梁板中混凝土换为预拌混凝土C20	10m³	0.1	363.84	2887.9	22.73	164.47	36.38	288.79	2.27	16.45
人工单价	小计							36.38	288.79	2.27	16.45
二类综合用工120元/工日	未计价材料费							0			

清单项目综合单价								343.89			

材料费明细	主要材料名称、规格、型号	单位	数量	单价(元)	合价(元)	暂估单价(元)	暂估合价(元)
	二类综合用工	工日	0.3032	120	36.38		
	水	m³	0.2595	3.59	0.93		
	塑料薄膜	m²	4.9749	0.24	1.19		
	土工布	m²	0.4975	4.62	2.3		
	预拌混凝土C20	m³	1.01	281.55	284.37		
	混凝土振捣器	台班	0.011	22.01	0.24		
	混凝土抹平器(平板式)	台班	0.126	16.12	2.03		
	管理费	元	8.173	1	8.17		
	利润	元	8.274	1	8.27		
	其他材料费			—	4.42	—	0
	材料费小计			—	288.79	—	0

续表 5-10

项目编码	011001001002	项目名称	保温隔热屋面	计量单位	m²	工程量	92.97

清单综合单价组成明细

定额编号	定额项目名称	定额单位	数量	单价（元）				合价（元）			
				人工费	材料费	机械费	管理费和利润	人工费	材料费	机械费	管理费和利润
A10-20	保温、隔热屋面干铺聚苯乙烯板	100m²	0.01	300.96	4080	0	136.04	3.01	40.8	0	1.36
人工单价	二类综合用工 120 元/工日		小计					3.01	40.8	0	1.36
			未计价材料费								

清单项目综合单价　45.17

材料费明细	主要材料名称、规格、型号	单位	数量	单价（元）	合价（元）	暂估单价（元）	暂估合价（元）
	二类综合用工	工日	0.0251	120	3.01		
	50mm 厚挤塑聚苯板	m²	1.02	40	40.8		
	管理费	元	0.676	1	0.68		
	利润	元	0.6844	1	0.68		
	材料费小计			—	40.8	—	0

续表 5-10

项目编码	010902001001	项目名称	屋面卷材防水		计量单位	m²	工程量	105.34

清单综合单价组成明细

定额编号	定额项目名称	定额单位	数量	单价(元)				合价(元)			
				人工费	材料费	机械费	管理费和利润	人工费	材料费	机械费	管理费和利润
A9-34	卷材防水 改性沥青卷材热熔法一层 平面	100m²	0.01	302.16	3061.34	0	136.58	3.02	30.61	0	1.37
人工单价		小 计						3.02	30.61	0	1.37
二类综合用工 120 元/工日	未计价材料费							27.17			
	清单项目综合单价							35			

材料费明细	主要材料名称、规格、型号	单位	数量	单价(元)	合价(元)	暂估单价(元)	暂估合价(元)
	二类综合用工	工日	0.0252	120	3.02		
	SBS 改性沥青防水卷材	m²	1.1564	23.5	27.18		
	SBS 弹性沥青防水胶	kg	0.2892	7.87	2.28		
	改性沥青嵌缝油膏	kg	0.0598	6.41	0.38		
	液化石油气	kg	0.2699	2.89	0.78		
	管理费	元	0.6787	1	0.68		
	利润	元	0.6871	1	0.69		
	其他材料费			—	3.44		0
	材料费小计			—	30.62		0

续表 5-10

项目编码	011102003001	项目名称	块料楼地面	计量单位	m²	工程量	90.78

清单综合单价组成明细

定额编号	定额项目名称	定额单位	数量	单价（元）				合价（元）			
				人工费	材料费	机械费	管理费和利润	人工费	材料费	机械费	管理费和利润
A4-141	垫层 灰土	10m³	0.015	633.48	404	10.93	286.35	9.5	6.06	0.16	4.3
A5-2换	现浇混凝土垫层的混凝土换为普通混凝土，混凝土强度等级 C15;碎石最大粒径16mm	10m³	0.006	444.24	1755.98	7.97	200.81	2.67	10.54	0.05	1.2
A11-39	块料面层 陶瓷地砖 周长≤2400mm	100m²	0.01	2720.66	6814.54	135.81	1229.81	27.21	68.15	1.36	12.3
A5-151	现场搅拌混凝土调整费	10m³	0.0061	811.68	1.36	59.19	366.9	4.92	0.01	0.36	2.22
人工单价	小　计							44.29	84.75	1.93	20.02
二类综合用工 120 元/工日;三类综合用工 135 元/工日	未计价材料费						73.66				
	清单项目综合单价										150.99

材料费明细	主要材料名称、规格、型号	单位	数量	单价（元）	合价（元）	暂估单价（元）	暂估合价（元）
	二类综合用工	工日	0.1424	120	17.09		
	三类综合用工	工日	0.2015	135	27.2		
	水	m³	0.0581	3.59	0.21		
	灰土	m³	0.1515	40	6.06		

续表 5-10

项目编码	011102003001	项目名称	块料楼地面	计量单位	m²	工程量		暂估合价（元）	90.78

清单综合单价组成明细

材料费明细	主要材料名称、规格、型号	单位	数量	单价（元）	合价（元）	暂估单价（元）	暂估合价（元）
	塑料薄膜	m²	0.2867	0.24	0.07		
	陶瓷地面砖 600mm×600mm	m²	1.03	60	61.8		
	干混地面砂浆 DS	m³	0.0204	284.49	5.8		
	白色硅酸盐水泥 32.5	kg	0.103	0.61	0.06		
	棉纱	kg	0.01	7.32	0.07		
	锯木屑	m³	0.006	13.5	0.08		
	石料切割锯片	片	0.0032	20.43	0.07		
	素水泥浆	m³	0.001	144.12	0.14		
	普通混凝土,混凝土强度等级 C15,碎石最大粒径 16mm	m³	0.0606	171.32	10.38		
	电动夯实机 250N·m	台班	0.0066	24.85	0.16		
	混凝土振捣器（插入式）	台班	0.0046	10.35	0.05		
	石料切割机	台班	0.0151	47.4	0.72		
	干混砂浆罐式搅拌机	台班	0.0034	188.92	0.64		
	双锥反转出料混凝土搅拌机出料容量 500L	台班	0.0018	197.3	0.36		
	管理费	元	9.9494	1	9.95		
	利润	元	10.0722	1	10.07		
	其他材料费			—	11.09	—	0
	材料费小计			—	84.74	—	0

续表 5-10

项目编码	项目名称		计量单位	工程量
0112040003001	块料墙面		m²	187.29

清单综合单价组成明细

定额编号	定额项目名称	定额单位	数量	单价(元)				合价(元)			
				人工费	材料费	机械费	管理费和利润	人工费	材料费	机械费	管理费和利润
A12-69	墙面块料面层 瓷板 每块周长≤800mm,水泥砂浆粘贴	100m²	0.01	5047.65	20105.78	86.12	2281.67	50.48	201.06	0.86	22.82
人工单价	小计							50.48	201.06	0.86	22.82
三类综合用工 135 元/工日	未计价材料费								200.81		
	清单项目综合单价								275.22		

材料费明细

主要材料名称、规格、型号	单位	数量	单价(元)	合价(元)	暂估单价(元)	暂估合价(元)
三类综合用工	工日	0.3739	135.	50.48		
水	m³	0.0083	3.59	0.03		
白色硅酸盐水泥 32.5	kg	0.1545	0.61	0.09		
棉纱	kg	0.0105	7.32	0.08		
石料切割锯片	片	0.0024	20.43	0.05		
干混抹灰砂浆 DP	m³	0.0216	379	8.19		
瓷砖 45mm×100mm	m²	1.03	187	192.61		
石料切割机	台班	0.0038	47.4	0.18		
干混砂浆罐式搅拌机	台班	0.0036	188.92	0.68		
管理费	元	11.3383	1	11.34		
利润	元	11.4784	1	11.48		
其他材料费			—	0.25	—	0
材料费小计			—	201.05	—	0

续表 5-10

项目编码	011201001001	项目名称		墙面一般抹灰		计量单位	m²	工程量	246.27

清单综合单价组成明细

定额编号	定额项目名称	定额单位	数量	单价(元)				合价(元)			
				人工费	材料费	机械费	管理费和利润	人工费	材料费	机械费	管理费和利润
A12-7换	墙面抹灰 一般抹灰 墙面、墙裙抹水泥石灰砂浆 内墙(16+5)mm 实际厚度16mm	100m²	0.01	1464.75	699.84	58.56	662.11	14.65	7	0.59	6.62
A14-225	抹灰面油漆 乳胶漆 室内 墙面 两遍	100m²	0.01	722.39	788.48	0	326.54	7.22	7.88	0	3.27
人工单价		小 计						21.87	14.88	0.59	9.89
三类综合用工 135 元/工日		未计价材料费						6.94			
	清单项目综合单价							47.23			

材料费明细	主要材料名称、规格、型号	单位	数量	单价(元)	合价(元)	暂估单价(元)	暂估合价(元)
	三类综合用工	工日	0.162	135	21.87		
	材料费调整	元	0.0001	1	0		
	水	m³	0.0185	3.59	0.07		
	干混抹灰砂浆 DP	m³	0.0183	379	6.94		
	苯丙清漆	kg	0.1162	8.55	0.99		
	苯丙乳胶漆	kg	0.2781	7.03	1.96		
	腻子	kg	2.0412	2.29	4.67		

续表 5-10

项目编码	011201001001	项目名称	墙面一般抹灰			计量单位	m²	工程量	
			清单综合单价组成明细						
主要材料名称、规格、型号			单位	数量	单价（元）	合价（元）		暂估单价（元）	暂估合价（元）
材料费明细	溶剂油		kg	0.0129	12.81	0.17			0
	砂纸		张	0.101	0.92	0.09			0
	机械费调整		元	0.0001	1	0			
	干混砂浆罐式搅拌机		台班	0.0031	188.92	0.59			
	管理费		元	4.9131	1	4.91			
	利润		元	4.9738	1	4.97			
	其他材料费				—	7.95		—	
	材料费小计				—	14.88		—	

246.27

续表 5-10

| 项目编码 | 011301001001 | | 项目名称 | 清单综合单价组成明细 天棚抹灰 | | | 计量单位 | m² | 工程量 | 96.25 |

清单综合单价组成明细

定额编号	定额项目名称	定额单位	数量	单价(元)				合价(元)			
				人工费	材料费	机械费	管理费和利润	人工费	材料费	机械费	管理费和利润
A14-226	抹灰面油漆 乳胶漆 室内 天棚面 两遍	100m²	0.01	999.41	788.48	0	451.76	9.99	7.88	0	4.52
A13-5	天棚抹灰 水泥石灰砂浆 现浇混凝土面,14mm	100m²	0.01	1641.6	671.51	54.79	742.05	16.42	6.72	0.55	7.42
人工单价	三类综合用工 135 元/工日				小 计			26.41	14.6	0.55	11.94
					未计价材料费						
					清单项目综合单价			53.5			

材料费明细	主要材料名称、规格、型号	单位	数量	单价(元)	合价(元)	暂估单价(元)	暂估合价(元)
	三类综合用工	工日	0.1956	135	26.41		
	水	m³	0.0135	3.59	0.05		
	干混抹灰砂浆 DP	m³	0.0176	379	6.67		
	苯丙清漆	kg	0.1162	8.55	0.99		
	苯丙乳胶漆	kg	0.2781	7.03	1.96		
	腻子	kg	2.0412	2.29	4.67		
	溶剂油	kg	0.0129	12.81	0.17		
	砂纸	张	0.101	0.92	0.09		
	干混砂浆罐式搅拌机	台班	0.0029	188.92	0.55		
	管理费	元	5.9324	1	5.93		
	利润	元	6.0057	1	6.01		
	其他材料费	—		—	7.93	—	0
	材料费小计	—		—	14.6	—	0

续表 5-10

项目编码	010807001001	项目名称	金属(塑钢、断桥)窗		计量单位	m²	工程量	5.4

清单综合单价组成明细

定额编号	定额项目名称	定额单位	数量	单价(元)				合价(元)			
				人工费	材料费	机械费	管理费和利润	人工费	材料费	机械费	管理费和利润
A8-166	铝合金推拉窗 双扇 无亮 制作、安装 换为 中空玻璃 δ16mm 换为 镀锌铁丝窗纱	100m²	0.01	7946.91	19154.75	273.33	3592.21	79.47	191.55	2.73	35.92
人工单价	小　计							79.47	191.55	2.73	35.92
三类综合用工 135 元/工日	未计价材料费								170.05		
	清单项目综合单价								309.67		

	主要材料名称、规格、型号	单位	数量	单价(元)	合价(元)	暂估单价(元)	暂估合价(元)
材料费明细	三类综合用工	工日	0.5887	135	79.47		
	铝合金型材综合	kg	6.6255	14.78	97.92		
	螺钉	个	14.6489	0.17	2.49		
	密封毛条	m	6.0583	0.36	2.18		
	软填料	kg	0.5253	4.39	2.31		
	固定连接铁件(地脚)3×30×300(mm)	个	7.1111	0.43	3.06		
	玻璃胶 350g/支	kg	0.4746	6.84	3.25		
	膨胀螺栓	支	0.4834	6.15	2.97		
	合金钢钻头 φ10	套	14.2222	0.34	4.84		
	中空玻璃 16mm厚	个	0.0888	4.62	0.41		
	镀锌铁丝窗纱	m²	0.879	82	72.08		
	电锤功率 520W	m²	0.01	4.45	0.04		
	铝合金门窗制作安装综合机械	台班	0.1778	4.36	0.78		
	管理费	台班	0.0162	120.87	1.96		
	利润	元	17.8508	1	17.85		
		元	18.0713	1	18.07		
	其他材料费			—	21.5	—	0
	材料费小计			—	191.55	—	0

续表 5-10

项目编码	010801001002	项目名称	木质门	计量单位	m²	工程量	2.4

清单综合单价组成明细

定额编号	定额项目名称	定额单位	数量	单价(元)				合价(元)			
				人工费	材料费	机械费	管理费和利润	人工费	材料费	机械费	管理费和利润
A8-57	成品木门扇安装	100m²	0.01	1900.4	36511.19	0	859.03	19	365.11	0	8.59
人工单价				小　计				19	365.11	0	8.59
三类综合用工 135 元/工日				未计价材料费				364.67			
				清单项目综合单价				392.7			

材料费明细	主要材料名称、规格、型号	单位	数量	单价(元)	合价(元)	暂估单价(元)	暂估合价(元)
	三类综合用工	工日	0.1408	135	19.01		
	成品装饰门扇	m²	1	350	350		
	不锈钢合页	个	1.1507	12.75	14.67		
	水砂纸	张	0.2451	0.91	0.22		
	沉头木螺钉(头部直径32mm)	个	7.2494	0.03	0.22		
	管理费	元	4.2688	1	4.27		
	利润	元	4.3215	1	4.32		
	其他材料费			—	0.44	—	0
	材料费小计			—	365.11	—	0

（4）总价措施项目清单与计价见表 5-11。

表 5-11 总价措施项目清单与计价表

序号	项目编码	项目名称	计算基础	费率（%）	金额（元）	调整费率（%）	调整后金额（元）
1	1.1	安全文明施工费			5016.01		
2	1.1.1	环境保护费	分部分项人工预算价＋单价措施人工预算价	0.75	261.98		
3	1.1.2	文明施工费	分部分项人工预算价＋单价措施人工预算价	3.35	1170.17		
4	1.1.3	安全施工费	分部分项人工预算价＋单价措施人工预算价	5.8	2025.96		
5	1.1.4	临时设施费	分部分项人工预算价＋单价措施人工预算价	4.46	1557.9		
6	1.2	夜间和非夜间施工增加费	分部分项人工预算价＋单价措施人工预算价	0.77	268.96		
7	1.3	二次搬运费	分部分项人工预算价＋单价措施人工预算价	0.95	331.84		
8	1.4	冬雨季施工增加费	分部分项人工预算价＋单价措施人工预算价	0.47	164.17		
9	1.5	工程及设备保护费	分部分项人工预算价＋单价措施人工预算价	0.43	150.2		
10	1.6	工程定位复测费	分部分项人工预算价＋单价措施人工预算价	0.19	66.37		
		合　　计			5997.55		

（5）规费、税金项目计算见表5-12。

表 5-12　规费、税金项目计价表

第1页　共1页

序号	项目名称	计算基础	计算基数	计算费率（%）	金额（元）
1	规费	社会保障费＋住房公积金＋工程排污费	13787.03	—	13787.03
1.1	社会保障费	养老保险费＋失业保险费＋医疗保险费＋工伤保险费＋生育保险费	11754.08	—	11754.08
1.1.1	养老保险费	分部分项人工预算价＋单价措施人工预算价	34930.41	22.13	7730.1
1.1.2	失业保险费	分部分项人工预算价＋单价措施人工预算价	34930.41	1.16	405.19
1.1.3	医疗保险费	分部分项人工预算价＋单价措施人工预算价	34930.41	8.73	3049.42
1.1.4	工伤保险费	分部分项人工预算价＋单价措施人工预算价	34930.41	1.05	366.77
1.1.5	生育保险费	分部分项人工预算价＋单价措施人工预算价	34930.41	0.58	202.6
1.2	住房公积金	分部分项人工预算价＋单价措施人工预算价	34930.41	5.82	2032.95
1.3	工程排污费				
2	增值税	税前工程造价	154738.61	9	13926.47

（6）暂列金额明细见表 5-13。

表 5-13　暂列金额明细表

序号	项目名称	计量单位	暂定金额（元）	备注
1	暂列金额	元	2000	
	合　计		2000	—

注：此表由招标人填写，如不能详列，也可只列暂列金额总额，投标人应将上述暂列金额计入投标总价中。

参 考 文 献

1. 中华人民共和国住房和城乡建设部. 建设工程工程量清单计价规范（GB 50500—2013）[S]. 北京：中国计划出版社，2013.
2. 中华人民共和国住房和城乡建设部. 建筑工程建筑面积计算规范（GB/T 50353—2013）[S]. 北京：中国计划出版社，2013.
3. 王武奇. 建筑工程计量与计价[M]. 北京：中国建筑工业出版社，2004.
4. 陈卓. 建筑与装饰工程工程量清单与计价[M]. 武汉：武汉理工大学出版社，2015.
5. 袁建新. 建筑工程定额与预算[M]. 北京：高等教育出版社，2002.
6. 中华人民共和国住房和城乡建设部，中华人民共和国财政部. 关于印发《建筑安装工程费用项目组成》的通知，建标〔2013〕44 号文.
7. 冯占红. 建筑工程计量与计价[M]. 上海：同济大学出版社，2009.
8. 袁建新. 建筑工程预算[M]. 北京：高等教育出版社，2007.